国家出版基金项目
NATIONAL PUBLICATION FOUNDATION

有色金属理论与技术前沿丛书

铝合金组织细化用中间合金

MASTER ALLOYS FOR THE STRUCTURE REFINEMENT OF ALUMINIUM ALLOYS

刘相法　边秀房　著
Liu Xiangfa　Bian Xiufang

中南大学出版社
www.csupress.com.cn

中国有色集团

内容简介
Introduction

本书介绍了微细化铝合金用中间合金的制备方法、组织特点、应用原理与晶粒细化机制。主要内容包括：铝合金的应用现状与发展趋势，论述了铝合金晶粒细化的意义、原理与方法；Al–Ti–B 中间合金的制备、组织结构、细化行为和细化机理；Al–Ti–C 和 Al–Ti–C–B 中间合金及其对纯铝及铝合金的细化行为；Al–P 中间合金及其在 Al–Si、Al–Mg$_2$Si、Mg–Al–Si 合金中的应用；Si–P 系中间合金及其应用。

本书可作为特种合金材料制备、液态金属加工和凝固组织控制等相关专业在校师生、研究人员及铝加工行业专业技术人员的参考书。

作者简介
About the Author

刘相法，1961 年 9 月出生，博士，教授，博士研究生导师。山东大学材料液固结构演变与加工教育部重点实验室主任。国家杰出青年科学基金获得者，享受国务院政府特殊津贴专家，泰山学者特聘专家，山东省有突出贡献的中青年专家。

长期从事液态金属与熔体技术、凝固组织微细化、金属材料强韧化，遗传性中间合金和新型合金材料等方面的研究工作。在国内外学术刊物上发表论文 200 余篇，其中 SCI 收录 150 余篇。

学术委员会
Academic Committee

国家出版基金项目
有色金属理论与技术前沿丛书

主　任
王淀佐　中国科学院院士　中国工程院院士

委　员（按姓氏笔画排序）
于润沧　中国工程院院士　　古德生　中国工程院院士
左铁镛　中国工程院院士　　刘业翔　中国工程院院士
刘宝琛　中国工程院院士　　孙传尧　中国工程院院士
李东英　中国工程院院士　　邱定蕃　中国工程院院士
何季麟　中国工程院院士　　何继善　中国工程院院士
余永富　中国工程院院士　　汪旭光　中国工程院院士
张文海　中国工程院院士　　张国成　中国工程院院士
张　懿　中国工程院院士　　陈　景　中国工程院院士
金展鹏　中国科学院院士　　周克崧　中国工程院院士
周　廉　中国工程院院士　　钟　掘　中国工程院院士
黄伯云　中国工程院院士　　黄培云　中国工程院院士
屠海令　中国工程院院士　　曾苏民　中国工程院院士
戴永年　中国工程院院士

编辑出版委员会
Editorial and Publishing Committee

国家出版基金项目
有色金属理论与技术前沿丛书

主　任
罗　涛（教授级高工　中国有色矿业集团有限公司总经理）

副主任
邱冠周（教授　国家"973"项目首席科学家）
田红旗（教授　中南大学副校长）
尹飞舟（编审　湖南省新闻出版局副局长）
张　麟（教授级高工　大冶有色金属集团控股有限公司董事长）

执行副主任
王海东（教授　中南大学出版社社长）

委　员
苏仁进　文援朝　李昌佳　彭超群　陈灿华
胡业民　刘　辉　谭　平　张　曦　周　颖
汪宜晔　易建国　李海亮

总序 / Preface

当今有色金属已成为决定一个国家经济、科学技术、国防建设等发展的重要物质基础，是提升国家综合实力和保障国家安全的关键性战略资源。作为有色金属生产第一大国，我国在有色金属研究领域，特别是在复杂低品位有色金属资源的开发与利用上取得了长足进展。

我国有色金属工业近30年来发展迅速，产量连年来居世界首位，有色金属科技在国民经济建设和现代化国防建设中发挥着越来越重要的作用。与此同时，有色金属资源短缺与国民经济发展需求之间的矛盾也日益突出，对国外资源的依赖程度逐年增加，严重影响我国国民经济的健康发展。

随着经济的发展，已探明的优质矿产资源接近枯竭，不仅使我国面临有色金属材料总量供应严重短缺的危机，而且因为"难探、难采、难选、难冶"的复杂低品位矿石资源或二次资源逐步成为主体原料后，对传统的地质、采矿、选矿、冶金、材料、加工、环境等科学技术提出了巨大挑战。资源的低质化将会使我国有色金属工业及相关产业面临生存竞争的危机。我国有色金属工业的发展迫切需要适应我国资源特点的新理论、新技术。系统完整、水平领先和相互融合的有色金属科技图书的出版，对于提高我国有色金属工业的自主创新能力，促进高效、低耗、无污染、综合利用有色金属资源的新理论与新技术的应用，确保我国有色金属产业的可持续发展，具有重大的推动作用。

作为国家出版基金资助的国家重大出版项目，《有色金属理论与技术前沿丛书》计划出版100种图书，涵盖材料、冶金、矿业、地学和机电等学科。丛书的作者荟萃了有色金属研究领域的院士、国家重大科研计划项目的首席科学家、长江学者特聘教授、国家杰出青年科学基金获得者、全国优秀博士论文奖获得者、国家重大人才计划入选者、有色金属大型研究院所及骨干企业的顶尖专家。

国家出版基金由国家设立,用于鼓励和支持优秀公益性出版项目,代表我国学术出版的最高水平。《有色金属理论与技术前沿丛书》瞄准有色金属研究发展前沿,把握国内外有色金属学科的最新动态,全面、及时、准确地反映有色金属科学与工程技术方面的新理论、新技术和新应用,发掘与采集极富价值的研究成果,具有很高的学术价值。

中南大学出版社长期倾力服务有色金属的图书出版,在《有色金属理论与技术前沿丛书》的策划与出版过程中做了大量极富成效的工作,大力推动了我国有色金属行业优秀科技著作的出版,对高等院校、研究院所及大中型企业的有色金属学科人才培养具有直接而重大的促进作用。

2010 年 12 月

前言

Foreword

熔炼工作合金时所需炉料主要包括纯组元、回炉料、中间合金及辅助材料。

中间合金，英文名称"master alloy"，亦称母合金，是指预先制备好的、由两种或多种元素在特定条件下制成的对工作合金具有改性作用的合金炉料。改性作用是指中间合金含有的元素或金属间化合物对工作合金的组织、性质和性能起到的改善作用。

在工作合金熔炼过程中，中间合金便于加入，可最大限度地降低或消除单一元素加入时的诸多弊端，从而获得化学成分准确、组织均匀和性能改善的高质量合金制品或半成品。通常中间合金中的第二或第三组元是一些高熔点、难溶解、易氧化或对人体有危害的元素，如 Mo、Fe、Sr 和 Be 等。传统意义上，使用中间合金的目的是便于加入上述 4 类元素，以获得成分准确的工作合金，同时又简化工作合金的熔炼工艺。

随着熔炼技术水平的不断提高，中间合金的用途日益广泛，功效日渐显著，意义越发重要，特别是它对工作合金的改性作用，能达到"四两拨千斤"的功效。一些高性能材料往往通过使用中间合金来实现对其控制，使之成为提高材料质量的重要手段。由于从终端制品无法考察在熔炼中间环节所采用的中间合金，因而其技术保密性很强。

作为改性用途的中间合金，其结构和组织状态非常关键，即使中间合金的化学成分相同，其功效也会截然不同，因此具有很强的遗传效应。另外，中间合金有其时效性，应用不当会导致"中毒"或带来副作用，因此使用方法也很重要。

本书的撰写基于著者十几年来对中间合金的研究工作，系统介绍了微细化铝合金用中间合金的制备方法、组织特点、应用原理与晶粒细化机制。全书共分5章，第1章概述了铝合金的应用现状与发展趋势，论述了铝合金晶粒细化的意义、原理与方法；第2章介绍了Al–Ti–B中间合金的制备、组织结构、细化行为和细化机理；第3章介绍了Al–Ti–C和Al–Ti–C–B中间合金及其对纯铝及铝合金的细化行为；第4章介绍了Al–P系中间合金及其在Al–Si、Al–Mg_2Si、Mg–Al–Si合金中的应用；第5章介绍了Si–P系中间合金及其应用。

本书由刘相法教授和边秀房教授共同规划、修改和定稿。具体分工为第1章、第2章和第3章由刘相法撰写，李鹏廷、丁海民和聂金凤参与了本部分撰写工作；第4章由左敏撰写，武玉英、李冲、李大奎和侯静参与了本部分撰写工作；第5章由吴亚平撰写，戴洪尚参与了本部分撰写工作。高聪娟和田文婕做了部分图表处理工作。全书由武玉英博士校对。

本书可作为特种合金材料制备、液态金属加工和凝固组织控制等相关专业在校师生、研究人员及铝加工行业专业技术人员的参考书。

特别感谢Yücel Birol博士为本书提供了多幅Al–Ti–B中间合金照片。本书中许多研究成果是由著者课题组多位成员完成的，感谢课题组各位老师和研究生的辛勤工作，以及国家自然科学基金项目(50625101、51071097)和国家重点基础研究发展计划项目(2012CB825702)的资助。

由于作者水平有限，加之相关研究工作仍在进行中，书中难免有不足之处，敬请读者批评指正。

著 者
2012年6月于济南

目录

第1章 铝合金组织细化概论   1
1.1 铝及铝合金的应用与发展   1
1.2 铝合金晶粒细化的意义   2
1.3 晶粒形成原理   5
  1.3.1 均质生核   5
  1.3.2 非均质生核   7
  1.3.3 生核率   10
  1.3.4 生核剂   10
1.4 晶粒细化方法   12
  1.4.1 化学法   12
  1.4.2 热控法   13
  1.4.3 动态晶粒细化法   13
参考文献   14

第2章 Al–Ti–B 中间合金的制备及其细化性能   16
2.1 Al–Ti–B 中间合金的发展历程   16
2.2 Al–Ti–B 中间合金的制备方法   18
  2.2.1 制备方法简介   18
  2.2.2 氟盐法制备 Al–Ti–B 中间合金的影响因素   21
2.3 Al–Ti–B 中间合金线材加工方法   24
  2.3.1 竖式水冷半连续铸造(DC)与挤压法   25
  2.3.2 连续铸挤法   25
  2.3.3 连铸连轧法   27

2.4　Al–Ti–B 中间合金的相组成及其结构演变　28
　　2.4.1　TiAl$_3$ 相的形貌与形成　28
　　2.4.2　TiAl$_3$ 在铝熔体中的溶解动力学　30
　　2.4.3　TiB$_2$ 化合物　39
2.5　Al–Ti–B 中间合金对铝及铝合金的细化行为　42
　　2.5.1　Al–Ti–B 中间合金对工业纯铝细化效果的遗传效应　42
　　2.5.2　Al–Ti–B 中间合金对 A356 合金的晶粒细化行为　44
　　2.5.3　Al–Ti–B 中间合金对含 Zr 铝合金的晶粒细化行为　46
2.6　Al–Ti–B 中间合金对铝合金的细化机理　49
　　2.6.1　包晶理论　49
　　2.6.2　碳化物–硼化物粒子理论　50
　　2.6.3　复相生核理论　50
　　2.6.4　晶体分离与增殖理论　52
　　2.6.5　界面过渡区理论　52
参考文献　54

第 3 章　Al–Ti–C 与 Al–Ti–C–B 中间合金及其细化性能　57

3.1　Al–Ti–C 中间合金的发展历程　57
3.2　Al–Ti–C 中间合金的铝熔体反应合成　59
　　3.2.1　熔体反应法合成 TiC 的热力学分析　59
　　3.2.2　合成方式对 TiC 组织形貌的影响　61
　　3.2.3　TiC 粒子的尺寸控制　63
3.3　Al–Ti–C 中间合金对纯铝的细化行为　65
　　3.3.1　不同成分 Al–Ti–C 中间合金的细化效果对比　65
　　3.3.2　Si、Mg、Zr 元素对 Al–Ti–C 细化行为的影响　66
　　3.3.3　Al–Ti–C 中间合金细化 α–Al 的机理分析　70
3.4　Al–Ti–C–B 中间合金及其细化行为　75
　　3.4.1　TiC 的结构性质　76
　　3.4.2　Al–Ti–C–B 中间合金的微观组织结构　77
　　3.4.3　B 元素对 TiC 形貌的影响　79

3.4.4　Al–Ti–C–B 中间合金的晶粒细化行为　　82

参考文献　　85

第 4 章　Al–P 系中间合金及其应用　　88

4.1　Al–Si 合金磷细化处理概述　　88
　　4.1.1　Al–Si 合金的组织特征　　88
　　4.1.2　Al–Si 合金中初晶 Si 的磷细化处理　　89
　　4.1.3　影响磷细化效果的因素　　91

4.2　Al–P 系中间合金相组成及其控制　　93
　　4.2.1　Al–P 系中间合金物相组成　　93
　　4.2.2　Al–Si–P 熔体中 AlP 团簇结构　　94
　　4.2.3　Al–Si–P 合金相组成及其微观组织特征　　99
　　4.2.4　Al–Zr–P 合金相组成及其微观组织特征　　100
　　4.2.5　Al–Cu–P 合金相组成及其微观组织特征　　102

4.3　Al–P 系中间合金磷化物生长机制研究　　104
　　4.3.1　Al–Si–P 合金中 AlP 孪晶生长机制　　104
　　4.3.2　Al–Zr–P 合金中 ZrP 生长行为研究　　113

4.4　Al–P 中间合金对初晶 Si 相的细化机制　　118
　　4.4.1　Al–P 中间合金对初晶 Si 相的连续生核机制　　118
　　4.4.2　TiB_2 与 AlP 对初晶 Si 的复合粒子生核机制　　122

4.5　Al–P 系中间合金在 Al–Si 合金细化中的应用　　130
　　4.5.1　Al–Si–P 中间合金微观组织与细化行为的关系　　131
　　4.5.2　Al–Si–P 中间合金对 A390 合金细化工艺参数优化　　136
　　4.5.3　Al–Si–Cu–P 中间合金对 A390 合金的细化处理　　142
　　4.5.4　Al–Zr–P 中间合金在 Al–Si 合金细化中的应用　　144
　　4.5.5　AlP 对铝合金中富铁相的诱导作用　　148

4.6　Al–P 中间合金对 Mg_2Si 相的细化处理　　153
　　4.6.1　Al–Mg_2Si 合金中初晶 Mg_2Si 的细化处理　　153
　　4.6.2　Mg–Al–Si 合金中初晶 Mg_2Si 的细化处理　　157

参考文献　　163

第5章　Si–P 系中间合金及其应用　　171

5.1　Si–P 系中间合金的相组成与组织形貌　　171
5.1.1　Si–P 二元中间合金的相组成与组织形貌　　171
5.1.2　Si–Cu–P 中间合金的相组成与组织形貌　　171
5.1.3　Si–Mn–P 中间合金的相组成与组织形成规律　　173
5.1.4　Si–Zr–Mn–P 中间合金的相组成与组织形貌　　178

5.2　Si–Mn–P 中间合金对过共晶 Al–Si 合金的细化处理　　180
5.2.1　Si–Mn–P 中间合金细化 Al–24Si 添加工艺　　180
5.2.2　Si–Mn–P 中间合金对 Al–24Si 细化参数的确定　　181
5.2.3　Si–Mn–P 中间合金细化 Al–24Si 的机理分析　　185

5.3　Si–P 中间合金对超高硅 Al–Si 合金的细化处理　　187
5.3.1　临界细化工艺参数的确定　　190
5.3.2　超高硅 Al–Si 合金细化的热力学与动力学分析　　193

5.4　硅相生核界面性质的第一性原理研究　　196
5.4.1　AlP/Si 界面的研究　　197
5.4.2　Si 原子在 AlP 表面吸附行为的第一性原理研究　　201

参考文献　　210

第1章 铝合金组织细化概论

1.1 铝及铝合金的应用与发展

一个多世纪以前，铝开始被大规模应用。铝资源丰富，价格低廉，很快便成为全世界加工制造业中最重要的金属原料之一，其生产和消费总量在金属中位居第二，仅次于钢铁。

铝是一种银白色轻金属，有良好的延展性、导电性和导热性；铝能很好地反射紫外线、防核辐射；铝的密度小，符合轻量化发展的要求；铝表面可自然形成致密的氧化膜，使其具有良好的抗腐蚀性能；铝的回收成本低，是一种可持续发展的有色金属。在纯铝中加入其他金属或非金属元素，能配制成各种可供压力加工或铸造用铝合金。铝合金的比强度（抗拉强度/密度）远比灰铸铁、铜合金和球墨铸铁的高，仅次于镁合金、钛合金和高合金钢。铝及铝合金的这些优点，使其获得了越来越广泛的应用。

随着世界经济的发展及科技水平的不断提高，世界铝的消费结构也正发生着巨大的变化。铝的消费已从最初的军工、航空航天、电力和机械等传统领域转向交通运输、建筑、包装和电子行业等领域。铝仍是一种发展潜力巨大的金属材料。而铝土矿现有储量可以保证开采数百年。铝资源的这一优势，为制造业选择铝作为原材料提供了比较长远的前景条件。

铝对其他金属的可替代性主要表现在以下几个领域：

（1）铝对铜的可替代性。铝导线替代铜导线面临的问题是铝的电导率和安全性较铜略为逊色，所以铜导线一直在电线、电缆领域扮演主导角色。如果铜铝价差保持在正常水平，工业方面倾向于使用铜作为导线。但是在目前每吨铜铝价差已经超过万元的情况下，以铝导线取代铜导线，在经济上具有极大的优势。实际上，因为铝的密度只有铜的1/3左右，所以即使铜与铝的价格一样，以体积计价，铝仍然比铜便宜得多。

（2）铝对不锈钢的可替代性。由于镍价大幅攀升，不锈钢价格近年来也有不小的涨幅。使用不锈钢为原料，致使家用电器、器皿等生产厂家的原料成本急剧上升，而成品价格难以相应提高。铝的外观虽然略逊色于不锈钢，但在耐腐蚀性和外观上仍优于一般的钢铁材料，而且由于价格低廉更容易被消费者接受。

（3）铝对钢铁的可替代性。相对于钢铁材料，铝及铝合金的密度小、比强度高,在一些工业部门可以取代钢铁。对于世界上一些小型的金属制品加工企业来说,可以批量购买相对较小的铝板带材,以替代镀锌钢材。铝材还可以在焊接管、汽车发动机罩和箱盖等方面取代普通钢材。

(4)铝材替代其他金属材料已成为当今汽车制造业轻量化的首选。当前世界汽车材料技术发展的主要方向是环保和轻量化。减轻汽车自身质量是降低汽车排放量、提高燃油效率的最有效的措施之一。新型轻量化材料的开发与应用,将继续成为汽车材料的热点,而铝及铝合金材料是目前汽车制造业比较现实的选择。

铝对其他金属的可替代性,将推动全球铝消费量的增长。据测算,仅铝导线部分替代铜导线一项,就会使全球铝的消费量增长20万吨以上。如果每辆汽车的用铝量从目前的115 kg提高到130 kg,那么全世界每年新增的汽车以数千万辆计,就将多消费百万吨铝。如果再考虑铝材及铝合金在建筑、装潢、家用电器、器皿等方面对其他金属的可替代性,那么,全世界因此增加的铝消费量,将会以数百万吨计。

1.2 铝合金晶粒细化的意义

通过各种处理来改变材料的特性和性能使之变得更为有用,这是材料工作者的重要任务和所追求的目标。铝及铝合金通常有3种晶粒组织,即等轴晶、柱状晶和柱状孪晶。图1-1所示为Al-2.5Mg① 合金的等轴晶、柱状晶和柱状孪晶3种晶粒组织。图1-2为工业纯铝锭(99.7%Al)横截面中的粗大柱状晶组织。粗大的柱状晶,特别是柱状孪晶对合金的力学性能、表面质量及组织均匀性是极其有害的,等轴晶粗大时也会降低力学性能,增加铸造缺陷出现的几率。因此,铝加工业中往往采取各种措施对铝结晶组织进行细化,以抑制粗大的柱状晶和柱状孪晶的生成,使粗大的等轴晶变得更加细小且分布均匀。

概括来说,对铝及铝合金进行晶粒细化有以下优点。

(1)提高铝合金的强度和塑韧性。Cibula[2](A. Cibula)通过对Al-4.5Cu和Al-10Mg合金的系统研究发现,随着晶粒尺寸的减小,合金的拉伸性能会得到显著提高。Hall-Petch公式[3,4]给出了屈服强度(σ_s)与晶粒平均直径的具体函数关系,反映了材料的屈服强度随晶粒尺寸的减小而提高,其关系式为

$$\sigma_s = \sigma_0 + kD^{-\frac{1}{2}} \tag{1-1}$$

式中:σ_s 为金属的屈服强度,MPa;σ_0 为晶内对变形的阻力,相当于单晶体的屈服强度,MPa;k 为晶界结构对变形的影响,MPa·$\mu m^{1/2}$;D 为晶粒平均直径,μm。

---

① Mg的质量分数为2.5%。本书中所列合金的成分、元素含量和元素添加量,若无特殊说明,均为质量分数。

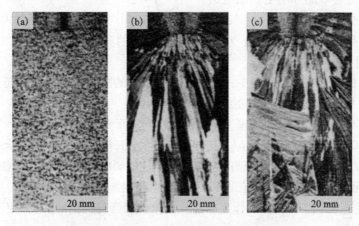

图1-1　Al-2.5Mg合金的3种晶粒组织[1]

(a)等轴晶；(b)柱状晶；(c)柱状孪晶

图1-2　工业纯铝锭横截面中的粗大柱状晶组织

对于成分一定的合金而言，σ_0和k均为常数，因此，金属的屈服强度仅与晶粒平均直径有关，晶粒越细屈服强度越高。该公式可适应于：①亚晶粒大小或者两相片状组织的层片间距对屈服强度的影响；②塑性材料的流变应力与晶粒大小之间的关系；③脆性材料的脆断应力与晶粒大小之间的关系；④金属材料的疲劳强度、硬度与其晶粒大小的关系。

实验表明：晶粒越细合金的强度越高，而且塑韧性也越好。强度高是因为晶粒细小，单位面积上的晶粒数多，晶界的总面积大，每个晶粒周围不同取向的晶粒数多，对塑性变形的抗力大；塑韧性好是因为晶粒细小，单位体积中的晶粒数多，变形可在更多的晶粒中发生，且比较均匀，减少了应力集中，即使金属发生大的塑性变形也不会断裂。

因此在金属强化的诸多方法中，细晶强化是唯一能够同时提高强度和韧性的有效方法，而其他方法一般都是在提高强度的同时降低塑韧性。

(2) 消除柱状晶和羽毛状晶组织。

(3) 减少内部缩孔、缩松、气孔、热裂和偏析倾向，改善铝制品的内在质量。

(4) 提高铝制品的延展性，为铸锭后续加工中的塑性变形带来更大的灵活性，减少加工过程中的表面缺陷。

(5) 在铝型材的压延过程中，在保证产品质量的前提下可提高压延速率和生产率，延长模具和辅助设备的使用寿命。

(6) 提高铝制品的表面处理工艺性能，改善表面质量。

早在20世纪三四十年代，人们已经发现晶粒细化可大大改善铝合金的各种性能。此后，学术界和工业界就晶粒细化对性能的影响及细化方法和细化原理进行了大量研究，形成了一个专门的领域，对提高生产效率和产品质量、促进铝加工业的发展起到了极大的推动作用。晶粒细化已成为现代铝加工业中不可缺少的一道重要工序。

金属或合金晶粒的大小（晶粒度）是由凝固时的晶核数、晶粒长大过程中枝晶的游离和增殖情况以及凝固后的固态处理条件等因素所决定的。广义上讲，凡是能够促进金属晶粒由粗大变为细小的工艺都可统称为晶粒细化处理。但通常情况下，晶粒细化往往通过孕育处理来实现。所谓孕育处理是指向金属熔体中引入少量生核剂，通过强化非均质生核而达到在基本不改变合金成分的情况下获得细小等轴晶组织的工艺过程。例如，向工业纯铝熔体中引入 0.2% 的 Al-5Ti-1B 中间合金，可以使原始粗大的晶粒变为细小的等轴晶。孕育处理这一提法在黑色金属铸造行业比较常见，如灰口铸铁的孕育处理，但在铝加工行业却通常称之为细化处理，其实两者原理基本相同，都是通过促进非均质生核来细化晶粒的工艺过程。

提及变质处理的概念，是因为它常常与孕育处理和细化处理一起出现，概念容易混淆。所谓变质处理，是指向金属熔体中引入少量变质剂（一般为表面活性元素），通过改变晶体的生长机理来达到改善晶体形貌和提高合金力学性能的工艺过程。例如，在亚共晶 Al-Si 合金中引入微量（0.04% 左右）Sr，可以使粗片状的共晶 Si 变为分枝细密的珊瑚状形貌，从而显著提高该合金的强度和韧性。

从铸造技术的观点综合考虑，铝合金的晶粒大小主要受生核剂、熔体扰动、合金成分和冷却条件4个方面因素的影响。它们之间相互影响，只要把这4个因素综合利用好，就能够有效地控制金属的结晶过程，即控制好生核率和长大速率这两个结晶参数，达到细化晶粒的目的。

另外，变形铝合金的晶粒细化，也可以通过塑性变形和热处理来实现。而许多铸造铝合金的晶粒细化，则不可能采取这种塑性加工的办法来达到。虽然采用变形和热处理手段可以起到一定的作用，甚至实现晶粒的"超细化"，但最有效且最简便的办法是采用熔体处理法，使其由液态结晶转变成微细晶粒组织。

1.3 晶粒形成原理

相变动力学理论认为,液态金属结晶这一类相变的典型转变方式是:首先,体系通过结构起伏在某些微小区域内克服能障而形成稳定的新相小质点——晶核。新相一旦形成,体系内将出现自由能较高的新旧两相之间的过渡区。为使体系自由能尽可能地降低,过渡区必须减薄到最小的原子尺度,这样就形成了新旧两相的界面。然后,依靠界面逐渐向液相内推移而使晶核长大,直至液态金属全部转变成晶体,整个结晶过程在出现最少量的中间过渡结构中完成。由此可见,为了逐步克服能障以避免体系自由能过度增大,液态金属的结晶过程(即晶粒的形成过程)是通过生核和长大的方式完成的。

经典生核理论认为,液态金属结晶时可能出现两种不同的生核方式,即均质生核和非均质生核。所谓均质生核指的是在均匀的单一母相中形成新相结晶核心的过程。从本质上来讲,均质生核是在没有夹杂和外来界面影响下,通过原子或原子集团的聚集而形成新相结晶核心的过程。均质生核在熔体各处几率相同,晶核的全部固液界面皆由生核过程所提供,因此热力学能障较大,所需的驱动力也较大。依靠液相中不均匀结构和外来界面而生核的过程称为非均质生核。实际金属熔体中不可避免地存在杂质和外来界面,因而其结晶方式往往是非均质生核。均质生核的基本规律十分重要,它不仅是研究晶体材料凝固问题的理论基础,但也是研究固态相变的基础。

1.3.1 均质生核

当温度降至熔点以下时,在液态金属中存在结构起伏,即有瞬时存在的有序原子集团,它可能成为均质生核的"胚芽"或称为晶胚,晶胚中的原子按晶态的规则排列,而其外层原子与液态金属中不规则排列的原子相接触而构成界面。当过冷液体中出现晶胚时,一方面由于在这个区域中原子由液态的聚集状态转变为固态的排列状态,体系内的吉布斯自由能降低。但另一方面,由于晶胚构成新的界面,又会引起表面吉布斯自由能的增加,因此体系总的吉布斯自由能变化为

$$\Delta G = \Delta G_V V + \sigma_{L/C} A \tag{1-2}$$

式中:ΔG_V 为液固两相单位体积吉布斯自由能之差,$J \cdot m^{-3}$;$\sigma_{L/C}$ 为液相 – 晶胚之间单位界面自由能,$J \cdot m^{-2}$;V 为晶胚的体积,m^3;A 为晶胚的表面积,m^2。

为减少表面积,设晶胚为球形,其半径为 r,则式(1-2)可写为

$$\Delta G = \Delta G_V \cdot \left(\frac{4}{3}\pi r^3\right) + \sigma_{L/C} \cdot (4\pi r^2) \tag{1-3}$$

式中右端第一项为与 r^3 成正比的负值，第二项为与 r^2 成正比的正值。在一定的温度下，设 ΔG_V 和 $\sigma_{L/C}$ 为确定的常数，得到 ΔG 随 r 变化的曲线，如图 1-3 所示。ΔG 在晶胚半径为 r_k 时达到最大值 ΔG_k。可见，在 $T<T_m$ 时，不是所有晶胚都能稳定地成为晶核，如果 $r<r_k$，其生长将导致体系吉布斯自由能的增加，故这种晶胚不稳定，会重新熔化，即在起伏中消失。若 $r>r_k$，晶胚便能够生长，体系的吉布斯自由能随 r 的增大而降低，此时晶胚就能成为晶核。半径为 r_k 的晶胚叫临界晶核，而 r_k 称为临界晶核半径。

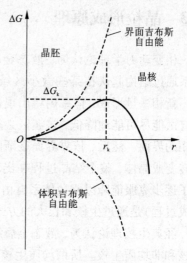

图 1-3　ΔG 与晶胚半径 r 的关系

令 $\dfrac{\partial(\Delta G)}{\partial r}=0$，可以得出 r_k 的值

$$r_k = -\frac{2\sigma_{L/C}}{\Delta G_V} = \frac{2\sigma_{L/C} T_m}{L \Delta T} \qquad (1-4)$$

式中：r_k 为临界晶核半径，m；T_m 为金属的熔点，K；ΔT 为液态金属的过冷度，K；L 为金属的结晶潜热，J·m^{-3}。

对于成分一定的金属来说，T_m、L 和 $\sigma_{L/C}$ 均为常数。因此，临界晶核半径与过冷度成反比关系。将式(1-4)代入式(1-3)得

$$\Delta G_k = \frac{16\pi\sigma_{L/C}^3}{3(\Delta G_V)^2} = \frac{16\pi\sigma_{L/C}^3 T_m^2}{3L^2 \Delta T^2} \qquad (1-5)$$

式中：ΔG_k 为临界晶核生核功。

临界晶核生核功，简称临界生核功，即形成临界晶核时要有 ΔG_k 的增加。由此可见，临界晶核尺寸除与 $\sigma_{L/C}$ 有关外，主要决定于过冷度，过冷度越大，临界晶核的尺寸变小，生核功也大大减少，这意味着生核的几率增大。当温度达到金属熔点，$\Delta T=0$，$\Delta G_V=0$，$r_k=\infty$，这说明在非过冷状态下，任何晶胚都不能成为晶核，即凝固不可能进行。

由于临界晶核的表面积 $A_k = 4\pi r_k^2 = \dfrac{16\pi\sigma_{L/C}^2}{(\Delta G_V)^2}$，因而

$$\Delta G_k = \frac{1}{3} A_k \sigma_{L/C} \qquad (1-6)$$

即临界生核功等于其表面能的 1/3，这意味着液固两相之间的吉布斯自由能差可

以补偿临界晶核所需表面能的 2/3，而另外 1/3 则依靠液相中存在的能量起伏来补足。综上所述，生核需要在一定的过冷条件下才可能发生，这时液相中客观存在的结构起伏和能量起伏瞬时满足了晶核的尺寸和生核功，这个晶胚就不再消失，而成为晶核且不断长大。

为克服均质生核过程中的高能量障碍，其所需的过冷度是很大的。理论预计和实际测定表明，它为金属熔点（热力学温度）的 0.18～0.2 倍[5]。即使对熔点较低的纯铝来说，ΔT 仍可达 195K 左右。然而，除快速凝固等特殊技术手段外，实际上金属结晶时过冷度一般只有十几度到几分之一度，远小于均质生核所需的过冷度。这说明均质生核具有很大的局限性。

1.3.2 非均质生核

由于实际熔体中总是不可避免地含有某些夹杂的固体粒子，因此，实际金属结晶时常常依附于熔体中外来固体质点的表面（包括铸型的型壁）生核。

假定晶胚以球冠状形成于衬底的表面上，如图 1-4 所示，西泽泰二[6]非常恰当地将之称为透镜模型。这时体系的吉布斯自由能变化为

$$\Delta G' = \Delta G_V \cdot V + \Delta(\sum A\sigma) \tag{1-7}$$

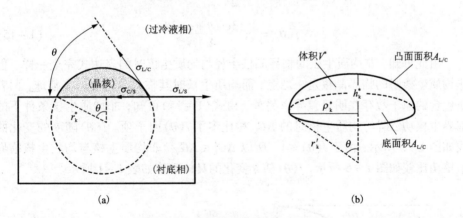

图 1-4 非均质生核透镜模型示意图

(a)非均质生核模型；(b)临界晶核

设晶核表面的曲率半径为 r，晶核与衬底面的接触角为 θ，根据立体几何可知球冠的体积为

$$V = \pi r^3 \left(\frac{2 - 3\cos\theta + \cos^3\theta}{3} \right) \tag{1-8}$$

液相-晶核和晶核-衬底间的界面积 $A_{L/C}$ 和 $A_{C/S}$ 分别为

$$A_{L/C} = 2\pi r^2 (1 - \cos\theta) \tag{1-9}$$

$$A_{C/S} = \pi r^2 \sin^2\theta \tag{1-10}$$

如果 $\sigma_{L/C}$、$\sigma_{C/S}$、$\sigma_{L/S}$ 分别为液相-晶核、晶核-衬底和液相-衬底间单位面积的表面能,由液相、晶核和衬底三者之间表面张力平衡关系,有

$$\sigma_{L/S} = \sigma_{C/S} + \sigma_{L/C}\cos\theta \tag{1-11}$$

因此,表面能的变化量为

$$\Delta(\sum A\sigma) = \sigma_{L/C} A_{L/C} + (\sigma_{C/S} - \sigma_{L/S}) A_{C/S}$$
$$= \pi r^2 \sigma_{L/C}(2 - 3\cos\theta + \cos^3\theta) \tag{1-12}$$

将式(1-8)和式(1-12)代入式(1-7)得

$$\Delta G' = \left(\frac{4}{3}\pi r^3 \cdot \Delta G_V + 4\pi r^2 \sigma_{L/C}\right)\left(\frac{2 - 3\cos\theta + \cos^3\theta}{4}\right)$$
$$= \Delta G \cdot \frac{2 - 3\cos\theta + \cos^3\theta}{4} \tag{1-13}$$

令 $\dfrac{\partial(\Delta G')}{\partial r} = 0$ 可求得

$$r_k' = -\frac{2\sigma_{L/C}}{\Delta G_V} \tag{1-14}$$

$$\Delta G_k' = \Delta G_k \cdot \frac{2 - 3\cos\theta + \cos^3\theta}{4} = \Delta G_k \cdot f(\theta)$$

$$f(\theta) = \frac{2 - 3\cos\theta + \cos^3\theta}{4} \tag{1-15}$$

由此可知,非均质生核的临界晶核半径与均质生核时的表达式完全一样。但非均质生核时的临界晶核是一球冠,而均质生核时其临界晶核为一完整球,两者所包含的原子数存在明显差异。另外,由式(1-15)可知,非均质生核条件下的临界生核功 $\Delta G_k'$ 与均质生核时的 ΔG_k 相比多了 $f(\theta)$ 因子项。$f(\theta)$ 随 θ 的变化曲线如图 1-5 所示,由于 $f(\theta) \leqslant 1$,所以 $\Delta G_k' \leqslant \Delta G_k$。非均质生核与均质生核临界生核功比较如图 1-6 所示,$f(\theta)$ 随 θ 变化的具体数值如表 1-1 所示。

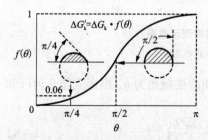

图 1-5 $f(\theta)$ 与 θ 的关系曲线

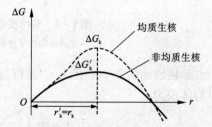

图 1-6 非均质生核与均质生核临界生核功比较

表 1-1　$f(\theta)$ 随 θ 变化的具体数值[7]

$\theta/(°)$	生核方式	$f(\theta)$
0 完全润湿	无生核障碍(生长可直接进行)	0
10		0.00017
20		0.0027
30		0.013
40		0.038
50		0.084
70	非均质生核	0.25
90		0.5
110		0.75
130		0.92
150		0.99
170		0.9998
180(完全不润湿)	均质生核	1

当 $\theta=0°$ 时，$f(\theta)=\Delta G'_k=0$，即在该衬底上生核时，不存在自由能势垒；$\theta=180°$ 时，$f(\theta)=1$，临界生核功 $\Delta G'_k$ 与均质生核的 ΔG_k 相同，即该衬底对生核而言没有促进作用，这种情况与从液相中均质生核相当；对于 $0°<\theta<180°$，非均质生核是一个在能量上比均质生核更为有利的过程。

上述讨论表明，决定衬底(外来物相)对生核促进(接触)作用的关键因素是接触角 θ，小的接触角是好的非均质生核触媒剂(孕育剂)的特征。分析式(1-11)可知，对于小的接触角而言，要求晶核-衬底的单位表面自由能 $\sigma_{C/S}$ 很小，而液相-晶核的单位表面自由能 $\sigma_{L/C}$ 与液相-衬底的 $\sigma_{L/S}$ 相近，从而使得 $\dfrac{\sigma_{L/S}-\sigma_{C/S}}{\sigma_{L/C}}$ 的比值趋于1，θ 角趋于 $0°$。这就是说，能起有效触媒作用的衬底，必须提供一个合适的原子面(晶面)，使衬底与晶核之间的界面能 $\sigma_{C/S}$ 具有更低的数值，从而使晶核与衬底的接触角 θ 更小。这就要求衬底的某一晶面与晶体(核)的一个晶面相似，以使它们之间具有更低的界面能。

非均质生核接触角理论认为接触角是一个非常重要的参数，触媒剂的效能与接触角具有反比关系。尽管在非均质生核中接触角是很重要的，但是对某一给定系统中的接触角大小的了解却很少。由于非均质生核仅仅涉及几十个原子，这就造成精确测定接触角的困难。还应指出，在许多例子中把非均质晶核看作单原子层似乎更合理,在这种情况之下,它在物理和化学上具有吸附层的特性,而不具有整体相的性质。由于上述原因,该理论还难以在生产中直接应用。

1.3.3 生核率

所谓生核率指的是在单位时间内,单位体积的液态金属中形成晶核的数目。生核率的大小取决于液相中结构起伏、能量起伏的大小和起伏变化的速率,从统计物理分析知道,体系中出现高于平均能量 ΔG_k 的几率为 $\exp\left(-\dfrac{\Delta G_k}{RT}\right)$,而出现结构起伏,原子要从一个平衡位置到另一个平衡位置所需要的激活能为 ΔG_A,可能越过的几率为 $\exp\left(-\dfrac{\Delta G_A}{RT}\right)$,所以

$$N = K e^{-\frac{\Delta G_k}{RT}} e^{-\frac{\Delta G_A}{RT}} \tag{1-16}$$

式中:K 为比例常数;ΔG_k 为生核功;ΔG_A 为激活能;R 为气体常数;T 为绝对温度。

研究指出,非均质生核的生核率 N' 的表达式与均质生核的生核率 N 的表达式在形式上完全相同。

$$N' = K_1 e^{-\frac{\Delta G_A}{RT}} e^{-\frac{\Delta G_k}{RT}} = K_1 e^{-\frac{\Delta G_A}{RT}} e^{\left(-\frac{16}{3}\frac{\pi\sigma_{L/C}^3 T_m^2}{L^2 \Delta T^2 RT}\right) f(\theta)} \tag{1-17}$$

$$N = K_2 e^{-\frac{\Delta G_A}{RT}} e^{-\frac{\Delta G_k}{RT}} = K_2 e^{-\frac{\Delta G_A}{RT}} e^{\left(-\frac{16}{3}\frac{\pi\sigma_{L/C}^3 T_m^2}{L^2 \Delta T^2 RT}\right)} \tag{1-18}$$

式中:K_1 为非均质生核的生核率的系数;K_2 为均质生核的生核率的系数。

当液态金属中存在多种生核能力不同的衬底物质时,在某一过冷度下,可能会有几种物质同时都具有促进非均质生核的能力。这时,液态金属的生核率应当是这几种物质所具有的生核率的总和。此种情况下,过冷度具有双重的促进作用:过冷度越大,则参加非均质生核的衬底物质就越多,而同一种衬底物质促进非均质生核的能力也越强,故总生核率也就越高。

1.3.4 生核剂

研究生核过程的目的是为了控制生核。铸造生产中最常见的一种控制生核的方法是在液态金属中加入生核剂以促进非均质生核能力,从而达到细化晶粒、改善性能的效果。促进非均质生核的衬底可以是生核剂本身,也可以是它与液态金属反应的产物。在这里,关键的问题是如何选择合适的生核剂。

由非均质生核理论可知,一种好的生核剂首先应能保证结晶相在衬底物质上形成尽可能小的润湿角 θ;其次,生核剂还应该在液态金属中保持相对稳定,并且具有最大的表面积和最佳的表面特性(如表面粗糙或有凹坑等)。

但是由于测试的困难,人们迄今对高温熔体中两个固相间的润湿角 θ 的大小

了解甚少。由式 $\cos\theta = \dfrac{\sigma_{L/S} - \sigma_{C/S}}{\sigma_{L/C}}$ 可知，润湿角 θ 是由结晶相、液相和固相之间的界面能确定的。如果不考虑温度的影响，对给定的金属而言，$\sigma_{L/C}$ 是一定值，在一般情况下，$\sigma_{L/S}$ 与 $\sigma_{L/C}$ 的值也相近，故润湿角 θ 主要取决于 $\sigma_{C/S}$ 的大小。$\sigma_{C/S}$ 越小，衬底的非均质生核能力就越强。因此，为了解释生核剂的行为，首先集中注意力于 $\sigma_{C/S}$ 的研究，并在此基础上提出了选择有效生核剂的有关理论和相应准则。其中应用最广的是界面共格对应理论。

该理论认为，在非均质生核过程中，衬底晶面总是力争与结晶相的某一最合适的晶面相结合，以便组成一个 $\sigma_{C/S}$ 最低的界面。因此，界面两侧原子之间必然要呈现出某种规律性的联系。这种规律性的联系称为界面共格对应。研究指出，只有当衬底物质的某一个晶面与结晶相的某一个晶面上的原子排列方式相似，而其原子间距相近或在一定范围内成比例时，才可能实现界面共格对应。这时界面能主要来源于两侧点阵失配所引起的点阵畸变，并可用点阵失配度来衡量

$$\delta = \frac{|a_C - a_S|}{a_S} \tag{1-19}$$

式中：a_S 为相应衬底晶面无畸变时的原子间距；a_C 为相应结晶相晶面在无畸变时的原子间距。

当 $\delta \leqslant 5\%$ 时，通过点阵畸变过渡，可以实现界面两侧原子之间的一一对应。这种界面称为完全共格界面。其界面能 $\sigma_{C/S}$ 较低，衬底促进非均质生核的能力很强。

当 $5\% < \delta < 25\%$ 时，通过点阵畸变过渡和位错网络调节，可以实现界面两侧原子之间的部分共格对应。这种界面称部分共格界面，其界面能稍高，衬底具有一定的促进非均质生核的能力。但这种能力随着 δ 的增加而逐渐减弱，最终完全失去促进非均质生核的作用。

在 δ 值较小的情况下，非均质生核临界过冷度与 δ 之间存在着下述关系

$$\Delta T^* \propto \delta^2 \tag{1-20}$$

界面共格对应理论被很多事实所证实。例如 Mg 具有密排六方晶格，晶格常数 $a = 0.32022$ nm，$c = 0.51991$ nm；Zr 也具有密排六方晶格，$a = 0.3223$ nm，$c = 0.5123$ nm；Zr 的熔点（1852℃）远高于 Mg（650℃），因此在液态 Mg 中加入微量 Zr（0.03%），就能显著细化 Mg 在铸态下的晶粒。又如 Ti 具有密排六方晶格（$a = 0.29506$ nm，$c = 0.46788$ nm），熔点为 1677℃；Cu 具有面心立方晶格（$a = 0.36147$ nm），熔点为 1083℃。由于 Cu 面心立方晶格的 {111} 面与 Ti 密排六方晶格的 {0001} 面的原子排列相似，对 Cu 和 Ti 而言，在这些最密排的晶面上原子间距相近，所以在 Cu 合金熔体中加入很少的 Ti 就能促使 Cu 的非均质生核。再如 P 加入过共晶 Al – Si 合金后，在熔体中与 Al 结合形成 AlP，AlP 与初晶 Si 相都是面心立方晶格结构，且 AlP（$a = 0.5451$ nm）与初晶 Si 相（$a = 0.5419$ nm）晶格常数相

近，故 AlP 促进初晶 Si 相的非均质生核，使初晶 Si 相得到细化。

但是，这种点阵匹配原理并不是完善的，特别是用它作为选择生核剂的标准还远远不够，因为它与很多事实不符。例如，尽管 Ag 与 Sn 的 δ 值比 Pt 与 Sn 的 δ 值小，但 Pt 能作 Sn 的生核剂，而 Ag 却不能，这说明点阵常数的差异还不能作为判断生核剂的唯一标准，其他物理化学特性是不能忽视的。目前关于生核剂的选用，主要还是依靠经验。

必须指出的是，非均质生核的过冷度将随熔体冷却速度的增加而加大，在熔体内存在着生核能力不同的多种剂时，如果熔体达到其生核能力所允许的特定过冷度，它们中间的多种生核剂可能同时达到其对晶核的催化能力，这说明生核剂的非均质生核行为与冷却速度有关。

1.4 晶粒细化方法

目前工业上常用的凝固组织微细化方法主要有化学法、热控法与动态晶粒细化法。表 1-2 概述了各种方法及其优缺点[8-11]。

表 1-2 凝固组织微细化方法及其优缺点

微细化方法		优点	缺点
化学法	添加生核剂	最大程度微细化，有效、简单、实用、工艺成熟	不能减小枝晶间距，改变成分，降低流动性，易衰退
	添加生长阻止剂	有效、简单、实用	晶粒细化效果不明显，增加了偏析，易形成低熔点共晶
热控法	提高冷却速率和低过热度浇注	减小枝晶间距与组织尺寸，偏析降低至最小，增大固溶度，形成亚稳相	不易细化截面尺寸大的铸件，易产生内应力，难控制
动态晶粒细化法	浇注过程控制、振动和搅拌	细化良好，去除氧化物，组织性能均匀，充型好	设备复杂，效果难控制

1.4.1 化学法

化学法是一种向液态金属中添加少量物质以达到细化晶粒和改善组织的方法。包括添加晶粒细化剂和晶粒生长抑制剂两种方式。晶粒细化剂的作用是强化非均质生核过程。它是可以直接作为外加晶核的生核剂，是一些与欲细化相有界面共格对应关系的高熔点物相或同类金属碎粒。它们在液态金属中可以作为欲细化相的有效衬底而促进非均质生核。例如，在高锰钢中加入锰铁，在高铬钢中加入铬铁都可以细化晶粒并消除柱状晶组织。加入的生核剂也可以通过与液态金属的相互作用而产生非均质生核衬底的生核剂。如生核剂能与液相中某些元素反应生成较稳定的化合物，此化合物与欲细化相具有界面共格关系而能促进非均质生核。在 Al – Si 合金中，P 能够与 Al 结合形成 AlP，AlP 与 Si 相具有非常好的界面共格关系，故 P 的加入可以显著细化 Al – Si 合金中的初晶 Si 相。晶粒细化剂的加入在金属或合金熔体中引入外来固相衬底，能够使熔体在凝固前便已存在大量的细小生核衬底，这样能使生核率大大提高，从而显著细化合金组织。此外，外来固相衬底也可事先涂敷于铸型型壁上，这种方法因不需要昂贵的设备和复杂的操作，并且具有优良的效果而被广泛采用。

添加晶粒生长抑制剂可以降低晶粒的长大速度，使生核数量相对提高而获得细小的等轴晶组织。它引入的表面活性元素在晶体各晶面上的吸附量不同，这样不仅改变了晶体生长时各晶面的相对生长速度，而且促进了枝晶游离和增殖，从而改变晶粒的数目和最终形态。其本质是表面活性元素在晶体的某些表面上吸附，既减小了晶体各晶面表面能的差值，又降低了这些晶面的生长速度，这两方面的作用使得晶粒形状趋于圆整和细化，从而提高材料性能。

1.4.2 热控法

金属或合金形成的热力学条件会影响合金的凝固组织，而且与多种工艺性能密切相关。热控法是在凝固过程中控制结晶热流，即采用低的熔体均匀化处理温度、低的浇注温度(一般将浇注温度控制在高于液相线 10~20 ℃)、控制模温和降低合金熔体与壳型之间的温度梯度，使凝固组织整体上获得微细化。热控法主要包括提高冷却速率和低过热度浇注等。热控法适用于制造较重要的铸件。采用较低的浇注温度、铸型预处理温度会产生高的冷却速率，但浇注温度过低也会降低熔体的流动性，从而出现浇不足的现象。由于浇注温度低、凝固时间短，铸件内的分散疏松得不到有效的补缩，导致大量缩松的形成。因此，热控法获得的微细化铸件必须经热等静压处理后才能使用。

1.4.3 动态晶粒细化法

大量试验证实，在铸件凝固过程中，采用振动(机械、电磁或超声波振动)、搅拌(机械、电磁或气泡搅拌)或旋转等方法，均能有效缩小或消除柱状晶区，细化合金组织。以上这些方法都涉及某种程度的物理扰动，故此过程统称为动态晶粒细化。其作用机理受动力生核的影响，但大多数研究者认为[12,13]，已凝固晶体在外界机械冲击特别是由此而引起的内部流体激烈运动的冲击下所发生的脱落、

破碎、熔断和增殖等晶粒游离过程则可能是更重要的原因。动态晶粒细化的方法很多,举例说明如下:

(1)振动。近年来国内外都有大量报道,除可以采取不同的振动源外,还存在着不同的振动方法。可以直接振动铸型,也可以在浇注过程中振动浇注槽等。振幅对晶粒细化的影响很大。此外,为了抑制稳定凝固壳层的形成以阻止柱状晶区的产生,最佳振动时间是在凝固初期。对内部金属直接振动而言,如果振动保持在整个凝固过程中,先游离的晶粒即使熔化,新游离的晶粒仍在不断产生,故其细化效果受浇注温度的影响较小。不仅消除柱状晶和细化晶粒,振动还有利于加强补缩,减少偏析和排除气体与夹杂,从而使金属性能提高。

(2)搅拌。大野笃美[14]指出,在凝固初期,在凝固壳处于不稳定的部位,即型壁附近的液面施以强烈的机械搅拌,可以获得良好的细化效果。旋转的液态金属不断冲刷型壁和随后的凝固层,起着一种强烈的搅拌作用,并且可以保持在整个凝固过程中。

(3)旋转震荡[15]。周期性地改变铸型的旋转方向和旋转速度,以强化熔体与铸型及已凝固层之间的相对运动,则可以利用液态金属的惯性力冲刷凝固界面而获得晶粒细化。目前已成功用于燃气轮机涡轮的整体铸造中。

参考文献

[1] D. G. McCartney. Grain Refining of Aluminium and Its Alloys Using Inoculants[J]. International Materials Reviews, 1989, 34(5): 247 - 260

[2] A. Cibula, R. W. Ruddle. The Effect of Grain - size on the Tensile Properties of High - strength Cast Aluminum Alloys[J]. The Journal of the Institute of Metals, 1949 - 1950, 76 (4): 361 - 376

[3] H. O. Hall. The Deformation and Ageing of Mild Steel: Ⅲ. Discussion of Results [J]. Proceeding of Physics Society B, 1951, 64(9): 747 - 753

[4] N. J. Petch. The Cleavage Strength of Polycrystals[J]. Journal of the Iron and Steel Institution, 1953, 174(1): 25 - 28

[5] 王家炘,黄积荣,林建生. 金属的凝固及其控制[M]. 北京:机械工业出版社,1983

[6] [日]西澤泰二. 微观组织热力学[M]. 郝士明译. 北京:化学工业出版社,2006

[7] [瑞士]W. Kurz, D. J. Fisher. 凝固原理[M]. 李建国,胡侨丹译. 第四版. 北京:高等教育出版社,2010

[8] L. F. Mondolf. Grain Refinement in the Casting of Non - Ferrous Alloys [C]//In: G. J. Addaeshian (Ed.). Grain Refinement in Castings and Welds. Warrendale PA: Metallurgical Society of AIME, 1983, 3 - 50

[9] 陈蕴博,张福成,褚作明,张继明,曹国华,吴玉萍. 钢铁材料组织超细化处理工艺研究进

展[J]. 中国工程科学, 2003, 5(1): 74-81
[10] 褚作明, 陈蕴博, 张福成. 先进超细化处理技术在钢铁材料中的应用[J]. 金属热处理, 2004, 29(1): 16-23
[11] 张胜华, 曹圣泉. 铝合金组织细化处理[J]. 铝加工, 2001, 24(1): 24-27
[12] G. J. Davies. 凝固与铸造[M]. 陈邦迪, 舒震译. 北京: 机械工业出版社, 1981
[13] M. C. Flemings. 凝固过程[M]. 关玉龙等译. 北京: 冶金工业出版社, 1981
[14] 大野笃美. 金属凝固学[M]. 唐彦斌等译. 北京: 机械工业出版社, 1983
[15] J. J. Burke, M. C. Fleming, A. L. Gorum. Solidification Technology[M]. Chesnut Hill, Mass: Brookhill Publishing Company, 1974

第2章　Al–Ti–B中间合金的制备及其细化性能

2.1　Al–Ti–B中间合金的发展历程

细化晶粒的方法虽然很多,但添加生核剂简便易行,是目前国内外最常用的方法。20世纪30年代,人们发现向铝熔体中单独添加Ti可细化晶粒,并应用于生产,现在仍然在一些场合下使用。图2–1和图2–2分别为Al–Ti二元合金富Al角相图和Al–6Ti中间合金的微观组织照片,Ti是通过包晶反应使铝晶粒细化的,当铝熔体中含有约0.15%Ti时,在665℃发生如下包晶反应[1]:

$$L + TiAl_3(s) \rightarrow \alpha - Al(s) \tag{2-1}$$

其中,$TiAl_3$颗粒起非均质生核衬底作用。单一加Ti时铝熔体中的Ti量为0.10%以上才能达到明显的细化效果。这意味着每吨铝合金中至少需要加入1 kg的Ti。如此高的加入量不仅提高了铝材加工成本,而且在一些把Ti作为限定元素的场合,会带来化学成分污染。

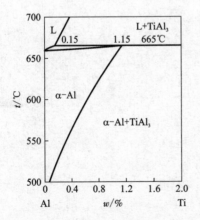 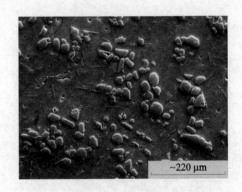

图2–1　Al–Ti二元合金富Al角相图　　图2–2　Al–6Ti中间合金的微观组织

20世纪50年代,英国科学家Cibula(A. Cibula)首次发现,在加入Ti的同时再加入少量的C或B元素可显著提高细化效果,并提出了"碳化物–硼化物理论"[2]。这引起世界各国争相研制含Ti和B以及含Ti和C的晶粒细化剂[3]。

Ti、B元素最早是以K_2TiF_6和KBF_4（氟盐）的形式向铝熔体中添加的，后来发展为采用Ti粉、KBF_4和缓冲剂混合并压制成的钛硼片剂（一般称为"钛硼细化剂"）。20世纪80年代中期，我国铝加工业发展迅速，国产钛硼细化剂迅速得到推广，促进了铝制品质量的改善，其主要优点是细化效果好、添加量少及价格低廉。但该细化剂的缺点也十分突出，主要表现在以下3个方面：①不能实现炉外连续添加；②由于细化效果随保温时间延长而逐渐衰退导致产品的晶粒度不稳定；③释放出有害的氟化物气体，污染环境，尤其对炉膛的侵蚀严重，并引起铝制品夹渣等缺陷。因此，这种钛硼细化剂在国内外已逐步被Al-Ti-B中间合金所取代。

在1957—1965年间，英国和瑞士先后申请生产Al-Ti-B中间合金的技术专利。实践证明，它是一种优良的铝及铝合金的晶粒细化用中间合金。例如，用Al-5Ti-1B中间合金向工业纯铝熔体中加入0.005%Ti，能使铸锭的晶粒度达到200μm左右；而使用Al-6Ti中间合金时，要达到同样的晶粒度则需要加入0.06%Ti，加入量是前者的12倍。因此，Al-6Ti已逐步被Al-5Ti-1B所取代。Al-Ti-B中间合金的含Ti和B量分别为3%~6%和0.8%~1.3%，并且Ti/B（质量比）值的波动范围为2~5，其中应用最广泛的是Al-5Ti-1B。

Al-Ti-B中间合金最早是以锭状形式在炉内加入的，加入后充分搅拌，使细化剂在熔体中均匀分布。虽然它比盐类细化剂优越得多，但仍存在化合物粗大和成分偏析的问题。另外，当中间合金细化剂以锭状形式加入到铝熔体中后，易造成TiB_2和$TiAl_3$粒子分布不均匀和沉淀等。1969年，瑞典人首次提出了以线材形式连续加入中间合金细化剂的新方法。在20世纪70年代中期以线材形式加入细化剂的方法在工业生产中得到了实际应用，它是将线状细化剂通过专用送线机构加入静置炉与铸造机之间的流槽中，极适合于连铸生产，而且把炉内细化处理转移到炉外细化处理。以这种方式加入细化剂时，细化响应时间短，即加入细化剂后达到最佳细化效果的时间（接触时间）短。这种连续细化方法同炉内细化方法相比还具有细化效果好、Ti和B的利用率高和细化效果稳定等优点，并避免了TiB_2粒子的团聚和沉淀。目前，越来越广泛采用的方法是通过自动给料机在炉前将Al-Ti-B中间合金线料连续地加入到熔炼炉与连铸机之间的流槽中。线状Al-Ti-B中间合金的使用量所占比例呈逐年递增趋势：1976年线料占7.6%；1984年则增至60%；1995年达到80%；2008年达到90%以上。

生产Al-Ti-B中间合金的方法很多，但生产技术较成熟的仍是氟盐铝热还原法（氟盐法）。线材加工效率最高的是连续铸轧法，即连续铸成线坯（六边形或梯形等），接着在五机架或更多机架的线材轧机上轧制成线材（φ9.5 mm）并绕制成卷。用这种方法生产的Al-Ti-B中间合金，其劳动生产率高、产品质量较稳定。

1980年以前，英国LSM（London Scandinavian & Metallurgical Co. Ltd）、荷兰

KBM（Kawecki - Billiton Metalindustrie B. V.）和美国 KBA（KB Alloys, Inc.）等几家国外公司掌握了 Al - Ti - B 中间合金的生产技术，并以高价出售该产品。当时我国引进了多条铝加工生产线，特别是铝板、带、箔加工生产线，都是使用进口的丝状 Al - Ti - B 中间合金，这种受制于人的尴尬局面持续了十多年。1990 年前后，国内多家高校和铝加工企业开始了 Al - Ti - B 中间合金的生产及其应用方面的广泛研究[2-6]，取得了积极成效。2000 年开始，国产 Al - Ti - B 中间合金丝产品不仅改变了依靠进口的尴尬局面，而且大批量出口。

Al - Ti - B 中间合金按 Ti/B 值可分为 5/1、5/0.6、5/0.5、5/0.2、5/0.1、3/1、3/0.5、3/0.2、3/0.1、1.6/1.6、6.5/1、10/1、10/0.4、10/0.15 14 种牌号，但目前国内外生产和使用的主要有 Al - 5Ti - 1B、Al - 3Ti - 1B 和 Al - 5Ti - 0.2B 3 种。2008 年的统计表明，就市场使用量而言，Al - 5Ti - 1B 占 65% 以上，Al - 3Ti - 1B 占 30%，其他占 5% 以下。

2.2　Al - Ti - B 中间合金的制备方法

2.2.1　制备方法简介

1. 氟盐法

将碱金属氟化物（主要是 K_2TiF_6 和 KBF_4）的混合物加入到 750 ~ 850℃ 的铝熔体中，使 Ti、B 元素从氟盐化合物中被还原出来，其反应式如下[7]。

$$2KBF_4(l) + 3Al(l) \xrightarrow{K_1} AlB_2(s) + 2KAlF_4(l)$$

$$\Delta H_1 = -688.8 \text{ kJ} \cdot \text{mol}^{-1} \tag{2-2}$$

$$K_2TiF_6(l) + \frac{13}{3}Al(l) \xrightarrow{K_2} TiAl_3(s) + KAlF_4(l) + \frac{1}{3}K_3AlF_6(l)$$

$$\Delta H_2 = -575 \text{ kJ} \cdot \text{mol}^{-1} \tag{2-3}$$

$$K_2TiF_6(l) + 2KBF_4(l) + \frac{10}{3}Al(l) \xrightarrow{K_3} TiB_2(s) + 3KAlF_4(l) + \frac{1}{3}K_3AlF_6(l)$$

$$\Delta H_3 = -1407 \text{ kJ} \cdot \text{mol}^{-1} \tag{2-4}$$

上述反应过程释放出大量的热，使铝熔体温度上升，反应发生于两者的界面处（反应层），其反应过程模型如图 2 - 3 所示。反应过程产生的热量可使反应层的温度维持在 900 ~ 1200℃ 范围内，并且在该层内可生成大量化合物粒子，如 $TiAl_3$、TiB_2、AlB_2 以及其他过渡相等，这些粒子由于密度比铝液大而沉降至铝液区，过渡相逐渐转变为稳定相。反应副产物盐渣由于密度小而上浮于表层，从而阻止空气的入侵，防止反应过程氧化。由于反应迅速，对该过程进行控制十分重要，以防止温度过高而降低产品的质量。反应速率可以通过控制铝熔体温度、加盐速率和搅拌强度来实现。

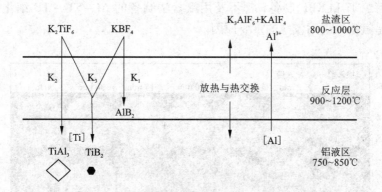

图 2-3 氟盐与铝熔体界面反应过程模型

要制备 Al-5Ti-1B 中间合金，需要加入约 30% 的 K_2TiF_6 和 15% 左右的 KBF_4，反应过程中产生大量的液态渣，它的密度比铝液小，浮在铝液上层，且流动性极好，便于从铝液中倾出。但由于它与铝有极好的润湿性，要清除干净极其困难。同时，反应过程中还放出大量的氟化物气体，对环境造成污染，腐蚀设备和厂房，对人体特别是呼吸道危害严重，必须进行回收处理。

2. 海绵钛和 KBF_4 生产法

苏联和德国大都采用这种方法来生产 Al-Ti-B 中间合金，用此种方法生产时，熔炼温度为 900~1000℃，KBF_4 蒸发量大，导致 B 的实际吸收率很低。

3. Ti、B 氧化物铝热还原

张明俊[5]提出了用 Ti 和 B 的氧化物作原料，用铝粉作还原剂生产 Al-Ti-B 中间合金的方法。这种方法首先生产出 Ti、B 含量分别为 15%~20% 和 2%~15% 的高浓度 Al-Ti-B 中间合金，使用前要将其用 1093~1351℃ 的铝液稀释。虽然铝还原 B_2O_3 反应的自由能变化负值很大，平衡参数也很高（$K_p = 7.33 \times 10^8$），但实际反应速率缓慢，而且 B 的吸收率仅为 25% 左右。由于熔炼温度在 1000℃ 以上（热还原反应温度为 2000~2200℃），反应时间在数小时以上。用该方法制成的 Al-Ti-B 中间合金中 $TiAl_3$ 化合物呈粗大的针片状，一般不能满足细化晶粒的要求。

4. Ti、B 氧化物电解法

电解法的缺点是难以生成较高 Ti、B 含量的 Al-Ti-B 中间合金，因为当电解槽内铝熔体的 Ti、B 含量增加时，作为阴极的铝液形状就由凸变凹（即爬壁现象），将破坏正常的电解生产条件；且 Ti/B 值随时间的延长而降低，使成分难以控制。

Yücel Birol[8,9] 比较了不同方法制备的 Al-5Ti-1B 中间合金的细化效果，其结果如图2-4和图2-5所示。通过比较发现,无论是用K_2TiF_6和$Na_2B_4O_7$制备,还是用海绵Ti和KBF_4制备,都不及用氟盐法制备的Al-5Ti-1B细化效果好,这也正是氟盐法应用较广的重要原因。

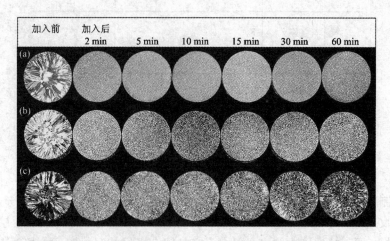

图2-4 不同方法制备的Al-5Ti-1B中间合金的细化效果比较[8]

(a)加入用氟盐法制备的Al-5Ti-1B;(b)加入用K_2TiF_6和$Na_2B_4O_7$制备的Al-5Ti-1B;(c)加入用K_2TiF_6和$Na_2B_4O_7 \cdot 5H_2O$制备的Al-5Ti-1B(加入量按0.02%Ti计,最左侧测试块为99.7%工业纯铝空白样,第二块试样开始自左至右依次为加入细化剂后保温2 min、5 min、10 min、15 min、30 min和60 min)

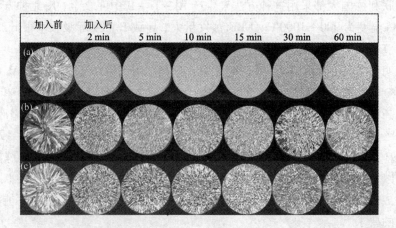

图2-5 不同方法制备的Al-5Ti-1B中间合金的细化效果比较[9]

(a)加入用氟盐法制备的Al-5Ti-1B;(b)加入用海绵Ti和KBF_4(混合加入)制备的Al-5Ti-1B;(c)加入用海绵Ti和KBF_4(先加Ti后加KBF_4)制备的Al-5Ti-1B(加入量按0.02%Ti计,最左侧试块为99.7%工业纯铝空白样,第二块试样开始自左至右依次为加入细化剂后保温2 min、5 min、10 min、15 min、30 min和60 min)

2.2.2 氟盐法制备 Al–Ti–B 中间合金的影响因素

Yücel Birol[10]研究了氟盐法制备 Al–Ti–B 中间合金时,氟盐的加入工艺(如加入顺序、加入温度及搅拌处理等)对中间合金的微观组织和细化效果的影响。表 2–1 为氟盐的加入工艺对中间合金中 Ti 的吸收率及其细化效果的影响。

表 2–1 氟盐的加入工艺对中间合金中 Ti 的吸收率及其细化效果的影响[10]

合金编号	加入顺序	加入温度/℃	加入方式	搅拌处理	Ti 元素吸收率/%	细化 2 min 后的晶粒尺寸/μm
1	先加 KBF_4 后加 K_2TiF_6	800	快速加入	不搅拌	83.6	290
2	先加 K_2TiF_6 后加 KBF_4	800	快速加入	不搅拌	94.8	218
3	混合加入	800	快速加入	不搅拌	99.4	102
4	混合后熔化	800	快速加入	不搅拌	90.6	136
5	混合加入	750	快速加入	不搅拌	98.9	128
6	混合加入	850	快速加入	不搅拌	98.7	161
7	混合加入	900	快速加入	不搅拌	97.1	180
8	混合加入	800	缓慢加入	不搅拌	93.4	184
9	混合加入	850	缓慢加入	不搅拌	93.2	240
10	混合加入	800	快速加入	机械搅拌	95.7	162

1. 氟盐加入顺序

先加入 KBF_4 得到的 Al–5Ti–1B 中间合金中 Ti 的吸收率仅为 83.6%(1#合金),而先加入 K_2TiF_6 时,Ti 的吸收率则提高至 94.8%(2#合金)。先将 KBF_4 和 K_2TiF_6 混合再加入到铝熔体中制备 Al–5Ti–1B 中间合金,Ti 的吸收率达到最高值,为 99.4%(3#合金)。如果先将混合后的氟盐熔化后再加入到铝熔体中,则 Ti 的吸收率降至 90.6%(4#合金)。因此,在加入前将氟盐混合处理有利于提高 Ti 的吸收率,并使式(2–4)的反应基本进行完全。图 2–6 为不同的加入工艺下 Al–5Ti–1B 中间合金的微观组织照片。由图中的结果可以看出,1#和 4#合金中 TiB_2 粒子数明显偏少,2#合金中的 $TiAl_3$ 颗粒尺寸较大且偏聚,3#合金中粒子分布相对均匀弥散,如图 2–6(c)所示。

同时,氟盐的加入顺序对 Al–5Ti–1B 中间合金的晶粒细化效果也有重要的影响。经 1#合金细化后的工业纯铝 α–Al 晶粒粗大,平均晶粒尺寸为 290 μm;而当加入 3#合金后,工业纯铝得到了非常好的细化(如图 2–7 所示),细化后的平

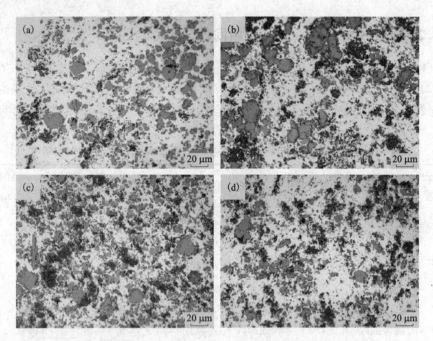

图2-6 不同的加入工艺制备的 Al-5Ti-1B 中间合金的微观组织[10]

(a)先加入 KBF_4(1#合金); (b)先加入 K_2TiF_6(2#合金);
(c)氟盐混合后同时加入(3#合金); (d)氟盐混合后熔化处理(4#合金)

均晶粒尺寸为 102 μm,并且细化效果具有非常好的稳定性。这是由 3#合金中 Ti 含量较高且粒子均匀弥散分布造成的。

2. 氟盐加入温度

将氟盐混合后分别在 750℃、850℃ 及 900℃ 下加入至铝熔体中,反应完成后在电阻炉中 800℃下保温 30 min,分别得到 5#~7#合金。由表2-1可以看出,3#合金和 5#~7#合金中 Ti 的吸收率均在 97% 以上,这说明氟盐的加入温度对合金中 Ti 的吸收率几乎没有影响。这几种中间合金的微观组织也基本相同,$TiAl_3$ 粒子主要呈现块状形貌,尺寸小于 20 μm,而 TiB_2 粒子的尺寸在 1 μm 以下。图2-8 为 3#合金和 5#~7#合金对工业纯铝的细化效果比较。中间合金加入 2 min 后工业纯铝中粗大的初生 α-Al 得到了良好的细化,其平均晶粒尺寸依次为 128 μm、102 μm、161 μm 和 180 μm(见表2-1),这说明氟盐的最佳加入温度为 800℃。

3. 氟盐加入速度

将混合后的氟盐在 800℃下缓慢地加入到铝熔体中,使其反应时间由 2 min 延长至 20 min,得到 8#合金,此种情况下 Ti 的吸收率为 93.4%;经 8#合金细化后的工业纯铝晶粒尺寸粗大,中间合金加入 2 min 后 α-Al 的平均晶粒尺寸为

第 2 章　Al–Ti–B 中间合金的制备及其细化性能 / 23

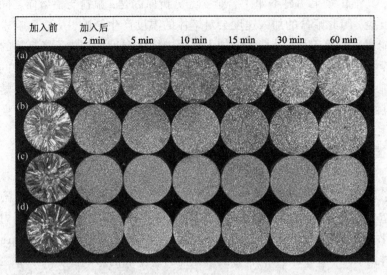

图 2–7　氟盐的加入顺序对中间合金细化能力的影响[10]
(a)加入 1#合金；(b)加入 2#合金；(c)加入 3#合金；(d)加入 4#合金(加入量按 0.02% Ti 计，最左侧试块为 99.7% 工业纯铝空白样，第二块试样开始自左至右依次为加入细化剂后保温 2 min、5 min、10 min、15 min、30 min 和 60 min)

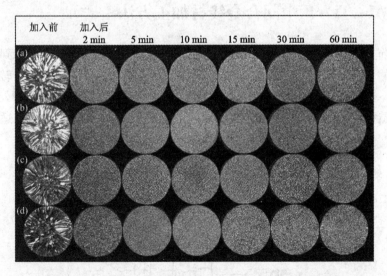

图 2–8　氟盐的加入温度对中间合金细化能力的影响[10]
(a)加入 5#合金；(b)加入 3#合金；(c)加入 6#合金；(d)加入 7#合金(加入量按 0.02% Ti 计，最左侧试块为 99.7% 工业纯铝空白样，第二块试样开始自左至右依次为加入细化剂后保温 2 min、5 min、10 min、15 min、30 min 和 60 min)

184 μm，其细化效果明显不如 3# 合金。经分析原因是：氟盐与铝熔体之间的反应为放热反应，因此氟盐的加入速度会对熔体的温度产生影响，从而影响中间合金的细化能力。因此，为了补偿缓慢加入过程中熔体温度的损失，将氟盐的加入温度提高至 850℃，制备出 9# 合金，此时 Ti 的吸收率为 93.2%。采用该中间合金细化工业纯铝后，平均晶粒尺寸为 240 μm。此试验结果表明：虽然提高了熔体的温度，但其细化效率与 3# 合金相比仍有很大差距。这种差异是无法用 Ti 吸收率的微小变化来解释的，这可能是由反应过程的某些变化造成的。

4. 搅拌处理

在中间合金的制备过程中，对其进行机械搅拌处理（10# 合金），此时合金中 Ti 的吸收率为 95.7%，与 3# 合金相比略有下降。这可能是由于搅拌加剧了熔体的氧化造成的。搅拌过程对合金的微观组织没有明显影响，但其细化能力却有了较大变化。经 10# 合金细化后的工业纯铝中 α – Al 平均晶粒尺寸为 162 μm，因此机械搅拌对 Al – 5Ti – 1B 中间合金的细化能力有不利的影响。

通过以上对比研究发现，在 Al – Ti – B 中间合金制备过程中，将氟盐混合后在 800℃ 下以较快的速度加入到铝熔体中，有利于提高中间合金的细化能力，而当加入温度超过 850℃ 或在熔体状态下进行搅拌处理则对其细化能力产生不利影响。

2.3 Al – Ti – B 中间合金线材加工方法

目前，Al – Ti – B 线材在铝轧板业、铝型材业和铸造铝合金行业得到了越来越广泛的应用。从过去用盐类细化剂、钛硼细化剂或 Al – Ti – B 锭坯，转向大量应用 Al – Ti – B 线材。其方法是将 Al – Ti – B 线材通过专用送线机构加入到静置炉与铸造机之间的流槽中，送丝线机结构示意图如图 2 – 9 所示。它极适合于连

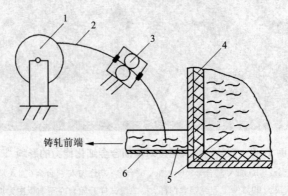

图 2 – 9　送丝线机结构示意图[16]

1—卷筒；2—细化剂丝线；3—送线机；4—静置炉；5—熔体；6—流槽

铸生产，而且把炉内细化处理转移到炉外。这种形式加入的细化剂在熔体中保持时间短，所以应选择快速响应的细化剂。这种连续细化法同炉内细化法相比还具有以下优点：加入量少，细化效果好，Ti 和 B 的利用率高；在整个连铸期间，细化剂均匀加入到流动的熔体中，细化效果更加稳定，而且避免了 TiB_2 粒子的沉淀和团聚；可实现细化处理的自动化，并改善了劳动条件。

但是，目前仍面临的问题是，国内外不同厂家生产的 Al–Ti–B 丝线的细化效果差异较大。Al–Ti–B 线材的质量一方面取决于熔铸过程，另一方面与线材的加工方法有关。Al–Ti–B 线材的加工方法很多，但可概括为以下 3 种。

2.3.1 竖式水冷半连续铸造(DC)与挤压法

此种方法首先用竖式水冷半连续法铸造出圆锭坯，然后切成锭块，经加热至 480~550℃ 后，在挤压机上挤压成 Al–Ti–B 线材，其工艺流程如图 2–10 所示。

熔炼 → 熔体处理 → 半连续铸造 → 切割 → 热处理 → 挤压 → 卷线 → 退火

图 2–10 竖式水冷半连续铸造与挤压法工艺流程图

这种工艺的优点是设备投资少；缺点是由于不能连续生产和工艺过程中增加了热处理工序，需重复加热，导致生产效率低和能耗高。一般铸锭规格为 $\phi60\sim172$ mm，在圆锭中可能会出现上下及内外成分和组织的差异，导致产品质量不稳定。

2.3.2 连续铸挤法

连续铸挤技术是连续挤压技术的进一步发展。连续挤压是由英国原子能管理局的 DerekGreen 于 1971 年首次提出的。Conform 连续铸挤法生产示意图如图 2–11 所示。中间合金熔体经流槽连续流入通有冷却水并旋转的辊子，从而将刚刚凝固的高温合金料直接由旋转的挤压轮带动进入挤压区中。在挤压区的压力作用下，将金属挤出模孔，挤压模根据产品的要求进行设计，挤压轮上有一个或

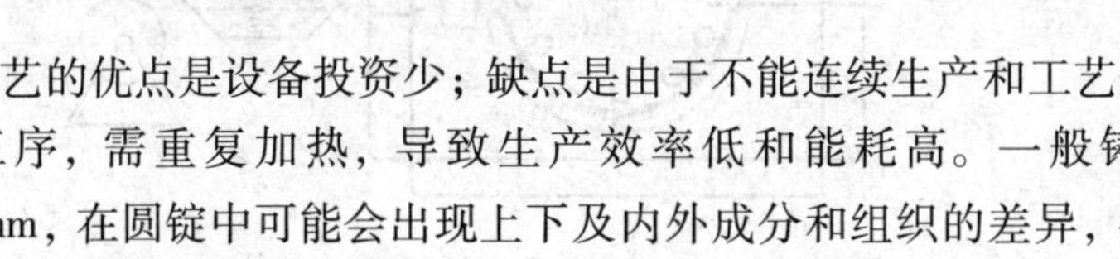

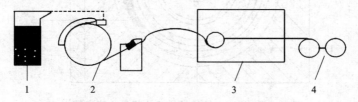

图 2–11 Conform 连续铸挤法生产示意图[17]
1—熔炼炉；2—连铸机；3—连续挤压机；4—卷取机

两个进料槽。Conform 连续挤压机和辅助加工设备构成了连续挤压生产线，辅助设备安装在挤压机的前后，辅助设备的多少和复杂程度取决于产品的技术要求，此生产线可以生产管、棒、线材以及包覆材。

在 Conform 连续挤压的基础上经过大量的实验研究，英国 Holton 公司将连续挤压机进行了改进，采用液态金属作坯料直接进入挤压轮与固定靴块形成的挤压空腔，使金属在空腔内产生变形，挤出模孔成材，形成铸造与挤压为一体的新型挤压技术。Castex 连续铸挤机和主机结构示意图分别如图 2–12 和图 2–13 所示。连续铸挤技术同常规生产同类产品的塑性加工方法相比较，具有以下优点：

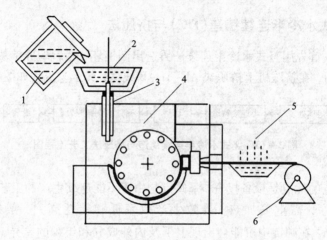

图 2–12　Castex 连续铸挤机示意图[17]
1—熔化炉；2—保温包；3—流槽控制装置与导流管；4—主机；5—冷却槽；6—卷取机

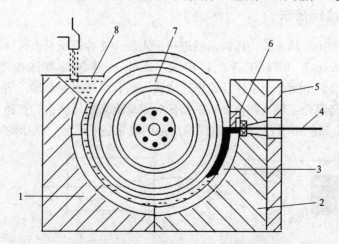

图 2–13　Castex 连续铸挤机主机结构示意图[17]
1—凝固靴；2—挤压靴；3—槽封块；4—制品；5—挤压模；6—挡料块；7—挤压轮轴；8—液态金属

①可连续生产大尺寸的产品;②降低成本30%以上;③节约能源约40%;④成品率高达90%;⑤设备结构紧凑,占地面积小;⑥安装、维修方便;⑦产品精度高,表面光洁平整;⑧可以实现液固复合;⑨模具容易更换。

2.3.3 连铸连轧法

连铸连轧法的生产示意图如图2-14所示。Al-Ti-B中间合金熔体首先连续铸成线坯(六边形或梯形等),接着在五机架或更多机架线材机上在400℃左右轧制成直径为9~10 mm的线材并绕制成卷。此种方法生产效率高,产品质量好,为国外许多大型厂家所采用。英国的LSM及美国的KBA公司均采用该种工艺生产Al-Ti-B中间合金线材,其产品质量稳定。此法最大优点是易于控制工艺过程,可以生产出稳定的产品。缺点是由于轧制温度稍低,产品表面质量差,不易得到宽范围Ti/B值的中间合金丝。

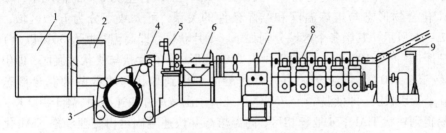

图2-14 连铸连轧法生产示意图

1—熔炼炉;2—保温炉;3—铸造机;4—夹送辊;5—液压剪切机;
6—下传工作台;7—立辊;8—连轧机;9—输送管道

如果把锭块Al-Ti-B看作是第一代产品,那么挤压线材可认为是第二代产品,连铸连轧或连续铸挤线材则是第三代产品。图2-15是由连铸连轧法得到的丝状产品Al-5Ti-1B的微观组织,可见合金中的粒子沿轧制方向呈取向分布。

 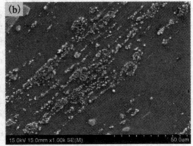

图2-15 连铸连轧Al-5Ti-1B线材的微观组织

(a)低倍组织;(b)高倍下TiB_2粒子的分布特征

2.4 Al-Ti-B 中间合金的相组成及其结构演变

Al-Ti-B 中间合金中除 α-Al 基体外,还可能含有 TiAl$_3$、TiB$_2$、AlB$_2$ 和 (Al$_{1-x}$,Ti$_x$)B$_2$ 等化合物。下面将重点介绍 TiAl$_3$ 和 TiB$_2$。

2.4.1 TiAl$_3$ 相的形貌与形成

TiAl$_3$ 化合物主要有板状(plate-like)、片状(flake-like)、块状(block-like) 和花瓣状(petal-like)4 种形态。TiAl$_3$ 相的晶格参数为: $a=b=0.385$ nm、$c=0.858$ nm,(100)面为原子最密排面。TiAl$_3$ 的生长形态取决于制备时的工艺参数,如铝合金中的 Ti 含量、熔炼温度和冷却速度等。低 Ti 的 Al-Ti-B 易形成片状的 TiAl$_3$,而高 Ti 时易得到块状的 TiAl$_3$。在 Ti 含量为 5% 的情况下,根据 TiAl$_3$ 化合物形态与熔炼温度和结晶条件的关系,可大致划分为五个区域,如图 2-16 所示。其中各个区域分别如下:①片状区,即高温熔炼(950℃以上) 和低速凝固(低于 100 K/s)有利于片状 TiAl$_3$ 的形成;②片状与块状过渡区,即中温熔炼(高于 750℃,低于 950℃)并低速凝固可得到片状与块状两种混合形态的 TiAl$_3$;③块状区,即低温熔炼(750℃),或者中温熔炼并快速凝固(高于 100 K/s),容易得到块状 TiAl$_3$;④亚稳相区,高温熔炼并快速凝固可得到亚稳态 TiAl$_x$ 化合物;⑤过饱和固溶区,高温熔炼(1100℃以上)并超快速凝固(高于 10^4 K/s)可完全抑制钛化物的析出。

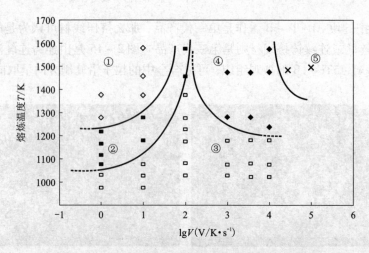

图 2-16 TiAl$_3$ 的形态与熔炼温度和结晶速度间的关系
①片状区;②片状与块状过渡区;③块状区;④亚稳相区;⑤过饱和固溶区

图 2-17 显示了 Al-5Ti-1B 的微观组织，表明了熔炼温度对 $TiAl_3$ 晶体形貌的显著影响，即低温熔炼(750℃)为块状，高温熔炼(950℃以上)则为针片状。这是由于熔炼温度影响了化学反应的热力学性质。

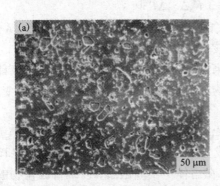 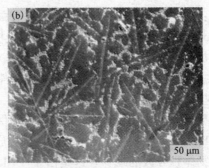

图 2-17　Al-5Ti-1B 中 $TiAl_3$ 形态与熔炼温度的关系
(a)颗粒状，750℃；(b)片针状，1100℃

Al-Ti-B 中间合金的制备过程涉及的化学反应热力学数据如下所示[11]：

$$3Al(s) + Ti(\alpha) \rightarrow TiAl_3(s) \quad \Delta G_1^0 = -34000 + 5.032T \quad (2-5)$$

$$Ti(\alpha) \rightarrow [Ti] \quad \Delta G_2^0 = -23463 - 2.388T \quad (2-6)$$

$$Al(l) \rightarrow Al(s) \quad \Delta G_3^0 = -2580 + 2.764T \quad (2-7)$$

$$Al(s) + 2B(s) \rightarrow AlB_2(s) \quad \Delta G_4^0 = -16000 + 1.275T \quad (2-8)$$

$$B(s) \rightarrow [B] \quad \Delta G_5^0 = 14746 - 16.162T \quad (2-9)$$

$$[Ti] + 2[B] \rightarrow TiB_2(s) \quad \Delta G_6^0 = -73381 + 38.996T \quad (2-10)$$

可以推出

$$3Al(l) + Ti(\alpha) \rightarrow TiAl_3(s) \quad \Delta G_7^0 = \Delta G_1^0 + 3\Delta G_3^0 = -41740 + 13.324T \quad (2-11)$$

$$3Al(l) + [Ti] \rightarrow TiAl_3(s) \quad \Delta G_8^0 = \Delta G_1^0 + 3\Delta G_3^0 - \Delta G_2^0 = -18277 + 15.712T \quad (2-12)$$

$$Al(l) + 2[B] \rightarrow AlB_2(s) \quad \Delta G_9^0 = \Delta G_4^0 + \Delta G_3^0 - 2\Delta G_5^0 = -48072 + 36.363T \quad (2-13)$$

式中：[Ti]和[B]表示溶解于 Al 液中的 Ti 和 B，T 为绝对温度，K。

根据自由能 ΔG_T^0 可以判断：890℃以上，反应(2-12)将不能进行；1049℃以上，反应(2-13)将不能进行；而 1608℃以上，反应(2-10)将不能进行。因此，熔炼温度将影响熔体的结构。即随温度升高，某些相(如 $TiAl_3$)将发生溶解，使熔体结构由不均匀状态逐渐向均匀状态过渡，从而影响结晶的动力学过程。

对结晶动力学过程的影响分析如下,由合金液中析出固相时的生核率 I 可表示为

$$I = CN_V^p \exp\left[-\frac{16\pi\sigma_{\alpha L}^3 f(\theta)}{3 K_b \Delta S^2 \Delta T^2}\right] \qquad (2-14)$$

式中:I 为生核率;C 为与原子扩散有关的系数;N_V^p 为熔体中的晶核数;K_b 为 Boltzmann 常数;ΔS 为生核熵;ΔT 为生核过冷度。

加料顺序是通过改变化学反应过程来影响熔体结构的,而熔炼温度不仅能影响氟盐的反应过程,而且通过影响化合物的稳定性来引起熔体结构状态的变化,并且把这一变化遗传至固态组织中。

另外,熔融 Al-Ti-B 中间合金随保温时间的延长,发生了由$(Al_{1-x}, Ti_x)B_2$ 向 TiB_2 的转变,在达到 TiB_2 化学计量比成分之后转变停止。同时,也伴随着 $TiAl_3$ 化合物体积分数的减少。这是由于 $TiAl_3$ 在熔体中不断溶解,以维持硼化物的转化。另外,在含有 AlB_2 化合物的 Al-Ti-B 中间合金熔体中,存在由 AlB_2 向 $(Al_{1-x}, Ti_x)B_2$ 和 TiB_2 的转变。因此,随着保温时间的延长,熔融 Al-Ti-B 中间合金中将发生相的相互转化。

此外,保温时间较短时,硼化物与 $TiAl_3$ 是相互分离的。随着保温时间的延长,硼化物与 $TiAl_3$ 之间相互吸引,硼化物逐渐附着在 $TiAl_3$ 晶体的表面,甚至陷入 $TiAl_3$ 内部,形成"复合粒子"。

改变熔体的热力学条件,也可改变 $TiAl_3$ 化合物的形态。例如,将 750℃ 未过热的 Al-5Ti-1B 熔体(Ti 呈过饱和状态)快速结晶下来,得到含有块状 $TiAl_3$ 的 Al-5Ti-1B 中间合金。但将上述熔体过热至 1100℃($TiAl_3$ 溶解),并缓冷至 750℃(已析出片状 $TiAl_3$),然后快速结晶后,得到片状的 $TiAl_3$ 化合物。

因此,尽管浇注温度和结晶条件基本一致,其 $TiAl_3$ 形态却显著不同。改变熔体的热力学条件之所以改变了中间合金的组织状态,其根本原因在于改变了结晶前的熔体结构。750℃ 未经过热的熔体中存在细小块状的 $TiAl_3$ 晶体(N_V^p 较大),其生核率 I 较高;而经 1100℃ 过热后,熔体中的块状 $TiAl_3$ 溶解,在缓慢降温至 750℃ 的过程中重新析出片状的 $TiAl_3$ 化合物,即此合金熔体中已含有数目较少且尺寸较大的片状 $TiAl_3$ 晶体(N_V^p 较小),其生核率 I 较低。因此,快速结晶以后前者含有细小的块状 $TiAl_3$,而后者含有粗大的片状 $TiAl_3$。

2.4.2　$TiAl_3$ 在铝熔体中的溶解动力学

关于 $TiAl_3$ 化合物在铝熔体中的存活时间,尽管许多学者进行了研究,但都没有考虑 $TiAl_3$ 形态的影响,因而观点各异。从热力学观点看,在亚包晶成分下,$TiAl_3$ 化合物是不稳定的,这一点具有比较一致的看法。$TiAl_3$ 化合物既然在热力

学上不稳定,那么其在铝熔体中究竟能存活多长时间呢? 以下从动力学方面进行分析和探讨。

本节内容中各符号的物理意义如下:

D——Ti 在熔体中的扩散系数,cm²/s;

$x(C)$——任意时刻铝熔体中的 Ti 浓度,%;

$x(C_{L/\beta})$——TiAl₃ 与铝熔体界面处的 Ti 浓度,%;

$x(C_\beta)$——TiAl₃ 内部 Ti 浓度,%;

R——溶解过程中 TiAl₃ 晶体的半厚度,cm;

$x(C_M)$——铝熔体的初始 Ti 浓度,%;

r——距 TiAl₃ 晶体对称线的距离,cm;

t——TiAl₃ 晶体的存活时间,s。

TiAl₃ 在铝熔体中的溶解动力学过程实质上是 Ti 元素的扩散过程,因而可通过计算 Ti 原子的扩散来求解 TiAl₃ 在熔体中的存活时间。为此作以下几点假设:①铝熔体中无对流;②TiAl₃ 在其中是独立存在的;③在溶解过程中 TiAl₃ 内部 Ti 浓度(C_β)及其与铝熔体界面上的 Ti 浓度($C_{L/\beta}$)保持不变。Al-Ti(-B)中间合金中的 TiAl₃ 晶体形态主要有棒条状、板片状和团粒状(近似看为球状)3 种,如图 2-17 所示。图 2-2 和图 2-17(a)显示了颗粒状 TiAl₃ 的晶体形态,图 2-2 中有些还接近球状,而棒条状可以看作是长径比较大($c/a>5$)的长方体 TiAl₃。针对这 3 种形态分别建立不同的动力学模型并导出 TiAl₃ 溶解时间的计算公式。

1. 棒条状 TiAl₃ 晶体

棒条状 TiAl₃ 晶体的溶解动力学过程可按照一维扩散方程求解,一个正在溶解的棒条状 TiAl₃ 晶体的动力学模型如图 2-18 所示。

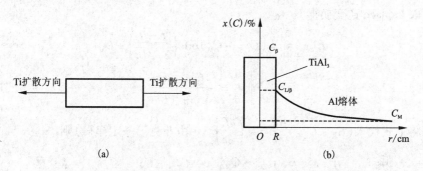

图 2-18 棒条状 TiAl₃ 晶体在铝熔体中的溶解动力学模型

(a)棒条状 TiAl₃ 的 Ti 扩散方向;(b)动力学模型

根据菲克第二定律有

$$\frac{\partial C}{\partial t} = D \frac{\partial^2 C}{\partial r^2} \tag{2-15}$$

根据假设的初始及边界条件为

$$C(r, t)|_{r=R} = C_{L/\beta}, \quad 0 < t \leqslant \infty \tag{2-16}$$

$$C(r, t=0) = C_M, \quad r \geqslant R \tag{2-17}$$

$$C(r=\infty, t) = C_M, \quad 0 \leqslant t \leqslant \infty \tag{2-18}$$

对式(2-15)中的 t 施以 Laplace 变换得

$$\overline{C}(r, p) = \int_0^{+\infty} e^{-pt} C(r, t) \mathrm{d}t$$

得

$$\frac{\partial^2 \overline{C}}{\partial r^2} - \frac{p}{D}\overline{C} = -\frac{C_M}{D} r \tag{2-19}$$

对式(2-16)施以 Laplace 变换得

$$\overline{C}|_{r=R} = \frac{C_{L/\beta}}{p} \tag{2-20}$$

式(2-19)的通解为

$$\overline{C}(r, p) = A e^{\sqrt{\frac{p}{D}} \cdot r} + B e^{-\sqrt{\frac{p}{D}} r} + \frac{C_M}{p}$$

由 $C(r=\infty, t)$ 有界及式(2-20)得

$$A = 0, \quad B = \frac{C_{L/\beta} - C_M}{p} e^{\sqrt{\frac{p}{D}} R}$$

$$\overline{C}(r, P) = \frac{C_{L/\beta} - C_M}{p} e^{-\sqrt{\frac{p}{D}}(r-R)} + \frac{C_M}{p}$$

取 Laplace 逆变换得

$$C(r, t) = (C_{L/\beta} - C_M) \mathrm{erfc}\left(\frac{r-R}{2\sqrt{Dt}}\right) + C_M$$

$$\frac{\partial C}{\partial r}\bigg|_{r=R} = -\frac{C_{L/\beta} - C_M}{\sqrt{\pi}\sqrt{Dt}}$$

将上式代入 $(C_\beta - C_{L/\beta})\frac{\mathrm{d}R}{\mathrm{d}t} = D\left(\frac{\partial C}{\partial r}\right)_{r=R}$ （由菲克第一定律得）则

$$\frac{\mathrm{d}R}{\mathrm{d}t} = \frac{D}{C_\beta - C_{L/\beta}} \cdot \left(-\frac{C_{L/\beta} - C_M}{\sqrt{Dt\pi}}\right) = -\frac{C_{L/\beta} - C_M}{C_\beta - C_{L/\beta}} \sqrt{\frac{D}{t\pi}} = -\frac{K}{2}\sqrt{\frac{D}{t\pi}}$$

其中 $K = \dfrac{2(C_{L/\beta} - C_M)}{C_\beta - C_{L/\beta}}$，两边对 t 积分得

$$R - R_0 = -K\sqrt{\dfrac{D}{\pi}} \cdot \sqrt{t}, \text{令} R = 0, \text{则}$$

$$t = \dfrac{\pi}{DK^2}R_0^2 \tag{2-21}$$

其中，R_0 为 $TiAl_3$ 原始厚度的一半。

2. 板片状 $TiAl_3$ 晶体

板片状 $TiAl_3$ 晶体的溶解动力学模型如图 2-19 所示，$TiAl_3$ 晶体以板片状形态存在于铝熔体中，其溶解过程可按照二维扩散方程来求解，即与板片垂直的方向没有溶质 Ti 的扩散。

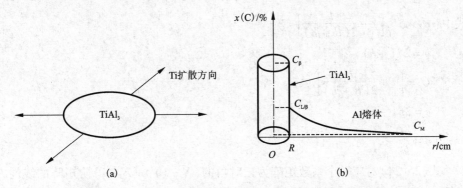

图 2-19 板片状 $TiAl_3$ 晶体在铝熔体中的溶解动力学模型

(a) 板片状 $TiAl_3$ 的 Ti 扩散方向；(b) 动力学模型

由菲克定律得

$$\dfrac{\partial C}{\partial t} = D\left(\dfrac{\partial^2 C}{\partial x^2} + \dfrac{\partial^2 C}{\partial y^2}\right)$$

记 $r = \sqrt{x^2 + y^2}$，$\theta = \arctan\dfrac{y}{x}$，将原方程化为极坐标下的方程，由 C 与 θ 的无关性得

$$\dfrac{\partial C}{\partial t} = D\left(\dfrac{1}{r} \cdot \dfrac{\partial C}{\partial r} + \dfrac{\partial^2 C}{\partial r^2}\right) \tag{2-22}$$

边界条件及初始条件同式(2-16)至式(2-18)。

由于式(2-22)没有解析解，可利用差分法求其解，考虑到实际情况及计算的方便，将 $r = \infty$ 用 $r = R_0$（一个较大的正数）代替来求解，这样 r 的取值范围为 $R \leqslant r \leqslant R_0$。以下将构成式(2-22)的差分格式：记空间步长为 h，时间步长为 τ，则

$$C_j^k = C(r = R + jh, t = k \cdot \tau), j, k = 0, 1, 2, 3, \cdots$$

即 C_j^k 为半径 $r = R + jh$ 与时刻 $t = k \cdot \tau$ 处的浓度。于是式(2-22)向前差分格式为

$$\frac{C_j^{k+1} - C_j^k}{\tau} = D \cdot \left(\frac{1}{R+jh} \cdot \frac{C_{j+1}^{k+1} - C_{j-1}^{k+1}}{2h} + \frac{C_{j+1}^k - 2C_j^k + C_{j-1}^k}{h^2} \right) \quad (2-23)$$

式(2-22)的向后差分格式为

$$\frac{C_j^{k+1} - C_j^k}{\tau} = D \cdot \left(\frac{1}{R+jh} \cdot \frac{C_{j+1}^{k+1} - C_{j-1}^{k+1}}{2h} + \frac{C_{j+1}^{k+1} - 2C_j^{k+1} + C_{j-1}^{k+1}}{h^2} \right) \quad (2-24)$$

将式(2-23)和式(2-24)相加，并整理得方程(2-22)的六点对称差分格式（即 Crank-Nicholson 格式[18]）

$$-a_j C_{j-1}^{k+1} + b C_j^{k+1} - C_j C_{j+1}^{k+1} = a_j C_{j-1}^k + e C_j^k + C_j C_{j+1}^k$$
$$j = 1, 2, \cdots, N-1; \quad k = 0, 1, 2, \cdots \quad (2-25)$$

式中：$\alpha_i = \delta \cdot \left[1 - \dfrac{h}{2(R+jh)} \right]$

$b = 2(1 + \delta)$

$C_j = \left[1 + \dfrac{h}{2(R+jh)} \right]$

$e = 2(1 - \delta)$,

$\delta = \dfrac{\tau D}{h^2}$

式(2-24)对应一个系数矩阵为三对角的 $(N-1) \times (N-1)$ 阶矩阵的线性方程组：

$$\begin{vmatrix} b & -C_1 & & & \\ -a_2 & b & -C_2 & & \\ & & \cdots & & \\ & & -a_{N-2} & b & -C_{N-2} \\ & & & -a_{N-1} & b \end{vmatrix} \times \begin{vmatrix} C_1^{k+1} \\ C_2^{k+1} \\ \vdots \\ C_{N-2}^{k+1} \\ C_{N-1}^{k+1} \end{vmatrix} = \begin{vmatrix} \lambda_1 \\ \lambda_2 \\ \vdots \\ \lambda_{N-2} \\ \lambda_{N-1} \end{vmatrix}$$

式中：$\lambda_1 = a_{N-1}(C_0^k + C_0^{k+1}) + e C_1^k + C_1 C_2^k$

$\lambda_{N-1} = a_{N-1} C_{N-2}^k + e C_{N-1}^k + C_{N-1}(C_N^k + C_N^{k+1})$

$\lambda_j = a_j C_{j-1}^k + e C_j^k + C_j C_{j+1}^k, \quad j = 2, 3\cdots, N-2 (N 为正整数，N = \dfrac{R_0 - R}{h})$。

用追赶法解方程组(2-25)，即得式(2-22)的数值解，然后计算 t 时刻溶解在铝熔体中的 $TiAl_3$ 的摩尔量 $m(t)$，则

$$m(t) = \int_R^{R_0} C(r,t) \cdot \frac{\rho_{Al} \cdot 2\pi r d_0}{[Al]} dr - \int_R^{R_0} C_M \cdot \frac{\rho_{Al} \cdot 2\pi r d_0}{[Al]} dr \quad (2-26)$$

式中：ρ_{Al} 为铝液密度，值为 2.7 g/cm³；[Al] 为铝的摩尔质量，值为 26.78 g/mol；d_0 为铝熔体的深度，cm。

设投放的 TiAl₃ 的质量为 m_0，则

$$m_0 = \rho_\tau \cdot \pi R^2 d_0 / [\text{TiAl}_3] \qquad (2-27)$$

式中：ρ_τ 为 TiAl₃ 的密度，值为 3.31 g/cm³；[TiAl₃] 为 TiAl₃ 摩尔质量，值为 128.84 g/mol。

因此，满足式 $m(t) = m_0$ 的 t 值即为 TiAl₃ 完全溶解所需的时间。

将 $m(t) = m_0$ 化简得

$$\int_R^{R_0} 2r[C(r,t) - C_M] \mathrm{d}r = R^2 \cdot \frac{\rho_T}{[\text{TiAl}_3]} \cdot \frac{[\text{Al}]}{\rho_{\text{Al}}} \approx 0.257 R^2 \qquad (2-28)$$

记 $f(r,t) = 2r[C(r,t) - C_M]$，则 (2-28) 式化为 $\int_R^{R_0} f(r,t) \mathrm{d}r = 0.257 R^2$

由于得不到 $C(r,t)$ 的解析式，只能得到它的数值解。用 Simpson[19] 公式计算 $\int_R^{R_0}(r,t) \mathrm{d}r$ 的数值积分，计算公式为

$$\int_R^{R_0}(r,t)\mathrm{d}r \approx \frac{1}{3}h(f + 4f_1 + 2f_2 + 4f_3 + \cdots + 4f_{2m-3} + 2f_{2m-2} + 4f_{2m-1} + f_{2m})$$

式中：$m = \frac{1}{2}N$，$f_j = f(r = R + jh, t)$。

数值试验的结果，取空间步长 $h = 0.2$ cm，$N = 1000$；时间步长为 $\tau = 0.2$ min，得计算结果为表 2-3 所示（仅列出 750℃ 时的一种情况，其计算参数值见表 2-4）。

表 2-3 TiAl₃ 半径与溶解时间的关系

半径 R/μm	10	20	30	40	50	60	70	80	90
时间 t/min	0.4	6.2	20	42.6	71.6	108.6	153.6	207.6	271.8

表 2-4 TiAl₃ 溶解计算参数

温度 t /℃	TiAl₃ 与铝熔体界面处 Ti 的浓度 $x(C_{L/\beta})/\%$	TiAl₃ 内部 Ti 浓度 $x(C_\beta)/\%$	溶质 Ti 扩散系数 $D/(\text{cm}^2 \cdot \text{s}^{-1})$
700	0.118	25	2.7×10^{-5}
750	0.186	25	3.4×10^{-5}
800	0.311	25	3.9×10^{-5}

3. 团粒状 TiAl₃ 晶体

团粒状 TiAl₃ 晶体有(001)、(011) 和 (111) 等多个晶面面向铝熔体,溶质 Ti 以三维方向在铝熔体中扩散,因而按三维扩散方程来求解。为便于求解,可近似按球形颗粒来处理。一个正在溶解的球状 TiAl₃ 晶体及熔体中的 Ti 浓度分布如图 2-20 所示。

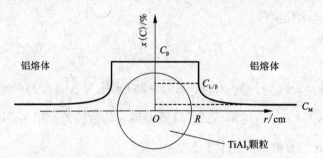

图 2-20 铝熔体中球状 TiAl₃ 晶体溶解的动力学模型

将菲克第二定律

$$\frac{\partial C}{\partial t} = D\left(\frac{\partial^2 C}{\partial x^2} + \frac{\partial^2 C}{\partial y^2} + \frac{\partial^2 C}{\partial z^2}\right) \quad (2-29)$$

化为球坐标系下的方程,并注意到 C 与 θ、ψ 无关,则方程(2-29)可化为

$$\frac{\partial C}{\partial t} = D \cdot \frac{1}{r^2}\left[\frac{\partial}{\partial r}\left(r^2 \frac{\partial u}{\partial r}\right)\right]$$

进一步变形为

$$\frac{\partial(rC)}{\partial t} = D \cdot \left[2\frac{\partial u}{\partial r} + r\frac{\partial^2 u}{\partial r^2}\right] = D\frac{\partial^2(rC)}{\partial r^2}$$

令 $f(r, t) = rC(r, t)$ 则

$$\frac{\partial f}{\partial t} = D\frac{\partial^2 f}{\partial r^2}$$

$$f(r = R, t) = RC_{L/\beta}$$

$$f(r, t = 0) = rC(r, t = 0) = rC_M$$

$$\lim_{r \to \infty}\frac{f(r, t)}{r} = C(r = \infty, t) = C_M$$

记 $\bar{f}(r, p) = \int_0^{+\infty} e^{-pt} f(r, t) dt$,($f$ 拉氏变换)则 $\frac{\partial^2 \bar{f}}{\partial r^2} - \frac{p}{D}\bar{f} = -\frac{C_M}{D}r$,得通解为

$$\bar{f} = Ae^{\sqrt{\frac{p}{D}}r} + Be^{-\sqrt{\frac{p}{D}}r} + \frac{C_M}{p}r$$

由 $f(r, t)/r = C(r, t) \to C_M(r \to \infty)$ 及 $\bar{f}(r, p)|_{r=R} = \frac{RC_{L/\beta}}{p}$ 得 $A = 0$,

$$B = \bar{f}(r, p)\big|_{r=R} = \frac{C_{L/\beta} - C_M}{p} R \cdot e^{\sqrt{\frac{p}{D}}R}$$

所以

$$\bar{f} = \frac{C_{L/\beta} - C_M}{p} \cdot R \cdot e^{-\sqrt{\frac{p}{D}}(r-R)} + \frac{C_M}{p} r$$

取拉氏逆变换即得

$$f(r, t) = (C_{L/\beta} - C_M) \cdot R \cdot \mathrm{erfc}\left(\frac{r-R}{2\sqrt{Dt}}\right) + C_M r$$

$$C(r, t) = \frac{f(r, t)}{r} = (C_{L/\beta} - C_M) \cdot \frac{R}{r} \cdot \mathrm{erfc}\left(\frac{r-R}{2\sqrt{Dt}}\right) + C_M$$

$$\frac{\partial C}{\partial r}\bigg|_{r=R} = (C_{L/\beta} - C_M) \cdot \left(-\frac{1}{\sqrt{\pi Dt}} - \frac{1}{R}\right)$$

代入 $(C_\beta - C_{L/\beta})\dfrac{\mathrm{d}R}{\mathrm{d}t} = D\left(\dfrac{\partial C}{\partial r}\right)_{r=R}$ 得

$$\frac{\mathrm{d}R}{\mathrm{d}t} = -\frac{C_{L/\beta} - C_M}{C_\beta - C_{L/\beta}}\left(\frac{D}{R} + \sqrt{\frac{D}{\pi t}}\right) = -\frac{K}{2}\left(\frac{D}{R} + \sqrt{\frac{D}{\pi t}}\right)$$

式中：$K = \dfrac{2(C_{L/\beta} - C_M)}{C_\beta - C_{L/\beta}}$；两边从 0 到 t 对 t 积分有

$$R - R_0 = -\frac{K}{2}\left(D\int_0^t \frac{1}{R}\mathrm{d}t + \sqrt{\frac{D}{\pi}} \cdot 2\sqrt{t}\right)$$

又 $R \leqslant R_0$，故上式满足

$$R \leqslant R_0 - \frac{KD}{2} \cdot \frac{t}{R_0} - K\sqrt{\frac{D}{\pi}}\sqrt{t}$$

另 $R = 0$，则有

$$R_0 - \frac{KD}{2} \cdot \frac{t}{R_0} - K\sqrt{\frac{D}{\pi}}\sqrt{t} \geqslant 0$$

即 $\dfrac{KD}{2} \cdot \dfrac{t}{R_0} + K\sqrt{\dfrac{D}{\pi}}\sqrt{t} - R_0 \leqslant 0$，

$$0 \leqslant \sqrt{t} \leqslant \frac{-K\sqrt{\dfrac{D}{\pi}} + \sqrt{\dfrac{K^2 D}{\pi} + 4R_0 \cdot \dfrac{KD}{2R_0}}}{2 \cdot \dfrac{KD}{2R_0}}$$

$$t \leqslant \frac{R_0^2}{\pi D}\left(\sqrt{1 + \frac{2\pi}{K}} - 1\right)^2 \qquad (2-30)$$

式中：R_0 为 $TiAl_3$ 颗粒的原始半径。

4. 溶解时间的计算

根据计算 $TiAl_3$ 溶解时间的公式及参数,绘制出图 2-21 的三组曲线。

图 2-21(a) 表示 $TiAl_3$ 形态对其存活时间的影响(在 $C_M = 0.0288\%$,$T_m = 750℃$ 条件下)。可以看出:板片状比球状的 $TiAl_3$ 稳定性高。图 2-21(b) 表示铝熔体温度 (T_m) 对 $TiAl_3$ 存活时间的影响 ($C_M = 0.00566\%$,棒状 $TiAl_3$)。可以看出:温度越高,$TiAl_3$ 的存活时间越短,稳定性越差。图 2-21(c) 表示熔体中的初始 Ti 含量 (C_M) 对 $TiAl_3$ 存活时间的影响 ($T_m = 750℃$,棒状 $TiAl_3$)。可以看出,C_M 越高,$TiAl_3$ 越稳定;反之,$TiAl_3$ 的稳定性越差。

从 $TiAl_3$ 化合物溶解动力学分析可知:$TiAl_3$ 化合物形态不同,则其在铝熔体中的存活时间各异。棒状形态最稳定,球状最不稳定,板片状介于两者之间。由于板片状尺寸较大(一般大于 200 μm),因此,这种形态的 $TiAl_3$ 溶解时间较长,不利于铝合金的细化。

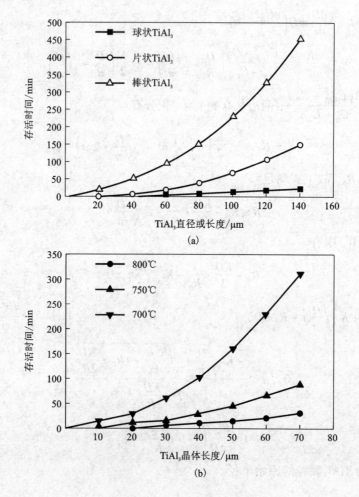

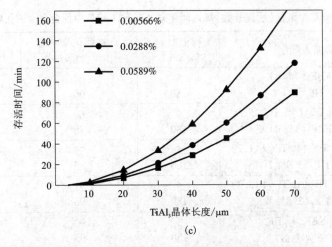

图 2-21 TiAl₃晶体形态、铝熔体温度及熔体初始 Ti
浓度(原子数分数)对 TiAl₃晶体溶解时间(t)的影响

(a)TiAl₃晶体形态对存活时间的影响($C_M = 0.0288\%$,750℃);
(b)熔体温度对 TiAl₃晶体存活时间的影响($C_M = 0.00566\%$,棒状 TiAl₃晶体);
(c)熔体中初始 Ti 浓度对 TiAl₃晶体存活时间的影响(750℃,棒状 TiAl₃晶体)

2.4.3 TiB₂化合物

Al-Ti-B 中间合金中的 TiB₂易形成细小的六方晶,尺寸为 $0.05 \sim 3.0$ μm,晶格常数为:$a = 0.3030$ nm,$c = 0.3232$ nm,$c/a = 1.0667$;而 AlB₂的晶格常数为:$a = 0.3006$ nm,$c = 0.3252$ nm,$c/a = 1.0818$,其外形尺寸较 TiB₂大得多。三元相(Al_{1-x},Ti_x)B_2,即 Al 在 TiB₂相中的固溶体。

Kiusalaas(R. Kiusalaas)[12]认为,在制备中间合金时,硼化物成分与氟盐的加入顺序有较大关系。通过改变氟盐的加入顺序,硼化物中的 Ti 含量可以在一定范围内发生变化,实际上是形成了由 AlB₂到 TiB₂的连续固溶体(Al_{1-x},Ti_x)B_2,如表 2-2 所示。

但 Klang(Hans Klang)[13]认为:硼化物的形态和尺寸与合金的制备方法、稀释程度和保温时间无关。例如在 750℃和 1100℃向 99.7% Al 熔体中加氟盐(K_2TiF_6、KBF_4)制备 Ti/B 化学计量比为 2.2∶1 的 Al-Ti-B 中间合金,保温不同时间后浇注,其硼化物颗粒没有变化。但把 Al-5Ti-1B 中间合金用高纯铝分别稀释至含 Ti 含量为 2.0%、1.0%、0.5%、0.3%、0.1%及 0.05%,并同在 750℃条件下分别保温 3 min、60 min、180 min 和 20 h 后发现:在保温 3 min 时,中间合金稀释试样中除了 TiB₂相外,均含有少量的 AlB₂相;保温 180 min 后,AlB₂相已全部转化为 TiB₂相。初生的(Al_{1-x},Ti_x)B_2相为 Al 原子在 TiB₂相中无规则地取代 Ti 原子的三元硼化物。这两种硼化物随保温时间的延长都转变成更稳定的 TiB₂。

表 2-2　750℃时氟盐（质量分数）加入顺序对 Al-5Ti-1B 中间合金中硼化物的影响

氟盐加入顺序	保温时间/min	Ti 在硼化物中的相对含量/%[①]	相对强度[②]
先加 KBF$_4$(1%B) 后加 K$_2$TiF$_6$(5%Ti)	5 180	64 66	6.4 3.4
先加 K$_2$TiF$_6$(5%Ti) 后加 KBF$_4$(1%B)	5 180	60 78	3.8 3.3
先加 KBF$_4$:K$_2$TiF$_6$(B/Ti=1:1.1) 后加 K$_2$TiF$_6$(3.9%Ti)	5 180	78 85	7.9 6.5
先加 KBF$_4$:K$_2$TiF$_6$(B/Ti=1:2.2) 后加 K$_2$TiF$_6$(2.8%Ti)	5 180	92 96	8.9 4.7
同时加 KBF$_4$:K$_2$TiF$_6$ (Ti 5%，1%B)	5 180	90 95	4.5 1.9

注：①因为硼化物为 AlB$_2$ 与 TiB$_2$ 间的连续固溶体，因而可根据 C 轴的变化（ΔC）来计算硼化物中的相对 Ti 含量。②TiAl$_3$ 与硼化物的相对量。

但是，有试验证明存在稳定的 $(Al_{1-x},Ti_x)B_2$ 相。例如，Jones(G. P. Jones) 等[14]提出的超结构和森棟文夫等[15]的分析，可以证明确实有 Al 原子规则排列的三元 $(Al_{1-x},Ti_x)B_2$ 相存在。森棟文夫等从 720℃ 保温数日的熔体底部萃取颗粒，发现它们不是化学计量比的 TiB$_2$，在所有情况下 Ti/B（质量比）为 2.09:1，相当于化学式 $(Al_{0.06},Ti_{0.94})B_2$，说明 TiB$_2$ 中溶入了 Al 原子。

TiB$_2$ 的形貌和尺寸与熔炼温度有关。图 2-22 所示为不同熔炼温度条件下制备的 Al-5Ti-1B 微观组织照片。由此可以看出，低温（约 800℃）熔炼条件下，TiB$_2$ 颗粒尺寸较细小，平均粒度约 0.7 μm，最大尺寸约 1.5 μm，但团聚较严重。而高温熔炼（约 1300℃）条件下，TiB$_2$ 颗粒尺寸较粗大，平均粒度约 4 μm，最大尺寸约 6 μm，但分布较弥散。

由平截面 SEM 组织可观察到 TiB$_2$ 颗粒形态各异，但经过粒子萃取分析发现，该粒子一般呈规则的六角片状，如图 2-23 所示。随熔炼温度的升高，TiB$_2$ 六角片在厚度方向有增大趋势，并呈现相互搭接和"咬合"长大现象，如图 2-24 所示。TiB$_2$ 聚集是 Al-Ti-B 中间合金的主要缺点之一，特别是密集型团聚体 TiB$_2$ 粒子的副作用明显，不仅堵塞过滤器和降低轧辊的使用寿命，而且直接导致铝制品特别是箔材产生穿孔，使废品率增加。因此，评价 Al-Ti-B 中间合金的质量优劣，不仅要考察其细化效果，而且还应当考察其中 TiB$_2$ 密集型团聚体的含量和大小。国际和国内标准规定：TiB$_2$ 粒子尺寸 ≤2 μm 的应占 90% 以上，分布大致均匀、弥散；疏松的 TiB$_2$ 团块尺寸 ≤25 μm，无密集的 TiB$_2$ 团块存在。而 TiB$_2$ 粒子的团聚现象与其晶体结构和生长习性有关，从这个角度分析，要彻底消除 TiB$_2$ 密集型团聚体难度较大,而且从技术角度和国内企业装备现状分析,要准确地评价该中间合金中 TiB$_2$ 粒子的大小和分布情况难度更大。

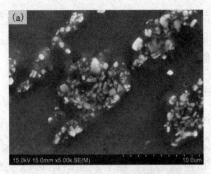 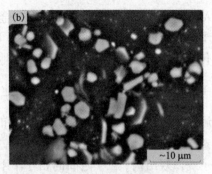

图 2-22　不同熔炼温度条件下制备的 Al-5Ti-1B 微观组织
(a)800℃;(b)1300℃

 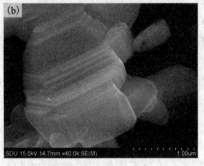

图 2-23　Al-5Ti-1B 中 TiB$_2$ 的 SEM 形貌
(a)小六角片;(b)六角片的台阶生长方式

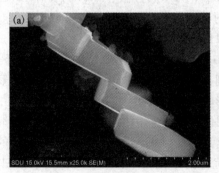 

图 2-24　TiB$_2$ 粒子之间的搭接和"咬合"生长现象
(a)搭接生长;(b)"咬合"共台阶生长

2.5 Al-Ti-B中间合金对铝及铝合金的细化行为

Al-Ti-B中间合金作为一种铝合金晶粒细化剂,对铝及铝合金的晶粒细化有着十分重要的作用。细化效果好,就可以降低中间合金的添加量,不仅能够降低细化剂使用成本,而且可以最大限度地降低细化剂的副作用。

2.5.1 Al-Ti-B中间合金对工业纯铝细化效果的遗传效应

影响 Al-Ti-B 中间合金细化效果的因素主要有 Ti/B 值、TiB_2 和 $TiAl_3$ 颗粒的形态、尺寸、分布及界面情况等。在实际应用中,影响因素相当复杂,如化合物粒子的微观结构、粒子之间的相互作用和存在形式、粒子表面微结构以及是否受到污染等。因此,伴随着 Al-Ti-B 中间合金几十年的研究历程,细化效果的不稳定问题依然存在。具体表现形式为:①采用不同原料生产的同一牌号产品,尽管成分接近,但细化效果差异巨大;②采用相同原料,但不同熔炼条件下生产的 Al-5Ti-1B 中间合金,其细化效果差异较大;③由不同厂家生产的 Al-5Ti-1B 中间合金,细化效果不同,差异明显;④同一厂家不同炉次生产的 Al-5Ti-1B 中间合金,其细化效果也存在差异。

组织结构决定性能,Al-Ti-B 中间合金也不例外。之所以成分相同细化效果不同,归根结底是由中间合金内部组织结构决定的,细化行为反映了这种结构的微小差异。中间合金加入到铝熔体中,尽管经历了一次重熔过程,但却保留了原始的结构信息,采用"中间合金细化效果的遗传效应"来描述这一现象较为贴切,即同一成分不同组织结构的中间合金细化剂,以同等量加入到待细化的工作合金中后,在同等凝固条件下具有不同细化效果的现象。

图 2-4 和图 2-5 分别比较了 (K_2TiF_6 + $Na_2B_4O_7$) 法、(K_2TiF_6 + $Na_2B_4O_7$·$5H_2O$) 法、(Ti + KBF_4) 法和氟盐法制备的 Al-5Ti-1B 中间合金的细化效果。通过比较发现,不同方法制备的 Al-5Ti-1B 的细化效果不同。

同种方法、工艺不同时所制备的 Al-5Ti-1B 其细化效果也存在明显差异。如前已述及,Yücel Birol[10]采用氟盐法制备该中间合金时,发现熔炼温度、氟盐的加入速率和加入后是否搅拌等,均会影响其细化效果。

对 Al-5Ti-1B 来讲,在加入至待细化的铝合金熔体后,其中的 $TiAl_3$ 逐渐溶解,而 TiB_2 却稳定存在,前者辅助后者成为生核衬底,后者为前者提供稳定的衬底,两者相辅相成,缺一不可。要获得优良的细化效果,该中间合金中 $TiAl_3$ 和 TiB_2 的形貌、尺寸、分布和相互关系十分重要。

较早的研究结果表明:含有块状 $TiAl_3$ 的 Al-Ti-B 中间合金细化作用见效快,但衰退也快;而含有片状和花瓣状 $TiAl_3$ 的 Al-Ti-B 中间合金细化作用见效慢,但可持续较长的时间。前者适合于在炉外连续加入(以线状形式);后者适合于在炉内添加(以锭块状形式)。孝云帧[20]认为:在相同的试验条件下,含有块状 TiAl₃ 的 Al-Ti-B 细化效果最好,而棒状和针状次之。

用氟盐法制备 Al-Ti-B,熔炼温度为 850℃,保温时间为 45 min,浇注入金属型(凝固速率约 5℃/s)中,制得 Al-4.43Ti-0.9B 中间合金。然后将该合金在 850℃下重熔,按凝固速率不同分别浇注慢凝(5×10^{-1}℃/s)和快凝(3×10^3℃/s)的试样。由此可以得到同一形貌、但不同 TiAl₃ 尺寸以及不同 TiB₂ 分布的 Al-Ti-B 中间合金试样,如图 2-25 所示。

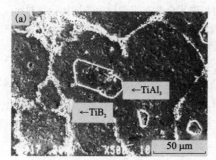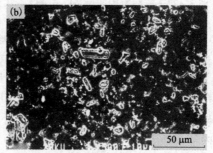

图 2-25 不同凝固条件下 Al-4.43Ti-0.9B 中间合金的 SEM 组织
(a)慢凝试样;(b)快凝试样

图 2-26 表示两种试样对工业纯铝的细化行为对比。可以看出:在 Ti、B 加入量相同的情况下,慢凝和快凝中间合金试样对工业纯铝的晶粒细化具有明显的遗传效应,在保温时间为 60 min 内,这两种中间合金的细化效果一直存在着较大的差异,再继续保温时,趋于接近。

对于慢凝试样,其细化响应的接触时间为 40 min 左右;而加入快凝试样后的接触时间仅为 10 min 左

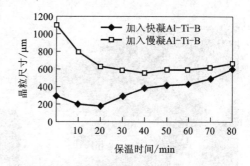

图 2-26 慢凝和快凝 Al-4.43Ti-0.9B 的细化行为对比
(加入量 0.1%,浇注铜铸型)

右。图 2-27 表示的是其细化工业纯铝试样的宏观晶粒组织对比。

由上述结果可以看出:成分和 TiAl₃ 形貌相同但尺寸不同的 Al-Ti-B 中间合金具有显著不同的细化效果,表现出明显的细化效果遗传效应。

从组织分析测得,慢凝和快凝 Al-Ti-B 中间合金试样中 TiAl₃ 颗粒的平均尺寸分别为 15~100 μm 和 5~30 μm。可以看出:凝固速度快,TiAl₃ 的尺寸细小,

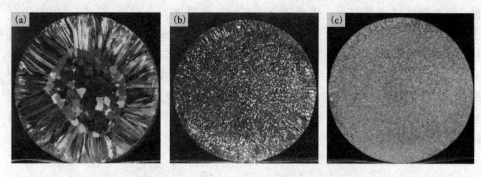

图 2-27 不同凝固速度 Al-4.43Ti-0.9B 中间合金对工业纯铝的细化行为对比
(中间合金加入量 0.1%,保温 5 min,浇注铜铸型)
(a)未细化;(b)加入慢凝试样;(c)加入快凝试样

数目多,分布均匀;反之,凝固速度慢,$TiAl_3$ 的尺寸大,数目少。另外,TiB_2 粒子的分布也存在较大差异:慢速凝固时,TiB_2 粒子多分布在晶界处,且聚集成团;而快速凝固时,TiB_2 粒子分布较分散。另外,从 SEM 照片明显地看到,在 $TiAl_3$ 化合物的内部及外围均分布有 TiB_2 粒子,这可称之为复合粒子。

由图 2-28 的 TEM 照片中可以更清楚地观察到,慢凝试样中 TiB_2 粒子是聚集在一起的,而快凝试样中则弥散分布。另外,后者在基体上还分布着较多的亚微米粒子,而前者没有发现亚微米粒子的存在。

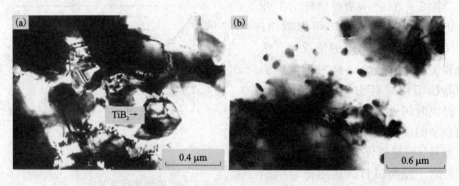

图 2-28 不同凝固条件下 Al-4.43Ti-0.9B 中间合金的 TEM 组织
(a)慢凝试样;(b)快凝试样

2.5.2 Al-Ti-B 中间合金对 A356 合金的晶粒细化行为

铸造 Al-Si 合金由于具有良好的铸造性能、耐腐蚀性能及优异的力学性能而广泛应用于汽车、航空等工业领域。对其进行晶粒细化处理是提高合金力学性能和加工性能,减少铸件中缩松、气孔、偏析和热裂等铸造缺陷的有效措施。本节以亚共晶 Al – Si 合金——A356 合金为例,研究了 Al – 5Ti – 1B 中间合金对其细化行为。A356 合金的成分如表 2 – 5 所示。

表 2 – 5　A356 合金的化学成分(w)

成分	Si	Mg	Fe	Cu	Mn	Zn	Ti	其余杂质	Al
含量/%	6.5~7.5	0.30~0.40	≤0.20	≤0.20	≤0.10	≤0.10	≤0.20	≤0.20	其余

未经细化处理的 A356 合金中初生 α – Al 晶粒粗大,在 730℃下加入 0.2% 的 Al – 5Ti – 1B 中间合金后,其晶粒尺寸得到一定程度的细化。中间合金加入 5 min 后,A356 合金平均晶粒尺寸约为 300 μm,且随着保温时间的延长其细化效果未见衰退,如图 2 – 29 所示。

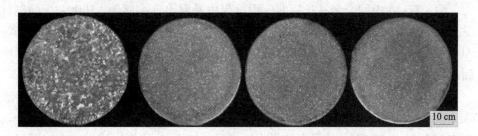

图 2 – 29　Al – 5Ti – 1B 中间合金对 A356 合金的细化效果
(加入量按 0.01% Ti 计,最左侧试块为 A356 空白样,第二块试样开始自左至右依次为加入后保温 5 min、15 min 和 30 min)

前面提到,Al – 5Ti – 1B 中间合金对工业纯铝和变形铝合金有着非常好的细化效果,但对于 A356 合金其细化效果并不理想。姜文辉等[21]认为:在变形铝合金中,Si 的含量一般小于 0.5%,这不仅不会削弱 Al – Ti 和 Al – Ti – B 中间合金的晶粒细化能力,而且还略有促进作用;但对 Si 含量较高的铸造 Al – Si 合金,当中间合金加入到熔体中后,Si 元素会与 TiAl$_3$ 发生化学反应形成 Ti$_x$Al$_y$Si$_z$ 三元化合物,从而毒化了 TiAl$_3$,使中间合金的细化能力降低。王丽等[22]认为:熔体中 Si 元素的存在使得包晶转变温度明显降低,以致不能有效地细化晶粒。他们认为:Al – 5Ti – 1B 中间合金由于 Ti 过量而形成 TiAl$_3$,当加入到 Al – Si 合金熔体中,TiAl$_3$ 相溶解,铝熔体中存在 Ti、Al、Si 以及大量的 TiB$_2$。TiB$_2$ 不能直接成为 α – Al 的生核衬底,但 Ti 元素易通过扩散聚集在 TiB$_2$ 和熔体的界面上,同时 Si 也

会聚集在 TiB_2 周围，从而形成三元的铝金属间化合物 $Ti(Al_xSi_{1-x})_3$，该三元铝化物发生以下包晶反应：

$$L + Ti(Al_xSi_{1-x})_3 \longrightarrow \alpha - Al \qquad (2-31)$$

TiB_2 虽不是结晶核心，但它为三元铝化物的析出提供衬底，而三元铝化物成为 $\alpha - Al$ 的异质晶核。因此，Al-5Ti-1B 中间合金加入到熔体中后将会发生以下反应：首先是 $TiAl_3$ 相的溶解，Ti、Si 在 TiB_2 与熔体界面上聚集，形成三元铝化物，然后通过式（2-31）的包晶反应使 $\alpha - Al$ 成核，从而起到细化作用。然而，三元铝化物的包晶反应温度对熔体中的 Si 含量非常敏感，纯铝中的包晶反应温度为 665℃，当 Si 量为 0.4% 时，包晶反应温度降至 660℃；当 Si 量为 10% 时，其包晶反应温度为 580～590℃。在 A356 合金中，由于 Si 含量较高，严重影响了包晶反应的温度，使得 $\alpha - Al$ 的生核率明显降低，从而导致 Al-5Ti-1B 中间合金在铸造 Al-Si 合金中细化效果不理想。

2.5.3　Al-Ti-B 中间合金对含 Zr 铝合金的晶粒细化行为

Al-Ti-B 中间合金在长期的应用过程中暴露出许多问题，其中一个问题就是 Al-Ti-B 的细化"中毒"。很多研究者认为：当合金中含有 Zr、Cr 等元素时，Al-Ti-B 中间合金的细化能力会明显减弱甚至消失。这种由于其他元素的影响而出现的细化效果衰退现象称之为细化"中毒"。

图 2-30 是向经过 0.2% Al-5Ti-1B 中间合金细化处理后的工业纯铝中加入 Zr 元素后所得试样的宏观组织照片。图 2-30(a) 中合金的熔炼温度为 730℃，图 2-30(b) 为 800℃。从图中结果可以看出：加入 Zr 元素后试样的组织明显粗化，且随着 Zr 含量的增加这种粗化作用越来越明显，特别是当 Zr 含量超过 0.06% 后，Al-5Ti-1B 中间合金的细化作用急剧降低，当 Zr 含量达到 0.12% 时，试样的晶粒已经粗化至 1450 μm 左右。提高浇注温度会进一步加剧 Zr 对 Al-5Ti-1B 中间合金的中毒作用，当浇注温度提高到 800℃ 时，0.12% 的 Zr 就能使 0.2% 的 Al-5Ti-1B 完全失去细化作用。图 2-31 为试验所得试样晶粒平均尺寸的变化曲线，从中可以更清楚地看到 Zr 对 Al-Ti-B 中间合金细化效果的影响。

对于有效的晶粒细化过程，中间合金添加到合金熔体中以后，必须能够为 $\alpha - Al$ 提供有效的生核衬底。此外，在晶粒长大过程中，熔体中合金元素或杂质会对晶粒组织的生长起到抑制作用。目前出现的关于 Zr "中毒"机理的理论主要集中在两方面：一是 Zr 影响了合金中 Fe、Si 等对晶粒的生长抑制作用；二是 Zr 影响了 $\alpha - Al$ 晶粒的生核过程，其中以后者居多。Spittle(J. A. Spittle) 和 Sadli(S. B. Sadli)[23]认为：造成 Zr "中毒"的主要原因是 Zr 与合金中的 Fe、Si 等杂质

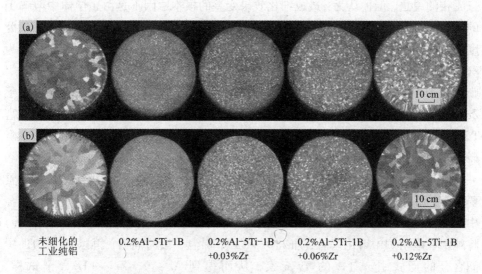

图 2-30 Zr 对 Al-5Ti-1B 中间合金细化效果的影响

(a)730℃熔炼；(b)800℃熔炼

发生反应形成复杂的化合物。他们认为，一般工业纯铝中含有 0.05%~0.5% 的杂质，其中大部分是 Fe 和 Si，这些杂质本身就会起到生长限制作用。当合金中存在 Zr 元素时，Zr 与 Fe、Si 等杂质发生反应，影响了其生长限制作用的发挥，从而导致细化"中毒"。然而，试验研究发现：向纯度为 99.99% 的高纯铝中加入 Zr 元素，其对 Al-Ti-B 中间合金的细化效果同样产生了明显的"毒化"作用。可见，Zr 对 Fe、Si 等杂质生长抑制作

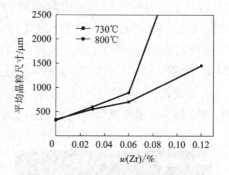

图 2-31 Zr 含量对 Al-5Ti-1B
中间合金细化效果的影响

(熔炼温度分别是 730℃，800℃；
中间合金加入量为 0.2%)

用的影响不是造成 Zr"中毒"的主要原因。Johnsson Mats[24]认为 Zr"中毒"现象仅仅发生在合金中 Zr 含量超过其包晶反应成分的情况下。该理论认为，当合金中 Zr 含量在亚包晶成分范围内时，Zr 会促进 Ti 的细化效果；而当 Zr 含量超过包晶反应成分时，合金中出现较粗大的 $ZrAl_3$ 相，一些 Ti 原子就会逐渐扩散到 $ZrAl_3$ 相内部而形成复杂的 $(Ti_{1-x}Zr_x)Al_3$ 相，这将会减少熔体中溶解的 Ti，造成细化"中毒"。Abdel-Hamid[25]同意 Johnsson Mats 所提出的熔体中析出复杂的 $(Ti_{1-x}Zr_x)Al_3$

三元相的说法，但他认为：造成细化效果变差的根本原因不是由于熔体中溶解 Ti 的减少，而是由于形成的 $(Ti_{1-x}Zr_x)Al_3$ 三元相改变了 $TiAl_3$ 和 TiB_2 之间的晶格错配度。Johnsson Mats 和 Abdel-Hamid 虽然意见有分歧，但都认为 Zr"中毒"是因为 Zr 与细化剂中的 $TiAl_3$ 相之间发生了反应。而 Jones 和 Pearson(J. Pearson) 等[26]则认为 Zr"中毒"现象主要是由于 Zr 与 TiB_2 发生反应，在 TiB_2 颗粒表面形成了 ZrB_2 薄层。他们认为，生核过程主要是由于 TiB_2 颗粒表面吸附了 Ti 原子而形成富 Ti 层，从而促进 α-Al 的生核；而 Zr 的存在使 TiB_2 颗粒表面形成了 ZrB_2 薄层，阻碍 Ti 原子在 TiB_2 颗粒表面的吸附聚集，从而抑制了生核过程。

基于以上分析，可以断定，Zr 与 $TiAl_3$ 相发生反应是造成 Zr"中毒"的一个重要原因，而对于其"中毒"机理目前还没有统一的说法。为了进一步分析中间合金中 $TiAl_3$ 相的"中毒"机理，利用 Al-10Ti 中间合金作为细化剂进行了如下试验：将纯铝在电阻炉中熔化以后，加入 0.4% Zr，保温一段时间后，再以 Al-10Ti 中间合金的形式引入 1% 的 Ti 元素，从而得到 Al-0.4Zr-1Ti 合金试样。图 2-32 所示为该试样的微观组织，其中图 2-32(a)、图 2-32(b) 分别为加入 Ti 后保温 1 min 和 5 min 时所取得的试样。经电子探针成分分析确定，图中灰色相为 $TiAl_3$ 相，其周围的白色相含有 Ti、Zr、Al 3 种元素，为 $(Ti_{1-x}Zr_x)Al_3$ 三元复合相。这种 $(Ti_{1-x}Zr_x)Al_3$ 相的分布具有一定的规律性，大部分聚集在 $TiAl_3$ 相周围，并依附着 $TiAl_3$ 进行生长。试样中 $(Ti_{1-x}Zr_x)Al_3$ 相的点成分分析如表 2-6 所示。其中试样 S1-1、S1-2 和 S1-3 分别指加入 Ti 元素以后保温 1 min、5 min、10 min 后所取得的试样。可以看出，随着保温时间的延长，$(Ti_{1-x}Zr_x)Al_3$ 相中 Zr 浓度越来越高，说明随着时间的延长，熔体中越来越多的 Zr 与 $TiAl_3$ 相发生反应。

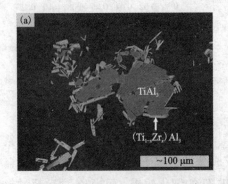 

图 2-32　Al-0.4Zr-1Ti 合金微观组织
(a)加入 Ti 后保温 1 min；(b)加入 Ti 后保温 5 min

表2-6　Al-0.4Zr-1Ti合金中($Ti_{1-x}Zr_x$)Al_3相的EPMA成分分析

元素	w/%			x/%		
	S1-1	S1-2	S1-3	S1-1	S1-2	S1-3
Al K	59.83	59.92	57.88	76.08	76.72	75.35
Ti K	25.90	23.65	24.22	18.56	17.06	17.76
Zr L	14.26	16.43	17.89	5.37	6.22	6.89

由 EPMA 分析可认为：($Ti_{1-x}Zr_x$)Al_3 相是由于 Zr 与 $TiAl_3$ 发生反应形成的。之所以聚集在 $TiAl_3$ 相周围，是因为 $TiAl_3$ 相在熔体中未完全溶解，熔体中的 Zr 与 $TiAl_3$ 表面处的 Ti 原子发生反应形成($Ti_{1-x}Zr_x$)Al_3 相，将尚未溶解的 $TiAl_3$ 相包围；并且随着保温时间的延长会有越来越多的 Zr 参与反应，使得剩余的 $TiAl_3$ 难以继续溶解。因此，Zr "中毒"的原因主要是：中间合金在加入到含 Zr 铝合金熔体中以后，熔体中的 Zr 元素与 $TiAl_3$ 反应形成($Ti_{1-x}Zr_x$)Al_3 三元复合相，这种三元相聚集在 $TiAl_3$ 相周围，使得 $TiAl_3$ 相难以继续溶解，从而无法释放出多余的 Ti 原子。而众所周知，熔体中存在多余的 Ti 原子时才可以有效地促进 α-Al 的生核，因此，造成了细化"中毒"现象的发生。

2.6　Al-Ti-B中间合金对铝合金的细化机理

迄今还没有一种观点和理论能够完全解释所有的晶粒细化现象和细化行为，目前已提出的一些机理只能解释细化过程中的某些现象，各机理之间的有些说法甚至相互矛盾。目前，具有代表性的晶粒细化机理有包晶理论、碳化物-硼化物粒子理论、复相生核理论、超成核理论、界面过渡区理论以及 α-Al 晶体分离与增殖理论等。

2.6.1　包晶理论

Crossley(F. A. Crossley)和 Mondolfo(L. F. Mondolfo)[1]根据二元 Al-Ti 相图首先发展了这一理论，该理论是以 Al-Ti 相图中的包晶反应为基础，如图2-1所示。当 Ti 的添加量高于 0.15% 时，在降温过程中，首先析出 $TiAl_3$ 相，并在 665℃时可与液态铝发生包晶反应(2-1)，形成大量细小的 α-Al 固溶体，使晶粒得到细化。但是，随着保温时间的延长，$TiAl_3$ 发生溶解，细化效果逐渐衰退。Davies 等(1970年)和 Maxwell 等(1975年)在 α-Al 晶粒中心发现了 $TiAl_3$ 粒子，Arnberg 等(1982年)公布的冷却曲线表明：没有生核过冷，证明生核是在包晶温度(665℃)附近通过包晶反应实现的。显然，只要熔体中存在 $TiAl_3$，包晶反应就会发生。

然而，在亚包晶成分下，$TiAl_3$在热力学上是不稳定的。2.4.2节关于$TiAl_3$在铝熔体中的溶解动力学计算表明：在通常熔炼温度下，$TiAl_3$的溶解速度为40 μm/min，直径为20 μm的球形$TiAl_3$粒子在3~4 s内完成溶解。因此，对于Al-Ti-B及Al-Ti-C中间合金来说，在通常的加入量(0.1%~0.3%)条件下，熔体中$TiAl_3$是难以存在的。于是包晶理论支持者提出，Al-Ti-B中间合金中的B元素的加入形成了大量的TiB_2，使得Al-Ti的包晶点降低，从0.15%Ti向相图的Al角迁移，在较低的Ti含量即在0.025%~0.03%条件下包晶反应就可发生。并且Al-Ti-B三元系中$TiAl_3$的液相线比二元Al-Ti系的液相线更陡，从而增加$TiAl_3$的热力学稳定性，使其溶解减慢或停止，增加了晶核数目，使细化效果得到提高[27]。1991年Bäckerud(L. Bäckerud)等[28]提出TiB_2粒子包围$TiAl_3$可使$TiAl_3$长期存在的包晶外壳(Eutectic Hulk)理论，也支持了包晶理论。但笔者认为，这种解释过于牵强。

2.6.2 碳化物-硼化物粒子理论

Cibula[2,29]和Jones[26]提出了"碳化物-硼化物粒子理论"，他们认为在通常的Al-Ti合金中，Ti与熔体中的残存C反应生成TiC，由于Al和TiC之间存在晶体取向附生关系，从结晶学角度上看有利于α-Al生核。但是Mohanty和Gruzleski(J. E. Gruzleski)等[30]的实验证明：在细化温度下TiC粒子在铝熔体中是不稳定的，它与Al反应生成Al_4C_3和复杂碳化物Ti_3AlC。一些TiC晶体被这些碳化物细小晶体覆盖而推向晶界，失去了非均质生核能力，所以"碳化物粒子理论"出现了争议。

关于"硼化物粒子理论"，实验室和工业实践都确定，铝熔体中存在过剩Ti，即大于TiB_2化学计量比(2.22:1)的Ti，是TiB_2粒子起细化作用的首要条件。TiB_2不能单独使α-Al生核，如果TiB_2是生核相，晶粒细化曲线应显示出TiB_2是比$TiAl_3$更有效的生核剂，即生核温度应当低于熔体的熔点($T_n \leq T_m$)，但事实恰恰相反($T_n > T_m$)[31]。关于复杂的$(Al_{1-x}, Ti_x)B_2$相，Kiusalaas[32]和Bäckerud[12]对此进行了广泛研究，提出了"亚稳硼化物理论"，即中间合金在液态保温期间出现的$(Al_{1-x}, Ti_x)B_2$朝TiB_2方向过渡，细化效果随这种过渡而提高，在达到纯TiB_2时过渡转变停止或$(Al_{1-x}, Ti_x)B_2$相消失。

通常情况下，无论是TiC或TiB_2都不能单独细化工业纯铝。Al-Ti-C及Al-Ti-B中间合金中必须存在多余的Ti，才能发挥细化作用。因此，纯粹的粒子理论也是不全面的。

2.6.3 复相生核理论

该理论认为：$TiAl_3$相包围在TiC或TiB_2粒子表面，形成复合粒子对α-Al起生核作用。相比前面两个理论而言,双相生核理论既考虑到粒子的作用,又肯定了多余 Ti 的作用,是最全面的生核机制,也是最具吸引力的理论。Schumacher (P. Schumacher)等[33]试验发现:Al – 5Ti – 1B 加入到铝基金属玻璃中后起到促进 α – Al 生核的作用。同时未发现单独的 $TiAl_3$,该相只以薄层状包在 TiB_2 粒子上,而 α – Al 也只能在 TiB_2 的{0001}面上生核。Mohanty 等[31]试验发现:在铝熔体中添加纯 TiB_2 颗粒,没有明显的细化现象,TiB_2 颗粒偏聚在晶界上;而当存在过量的 Ti 时,晶粒细化能力显著加强,此时发现 TiB_2 处在晶粒中心。另外,他们还在发生过包晶反应的试验中,发现 $TiAl_3$ 在 TiB_2 的表面生成,然后 α – Al 又在 $TiAl_3$ 的表面形成。他们据此认为在亚包晶反应中存在同样行为,该理论最终是由 Mohanty 等人提出来的。图 2 – 33 为他们在 0.05% Ti 含量下找到的 TiB_2

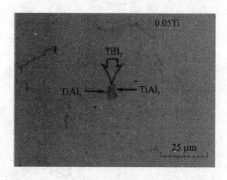

图 2 – 33 TiB_2 颗粒周围分布的 $TiAl_3$ 薄层

颗粒周围的 $TiAl_3$ 薄层,图 2 – 34 为该模型的一个示意图。该理论认为:将 Al – Ti – B 加入到铝熔体中后,$TiAl_3$ 很快熔解;由于熔点高,TiB_2 会依然存在于熔体中;Ti 原子向 TiB_2 迁移,最终在其表面形成 $TiAl_3$,随后又在 $TiAl_3$ 的表面发生包晶反应生成 α – Al。

Sigworth(G. K. Sigworth)[34]认为 Ti 偏聚到 TiB_2 表面上形成稳定的 $TiAl_3$,这种偏聚符合热力学规律。然而,Easton(M. Easton)[35]认为在 TiB_2 表面形成 $TiAl_3$ 对细化作用没有必要,中间合金中的 $TiAl_3$ 向熔体提供的溶质元素 Ti 会在 TiB_2 表面偏析,形成一成分过冷层,对以 TiB_2 颗粒为核心形成的 α – Al 晶粒起生长抑制作用。

Jones[14]根据 Al – Ti – B 中间合金能以很少的添加量来细化晶粒,引入了"超成核理论"来描述这个过程。所谓超成核是指在大大高于铝液相线温度时即存在晶核。该理论解释了 Ti 在基底和熔体界面发生偏析的超成核,通过计算 Ti 在熔体和 TiB_2 中的活性,指出 Ti 原子将在 TiB_2 表面上形成一个稳定的原子层。由于偏析层是 Ti 在铝中的固溶体,可以断言,它在纯铝熔点以上保持稳定,即在铸造以前就预先存在。当温度降低时,这个偏析层允许在无生核过冷的条件下生长一次 α – Al 晶粒。这个超成核模型还证明了溶质原子尺寸和铝原子尺寸的关系是生核的关键因素。接近铝原子尺寸的溶质,将导致超成核,而与铝原子尺寸非常不匹配的原子不能发生超成核,该理论在许多方面都很有说服力,用它似乎可以解释 Al – Ti – B 中间合金的颗粒成核现象。然而,在某些方面还缺乏试验证据,尤其是关于 TiB_2 与熔体界面上的稳定原子层,显然需要对模型的分界面进行试验研究。

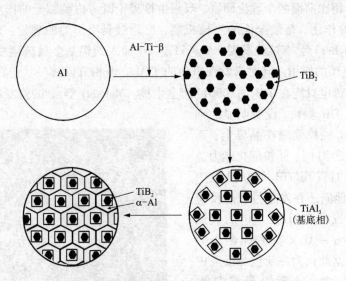

图 2-34 复相生核机制示意图

2.6.4 晶体分离与增殖理论

Ohno(A. Ohno)和 Motegi(T. Motegi)于 20 世纪 70 年代提出了晶体分离与增殖理论,1995 年 Motegi 再次发表文章[36]对该理论进行了详尽论述,他采用定向凝固和常规铸造工艺的方法,研究了纯铝锭加入 Al-Ti-B 中间合金时的晶粒细化机理,认为用 Al-Ti-B 中间合金细化而得到的等轴晶,一部分是由于钛化物的生核作用;另外,从型壁上生核后的小晶体会在 Ti 的作用下分离,并在振动作用下游离到熔体内部。Easton 等对此又进行进一步研究[37],提出了型壁生核理论。在圆柱形熔体冷却腔内放置一个环形的过滤网,无论加入 Al-Ti 还是 Al-Ti-B 中间合金,滤网内外的铝晶粒尺寸都会有明显的差别。由此得出结论:型壁对铝晶粒的细化起到重要的作用,而加入中间合金后晶粒的进一步细化是由于细化剂对型壁晶粒的形成起进一步促进作用。至于型壁如何起作用,Easton 认为一种可能是由于晶粒分离理论,即晶粒在型壁上首先形成;另一种可能是型壁提供了生核所需的过冷度。不可否认,型壁生核在凝固过程中确实是存在的,对晶粒细化有一定的促进作用,但这不会在 Al-Ti-B 中间合金的细化作用中占主导地位。

2.6.5 界面过渡区理论

在研究铝合金细化过程中,笔者提出了 Al-Ti-B 与 Al-Ti-C 中间合金细化机理的界面过渡区理论。图 2-35 为 Al-Ti-B 中间合金细化的 α-Al 晶粒核心处发现的颗粒状物相,经电子探针线扫描分析为 TiB_2 相。然而值得注意的是在

核心周围的 α-Al 枝晶呈明显的晕圈状或花瓣状，这主要是由富 Ti 过渡区中的 Ti 浓度呈现梯度分布引起的。并据此提出一个模型，如图 2-36 所示。即中间合金加入到铝熔体中后，熔体中溶解的 Ti 会聚集到 TiB_2 或 TiC 颗粒的周围（也不排除钛化物本身离析出多余的 Ti 原子），在其界面处形成一个富 Ti 过渡区，其中 Ti 呈内部浓度高、外部浓度逐渐降低的梯度分布，在冷却凝固时它促进初生 α-Al 依附于 TiB_2 或 TiC 颗粒表面生核，并在凝固结束后演化为固态下 TiB_2、TiC 颗粒周围的富 Ti 过渡区。这里的"富 Ti 过渡区"不同于 Mohanty[31] 提出的 Ti 在 TiB_2 颗粒表面偏聚形成的 $TiAl_3$ 薄层，后者只是前者的一个特例。颗粒周围形成的不是 $TiAl_3$ 薄层，而是一个 Ti 溶质浓度呈梯度分布的 α-Al 固溶体。另外还通过试验发现工业纯铝中加入微量 Al-5Ti-1B 中间合金后，将引起铝熔体黏度的突变，这可能与熔体中 TiB_2 周围形成的较大尺寸的富 Ti 过渡区有关，即铝熔体黏度的突变只是过渡区存在的宏观反映。

富 Ti 过渡区理论不仅强调了粒子的"布阵"作用，肯定了熔体中多余 Ti 的"辅助"作用，并且指出了两者的相互关系，即 $TiAl_3$ 的溶解和 Ti 的扩散与偏聚能很好地解释细化过程中的一些重要现象，如多余 Ti 对 TiB_2 成核 α-Al 的促进作用，揭示了两者之间相辅相承的关系。另外，α-Al 的生核完成之后，富 Ti 过渡区还将进一步影响其长大过程，并通过枝晶生长和缩颈促进晶体增殖，从而抑制晶粒长大。但过渡区的存在也加速了 TiB_2 粒子的沉淀，另外，过渡区理论也有待完善。

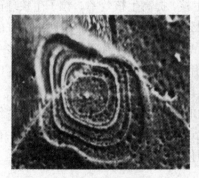 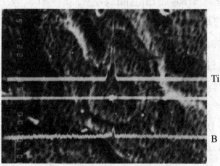

(a) TiB_2 周围的晕圈　　　　(b) TiB_2 周围的晕圈及花瓣状形貌

图 2-35　高纯铝加入 1.4% Al-5Ti-1B 后 α-Al 核心处的 TiB_2

上述各种细化机理分别从不同角度较好地解释了特定条件下的晶粒细化现象。笔者认为：在晶粒的生核和长大过程中，以上各种晶粒细化机制都有可能发挥作用，可能是各种机制共同作用的结果，只是随合金种类、细化剂加入量及凝固条件的变化，起主导作用的晶粒细化机制不同而已。

例如，在利用 Al-Ti 中间合金对铝合金细化的过程中，$TiAl_3$ 与 α-Al 之间的

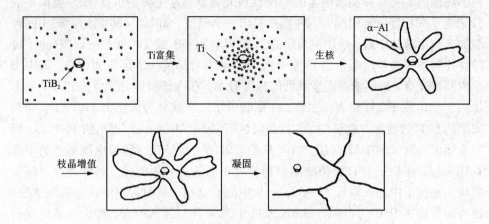

图 2-36　TiB_2 周围富 Ti 过渡区的形成与演化模型

包晶反应理论对于生核过程发挥主导作用，但是它不能合理地解释在低 Ti 浓度下（如 0.01%，包晶点处 Ti 浓度 0.15%）Al-Ti-B 中间合金对铝的细化作用，该种情况下必然有另外某种细化机制起决定作用。根据 Al-Ti-B 中间合金中 B 对于细化效果的促进作用，不可否认大量细小 TiB_2 粒子对生核过程的关键作用，因此粒子生核理论或者复相生核理论就可以合理地解释 TiB_2 粒子对 $TiAl_3$ 一次生核，随后 $TiAl_3$ 通过包晶反应对 α-Al 二次生核，提高生核效率。粒子生核理论也有它的局限性，主要表现在 TiB_2 粒子单独加到铝熔体中时并不能表现出良好的细化效果，因此 TiB_2 粒子不能够单独促进 α-Al 生核，中间合金中必须存在多余的 Ti，而过渡区理论不仅强调了粒子的重要作用，同时肯定了熔体中多余 Ti 或 $TiAl_3$ 的作用。此外，晶粒细化过程十分复杂，尤其在铝合金中极易产生成分过冷，进而导致枝晶的发展以及缩颈现象，由此衍生的晶粒游离也会对晶粒细化产生促进作用，因而晶体分离与增殖理论在晶粒细化过程中也是必然存在的。因此，在晶粒的生核与长大过程中，不排除以上各种细化机制共同发挥作用的可能。

参考文献

[1] F. A. Crossley, L. F. Mondolfo. Mechanism of Grain Refinement in Aluminum Alloys[J]. Journal of Metals—Transaction of American Institute of Mining, Metallurgical, and Petroleum Engineers, 1951, 191(12): 1143-1148

[2] A. Cibula. The Mechanism of Grain Refinement of Sand Castings in Aluminum Alloys[J]. Journal of the Institute of Metals, 1949—1950, 76(4): 321-360

[3] D. G. McCartney. Grain Refining of Aluminium and its Alloys Using Inoculants[J]. International

Materials Reviews, 1989, 34(5): 247-260
[4] 韩行霖. Al-Ti-B 对铝合金细化过程的试验研究和理论分析[J]. 轻合金加工技术, 1986(6): 1-5
[5] 张明俊. 铝-钛-硼中间合金两步生产法[J]. 轻金属, 1989(11): 51-55
[6] 高泽生. 国产 AlTiB 晶粒细化剂的研制与应用[J]. 轻合金加工技术, 1990(01): 5-7
[7] P. Gudde, P. Jetten. From Rolling Mill to Conform - A Cast History[C]//In: M. Nilmani (Ed.). Third Australian Asian Pacific Course and Conference on Aluminium Casthouse Technology. Melbourne: The Minerals, Metals & Materials Society, 1993, 1-6
[8] B. Yücel. Production of Al-Ti-B Grain Refining Master Alloys from Ti Sponge and KBF_4[J]. Journal of Alloys and Compounds, 2007, 440(1-2): 108-112
[9] B. Yücel. Production of Al-Ti-B Grain Refining Master Alloys from $Na_2B_4O_7$ and K_2TiF_6[J]. Journal of Alloys and Compounds, 2008, 458(1-2): 271-276
[10] B. Yücel. Effect of the Salt Addition Practice on the Grain Refining Efficiency of Al-Ti-B Master Alloys[J]. Journal of Alloys and Compounds, 2006, 420(1-2): 207-212
[11] G. K. Sigworth. The Grain Refining of Aluminum and Phase Relationships in the Al-Ti-B System[J]. Metallurgical and Materials Transaction A, 1984, 15(2): 277-282
[12] R. Kiusalaas, L. Bäckerud. Influence of Production Parameters on Performance of Al-Ti-B Master Alloys[C]//Proceedings of the Third International Conference, Organized by the Dept. of Metallury, Univ. of Sheffield, Ranmoor House, Sheffield, 1987. London: The Institute of Metals, 1988, 137-140
[13] Hans Klang. Grain Refinement of Aluminium by Addition of AlTiB Master Alloys: [Ph. D. Thesis]. Chemical Communications, No. 4, Stockholm University, 1981
[14] G. P. Jones. The Mechanism of Nucleation of Liquid Aluminium by Al-Ti-B Master Alloys[C]//In: T. A. Engh (Ed.). International Seminar on refining and alloying of liquid aluminium and ferro-alloy. Trondheim, Norway: Aluminium Verlag, Düsseldorf, 1985, 213-228
[15] 森棟文夫, 新宮秀夫, 小林紘二郎, 尾崎良平. Al-Ti-B 系状態図のAl 側隅における液相面について[J]. 日本金属学会誌, 1977, 41(5): 444-450
[16] 曹建峰. 向铝熔体中添加晶粒细化剂的方法[J]. 轻合金加工技术, 1994, 22(10): 25-28
[17] 曹汉民, 兰慧琴, 那兴杰, 史志远, 温景林. 连续铸挤成型技术及其发展[J]. 有色矿冶, 1998(5): 37-40
[18] 李荣华, 马国忱. 微分方程数值解法[M]. 第二版. 北京: 高等教育出版社, 1989
[19] 张德荣, 王新民, 高安民. 计算方法与算法语言[M]. 北京: 高等教育出版社, 1981
[20] 孝云帧, 马宏声, 李体彬, 吴庆龄. Al-Ti-B 中间合金的实验研究[J]. 轻合金加工技术, 1988(4): 8-14
[21] 姜文辉, 韩行霖 等. Al-12%Si 合金 α-Al 晶粒细化剂的研究[J]. 铸造, 1997(1): 19-21
[22] 王丽, 孙益民 等. 亚共晶 Al-Si 合金的细化处理[J]. 特种铸造及有色合金, 1998(5):

18 – 20

[23] J. A. Spittle, S. B. Sadli. The Influence of Zirconium and Chromium on the Grain Refining Efficiency of Al – Ti – B Inoculants[J]. Cast metals, 1994, 7(4): 247 – 253

[24] M. Johnsson. Influence of Zirconium on the Grain Refinement of Aluminum[J]. Zeitschrift fuer Metallkunde, 1994, 85(11): 786 – 789

[25] Abdel – Hamid, A. Ahmed. Effect of other Elements on the Grain Refinement of Aluminum by Titanium or Titanium and Boron. Part II. Effect of the Refractory Metals Vanadium, Molybdenum, Zirconium, and Tantalum [J]. Zeitschrift fuer Metallkunde, 1989, 80(9): 643 – 647

[26] G. P. Jones, J. Pearson. Factor Affecting Grain Refinement of Aluminium Using Ti and B Additives[J]. Metallurgical and Materials Transactions B, 1976, 7(2): 223 – 234

[27] W. C. Setzer, et al. Aluminum Master Alloys Containing Sr, B and Si for Grain Refining and Modifying Aluminum Alloys[P]. United States Patent, Patent No.: 5230754. Date: July 27, 1993

[28] L. Bäckerud, Y. Shao. Grain Refining Mechanism in Aluminum as Result of Additions of Ti and B[J]. Aluminium, 1991, 67(7 – 8): 780 – 785

[29] A. Cibula, R. W. Ruddle. The Effect of Grain – size on the Tensile Properties of High – strength Cast Aluminum Alloys[J]. Journal of the Institute of Metals, 1949—1950, 76(4): 361 – 376

[30] P. S. Mohanty, F. H. Samuel, J. E. Gruzleski, T. J. Kosto. Studies on the Mechanism of Grain Refinement in Aluminum[C]//In: U. Mannweiler (Ed.). TMS Light Metals. Warrendale PA: The Minerals, Metals & Materials Society, 1994, 1039 – 1045

[31] P. S. Mohanty, J. E. Gruzleski. Mechanism of Grain Refinement in Aluminium[J]. Acta Metallurgica et Materialia, 1995, 43(5): 2001 – 2012

[32] R. Kiusalaas. Relation Between Phases Present in Master Alloys of Al – Ti – B Type[D]. Sweden: University of Stockholm, 1986

[33] P. Schumacher, A. L. Greer. Heterogeneously Nucleated α – Al in Amorphous Aluminium Alloys[J]. Material Science and Engineering A, 1994, 178(1 – 2): 309 – 313

[34] G. K. Sigworth. Communication of Mechanism of Grain Refinement in Aluminum[J]. Scripta Materialia, 1996, 34(6): 919 – 922

[35] M. Easton, D. StJohn. Grain Refinement of Aluminum Alloys: Part I. The Nucleant and Solute Paradigms – A Review of the Literature[J]. Metallurgical and Materials Transactions A, 1999, 30(6): 1613 – 1623

[36] T. Motegi. Grain Refining Mechanisms of Pure Aluminum Ingots by Adding an Al – Ti – B Master Alloy[J]. Journal of Japan Institute of Light Metals, 1995, 45(6): 339 – 345

[37] M. Easton, D. StJohn. The Origin of Equiaxed Crystal in Grain Refined Aluminum Alloy[J]. Aluminum Transactions, 1999, 1(1): 51 – 58

第3章 Al–Ti–C 与 Al–Ti–C–B 中间合金及其细化性能

3.1 Al–Ti–C 中间合金的发展历程

尽管 Al–Ti–B 中间合金以其高效的细化效果在铝加工业应用了几十年，但是也暴露出许多问题。例如，其中的 TiB_2 颗粒尺寸粗大聚集成团，给许多产品带来了各种质量问题[1]。例如，使用 Al–Ti–B 中间合金后一些铝轧板表面产生划痕或条纹，铝箔产生针孔，并且会损伤轧辊表面。

在 Al–Ti–B 中间合金的制备过程中易形成 TiB_2 聚集团，加入熔体后不能充分扩散开，或沉淀到流槽底部，或存在于最终产品中形成夹杂，不仅引起细化衰退，而且在流槽连续细化时堵塞过滤器。

一些高强铝合金中含有的 Zr 和 Cr 元素会使 Al–Ti–B 中间合金发生细化"中毒"，形成粗大晶粒或不均匀组织。Rao(A. Arjuna Rao)的研究表明：欲使 Al–2Cr 合金获得较好的细化效果至少需加入 1.2% 的 Al–5Ti–1B 中间合金[2]，而通常情况下只需 0.1%~0.2% 的加入量就可达到满意的效果。

此外，Al–Ti–B 中间合金一般采用 K_2TiF_6 和 KBF_4 铝热反应法制备得到，反应中释放出有毒的氟化物气体，反应后会在中间合金中残留熔渣。有毒气体不仅污染环境而且恶化劳动条件，残留熔渣会随中间合金带入欲细化的合金中形成夹杂，污染合金，引发质量问题，并且 TiB_2 颗粒易与这些夹杂物相结合，这是造成 TiB_2 聚集成团的重要原因[3]。

因此，人们一直希望找到一种能够克服上述缺点的新型细化剂以代替 Al–Ti–B 中间合金。近年来，出现了一些其他新型细化剂，如 Al–Ti–Si[4]、Al–Ti–Be[5]、Al–Ti–B–RE[6] 和 Al–Sr–B[7] 等中间合金，但这些合金的细化效果和应用场合均难以令人满意。而在对 Al–Ti–C 中间合金的研究中，人们发现[8-10]其细化效果不仅可接近 Al–Ti–B 中间合金，而且其中所含的 TiC 颗粒尺寸更加细小，不易聚集成团，在一些高镁铝合金中用 Al–Ti–C 中间合金代替 Al–Ti–B 中间合金可以减少夹杂含量、消除表面的氧化层和泪痕缺陷[11]。目前，Al–Ti–C 中间合金被认为是极有可能替代 Al–Ti–B 的产品，因此受到企业界和学术界的广泛重视。

实际上，Al-Ti-C 是先于 Al-Ti-B 提出的三元中间合金细化剂。如前所述，20 世纪三四十年代，以 Ti 为主的许多过渡族金属元素对铝的细化作用已为人们所熟知。40 年代末 50 年代初，英国学者 Cibula(A. Cibula)对其进行了较为详尽的研究[7,12]。

Cibula 注意到纯铝结晶时存在大的过冷，而加入 0.1% 的 Ti 细化时过冷度极小。据此他推测，加入 Ti 时可能带入了某种铝的生核核心。为寻找核心，Cibula 做了如下试验：将 Al-0.1Ti 二元合金于 690℃在离心机上离心 15 min，试样凝固后与在相同温度下静置相同时间的同种成分合金进行比较，发现离心试样的晶粒严重粗化，将其剖开后沿离心力方向外侧边缘发现了大量 0.4~3.0 μm 的细小颗粒，经 X 射线分析确认是具有立方结构的 TiC。很显然，试样晶粒的粗化是由于 TiC 在离心力作用下发生了偏聚。Cibula 由此分析认为：用 Ti 细化 Al 时，Ti 与铝液中固有的 C 形成 TiC，TiC 与 Al 结构相同，晶格常数相近，成为 Al 结晶时的生核衬底而使铝晶粒得到细化。

Cibula 估计铝液中的 C 含量在 0.0002%~0.002% 之间，相应的 TiC 含量在 0.001%~0.01% 之间。随后，Cibula 尝试用各种方法向 Al-Ti 熔体中加 C[13,14]，希望获得含有大量 TiC 颗粒的 Al-Ti-C 中间合金，主要措施有：提高熔炼温度至 1300~1600℃；C 以各种炭源加入，如四氯化碳、一氧化碳、乙炔、高碳钢、炭棒、炭粉(石墨)等；使用氯化钾、氟化钾助熔剂与炭源同时加入铝液以提高 C 在铝液中的润湿性。然而，均未能在 Al-Ti 熔体中引入更多的 C 使其细化效果进一步提高。失败的原因，Cibula 归结为是由于 C 在铝液中润湿性差，且炭粉的密度小，在铝液中易上浮，难以进入铝液中与 Ti 接触进行反应。之后，Cibula 发现在 Al-Ti 中加入 B 元素制备中间合金，其细化效果得到极大提高，并且 B 的加入比较容易[14]，Al-Ti-B 中间合金便由此迅速发展起来，成为几十年来铝加工业中普遍应用的高效细化剂，第 2 章已对其进行了详细介绍。

此后，许多学者陆续进行 Al-Ti-C 的试制，但大多是重复 Cibula 的工作[15]，依然没有获得任何进展。期间也有学者(包括 Cibula)尝试用纯钛和炭直接合成的 TiC 颗粒粉末对铝进行细化，但粉末难以加入到铝液中，而在采用特殊方法加入后发现粉末的细化作用极其微弱[14,16,17]。直到 1985 年，德国柏林工业大学 Banerji(Abinash Banerji)博士通过强烈搅拌在 Al-Ti-C 中间合金制备方法方面取得突破[15,18,19]。其方案是向 Al-Ti 二元合金液中加入炭，反应基本要求是：铝熔体温度须达到 1200~1300℃；反应 1 h 左右；严格控制炭颗粒尺寸(20 μm 以下)，并将之在 800~900℃下预热 60 min；反应过程中对铝熔体进行强烈的机械或电磁搅拌。这些措施解决了炭在铝液中难润湿的问题，促进了 TiC 粒子在铝熔体中的直接生成，但是高温长时间强烈搅拌铝熔体会使合金严重吸气、氧化烧损、生成大量夹杂物，并且能耗增高，大大增加了生产成本；此外由于炭反应不完全，在制备的中间合金中常含有游离的 C。这限制了其在实际生产中的应用。

自 Banerji 的突破性工作之后，Al – Ti – C 细化剂的研究受到一些铝业公司如 SMC(美国)、LSM(英国)、KBA(美国)、VAW(德国)、ALCOA(美国)、KBM(荷兰)等的重视，它们分别联合剑桥大学、牛津大学等学术机构进行联合开发[8,17,18,19]，尽管目前美国、英国和荷兰的公司已进行了中试，但 Al – Ti – C 细化剂仍然没有得到大量工业化应用。

国内，沈阳工业大学姜文辉、韩行霖根据液体蒸气压与温度遵从克劳修斯 – 克莱贝龙方程的原理，找到了一种制备 Al – Ti – C 中间合金的新工艺[20]：在真空炉中将石墨粉(炭粉)撒到 1000~1300℃ 的 Al – Ti 二元合金液表面，由于处在真空中，合金液沸腾，将石墨粉卷入熔体内，使之与 Ti 发生反应。清华大学[21,22]报道了用氟盐(K_2TiF_6)和炭粉通过铝热反应制备 Al – Ti – C 细化剂的方法。相比于 Banerji 的制备方法，该法显著降低了搅拌强度(100 r/min)，缩短了反应时间(15~30 min)。但是这些方法同样存在实际生产难度大的缺点。因此，寻找新的适于规模化生产的工艺方法，是 Al – Ti – C 细化剂研究的首要和紧迫任务。

此外，随着对铝材质量要求不断提高，要求铝合金晶粒尺寸越来越小。铝合金晶粒由几个毫米细化至几百个微米为铝加工业的发展带来了巨大的技术进步，促进了铝加工业的高速发展；相信再由几百个微米细化至几个微米甚至更小，将会给世界铝加工业的发展带来革命性的变化。

3.2 Al – Ti – C 中间合金的铝熔体反应合成

3.2.1 熔体反应法合成 TiC 的热力学分析

Al – Ti – C 中间合金最适合的工业化生产方法是熔体反应法，即在铝熔体中直接反应合成 TiC。但是由于铝和石墨的物性差别较大：铝的密度 2.7 g/cm³，大于石墨的密度 2.2 g/cm³；而铝的熔点 660℃远低于石墨的熔点 3700℃；另外，石墨在铝中的溶解度小于 0.05%，而且石墨与铝熔体不润湿，其接触角为 157°，在 1000℃时接触角仍大于 90°，导致石墨在铝熔体中易上浮聚集，难以与铝熔体均匀混合。因此，对于 TiC 在铝熔体中的合成，关键问题是如何将石墨加入至铝熔体中。

在熔体反应法合成 TiC 过程中，通常采取以下几种措施来改善石墨与铝熔体的润湿性：①提高熔体温度，使石墨在高于 1000℃的条件下加入熔体中；②对石墨进行预处理，常用的处理工艺是将石墨粉、铝粉及钛粉等进行混合球磨处理；③将石墨与其他活性物质混合加入，促进石墨与铝的润湿性。通过以上措施各国研究者目前开发了多种 Al-Ti-C 中间合金的合成方法。

熔体反应法合成 TiC 时，在不同条件下将 Ti 与 C 加入至铝熔体中，从热力学角度分析可能发生的反应有以下几种：

$$\text{Ti}(\beta) \rightarrow [\text{Ti}] \quad \Delta G_1^0 = -97166 - 13.624T \quad (3-1)$$

$$\text{C}(s) \rightarrow [\text{C}] \quad \Delta G_2^0 = 71431 - 45.970T \quad (3-2)$$

$$\text{C}(s) + \frac{4}{3}\text{Al}(l) \rightarrow \frac{1}{3}\text{Al}_4\text{C}_3(s) \quad \Delta G_3^0 = -89611 + 32.841T \quad (3-3)$$

$$[\text{C}] + \frac{4}{3}\text{Al}(l) \rightarrow \frac{1}{3}\text{Al}_4\text{C}_3(s) \quad \Delta G_4^0 = -161042 + 78.811T \quad (3-4)$$

$$\text{Ti}(\beta) + \text{C}(s) \rightarrow \text{TiC}(s) \quad \Delta G_5^0 = -189116 + 20.753T \quad (3-5)$$

可以推出：

$$[\text{Ti}] + \text{C}(s) \rightarrow \text{TiC}(s) \quad \Delta G_6^0 = -91950 + 34.377T \quad (3-6)$$

$$[\text{Ti}] + [\text{C}] \rightarrow \text{TiC}(s) \quad \Delta G_7^0 = -163381 + 80.347T \quad (3-7)$$

$$[\text{Ti}] + \frac{1}{3}\text{Al}_4\text{C}_3(s) \rightarrow \text{TiC}(s) + \frac{4}{3}\text{Al}(l) \quad \Delta G_8^0 = -2339 + 1.536T \quad (3-8)$$

式中：[Ti]和[C]分别表示溶解于 Al 液中的 Ti 和 C；T 为绝对温度，K。

在 1553 K 以下，ΔG_2^0 为正值，因此 C 很难在铝熔体中溶解，如果不发生该反应，C 则主要以固态颗粒形式存在。在 1173 K 以上时，铝熔体中会溶解 1% 以上的 Ti[23]。由于 ΔG_6^0 在合金制备温度范围内远小于零，因此通过加强熔体的搅拌可以促进 C 固态颗粒与[Ti]接触，使反应(3-6)持续进行。据文献[23,24]报道：Al_4C_3 和 TiC 自由生成能的比较应基于每摩尔 C，在此条件下，低于 1523 K 时，ΔG_6^0 值总比 ΔG_3^0 值负。对于反应(3-7)，在低于 2033 K 的温度下，ΔG_7^0 也为负值，但是反应(3-2)只有在 1553 K 以上方能进行，则(3-7)反应能进行的温度区间为 1553~2033 K。

因此，从热力学角度分析，在铝熔体中合成 TiC 的方式主要为反应(3-6)及(3-8)，但是这两个反应发生的几率并不是对等的，在一定条件下会以某一种为主导，这取决于制备所用的原料和合成温度等。

通过以上分析，可以看出，在铝熔体中合成 TiC 从原理上可以采取以下两种方式：一种是以石墨为炭源，使其在熔体中直接与 Ti 反应合成 TiC，该方式受石墨与铝熔体润湿性及反应温度的影响，一般需要在较高的温度下进行；另一种方式是首先合成 Al_4C_3 或含有 Al_4C_3 的中间体，并以此为炭源合成 TiC。

3.2.2 合成方式对 TiC 组织形貌的影响

实践证明,在不同合成方式下得到的 TiC 粒子的大小、形貌等存在较大差异。图 3-1 为用两种合成方式制备的 TiC 分布及形貌,其中图 3-1(a)、图 3-1(b) 中 TiC 的合成以反应(3-6)为主,而图 3-1(c)、图 3-1(d) 中 TiC 由 Al_4C_3 与 Ti 反应得到。图 3-1(a)、图 3-1(c) 对比可以看出,由反应(3-6)得到的 TiC 颗粒尺寸为 0.2~1.5 μm,形状规整,且分布较均匀;而由 Al_4C_3 得到的 TiC 有聚集倾向。

图 3-1(b)、图 3-1(d) 分别是将上述两种 Al-Ti-C 细化剂中的 TiC 粒子从基体中萃取后所观察到的 TiC 形貌图。可以看出,在三维形貌上,所得 TiC 差异也较大,以反应(3-6)合成的 TiC 多为粒状多面体,大小均匀,平均尺寸在 1 μm 左右;而以反应(3-8)合成的 TiC 实际上为粗大板片状形貌,其厚度为 2~5 μm,最大长度为 10 μm 左右。

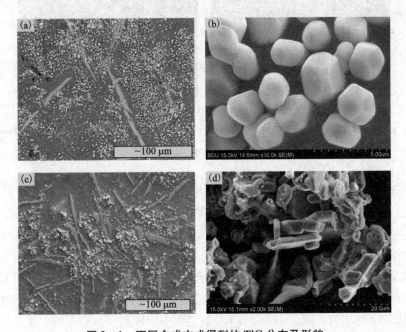

图 3-1 不同合成方式得到的 TiC 分布及形貌
(a)、(b)以反应(3-6)合成的 TiC;(c)、(d)以反应(3-8)合成的 TiC

另外,Al_4C_3 与 Ti 合成 TiC 的反应往往进行不充分,如图 3-2 所示是一典型 TiC 聚集团,它呈现明显的三层结构,最外层为细小颗粒状物相,中间层为粗大块状物相,内部为暗灰色团絮状物相。对其进行 EPMA 面扫描发现,外层颗粒状物相为 TiC,而内部团絮状物相是 $TiAl_xC_y$ 三元相。当反应时间足够长时,该三元相会转变为 TiC,但往往聚集成团。实际生产中,由于保温时间不宜过长,因此该三元过渡相往往残留于最终组织中，这会对 Al–Ti–C 中间合金的应用产生不利影响。

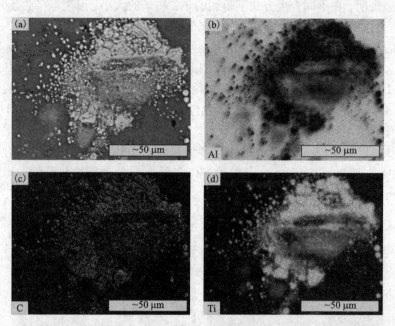

图 3-2　以反应(3-8)制备的 Al–Ti–C 细化剂中的 TiC 聚集团及其面扫描分析
(a)SEI 像；(b~d)Al、C、Ti 的面分布

由 Al_4C_3 合成的 TiC 之所以呈粗大板片状结构，在一定程度上是遗传了 Al_4C_3 的形貌。试验发现，Al_4C_3 以粗大板片状存在于铝合金中，如图 3-3 所示。厚度为 0.5~1.0 μm，但长度和宽度尺寸较大。受结构遗传的影响由其反应得到的 TiC 与之有相似性。

对于铝合金细化用 Al–Ti–C 中间合金，要求 TiC 颗粒分布均匀且粒度适当。显然，由以上 Al_4C_3 合成的 TiC 是不能满足要求的，而以反应(3-6)生成的 TiC 粒度较小且均匀。因此，在合成 TiC 的过程中应抑制(3-8)反应，促进(3-6)反应进行。但是受制备条件及工艺过程控制的影响，在铝熔体中合成 TiC 时，难免会生成 Al_4C_3，必然会影响 Al–Ti–C 中间合金的质量。为保证 Al–Ti–C 中间合金的质量，可采取以下措施：①提高反应温度，在热力学上保证(3-6)反应能够发生；②尽量改善 C 与铝熔体的润湿性；③在反应过程中，炭源分批加入，保证能在较短的时间内完成反应，抑制 Al_4C_3 的生成。

图 3-4 是通过工艺控制，以反应(3-6)合成 TiC 后，Al–Ti–C 中间合金的典型组织。其中的 TiC 以规则的颗粒状均匀分布于铝基体上，粒子萃取后可观察

第3章 Al-Ti-C 与 Al-Ti-C-B 中间合金及其细化性能 | 63

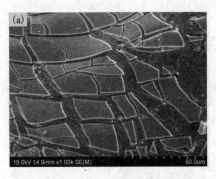 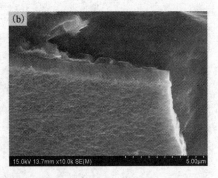

图 3-3 Al-2C 合金中的 Al_4C_3 的形貌

(a)低倍形貌；(b)高倍形貌

到 TiC 呈多面体状，尺寸为 1～2 μm。

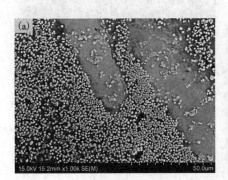 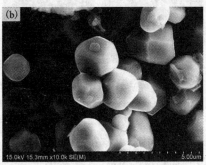

图 3-4 Al-5Ti-0.4C 中间合金的微观组织及其 TiC 形貌

(a)低倍组织；(b)TiC 粒子形貌

3.2.3 TiC 粒子的尺寸控制

待细化的铝合金产品不同，对 TiC 颗粒尺寸的要求会有所不同。如铝箔等产品，要求 TiC 颗粒细小且均匀分布，否则容易引起铝箔表面划痕，并且也会划伤轧辊表面。因此，控制 TiC 颗粒尺寸十分重要。

图 3-5 是在不同温度下，以反应(3-6)合成 TiC 后 Al-Ti-C 的微观组织。在 1100℃下获得的 TiC 绝大部分为亚微米级甚至纳米级，尺寸在 50～300 nm 之间；温度升高至 1200℃时，TiC 粒子直径增大到约 600 nm；1300℃时 TiC 粒度进一步增大为 1 μm 左右；而在 1500℃下合成的 TiC 粒子，尺寸已达 2 μm 以上。

图 3-6 是不同制备温度下所得 TiC 颗粒平均尺寸随反应温度的变化曲线图。

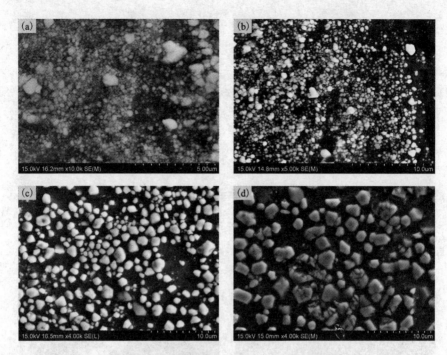

图 3-5 不同反应温度制备的 Al-Ti-C 中间合金微观组织
(a)1100℃;(b)1200℃;(c)1300℃;(d)1500℃

从图中可以看出,在反应温度低于 1200℃时,TiC 的尺寸虽然有所增大,但增大幅度很小,当温度升高至 1300℃时,TiC 的尺寸发生了急剧变化,由亚微米级转变成微米级。从热力学角度分析,对于尺寸小于 1 μm 的 TiC,当熔体温度较高时,TiC 便可以发生溶解,此时铝熔体中溶解有一定浓度的 Ti 和 C 原子。因此,TiC 尺寸的急剧增大与亚微米TiC 粒子的溶解有关,这使未溶解的 TiC 在冷凝过程中进一步长大。

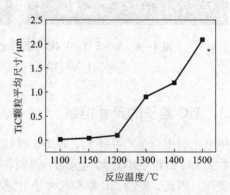

图 3-6 TiC 颗粒平均尺寸随反应温度的变化曲线

以上结果表明,TiC 的粒度受制备温度的影响较大,只要合理控制合成温度,就可有效地控制 TiC 的粒度。

3.3 Al-Ti-C中间合金对纯铝的细化行为

3.3.1 不同成分Al-Ti-C中间合金的细化效果对比

图3-7为99.85%的纯铝分别用Al-5Ti-0.4C、Al-5Ti-1B、Al-6Ti、Al-5Ti-0.25C、Al-9Ti-1C、Al-12Ti-1.5C和Al-8Ti-2C等中间合金细化后的晶粒尺寸对比图(采用KBI方法检验中间合金的细化效果,晶粒尺寸采用截线法测量)。由图可见,Al-5Ti-0.4C中间合金的细化效果远远超过Al-6Ti中间合金,并与Al-5Ti-1B中间合金相近。另外,不含TiAl$_3$的Al-8Ti-2C中尽管TiC浓度最高,但其细化能力却很弱,与Al-6Ti的细化效果相近。这表明含TiAl$_3$的Al-Ti-C中间合金具有明显的细化作用,TiC单独细化作用有限,而TiC与TiAl$_3$的结合,是实现高效细化的必要条件。

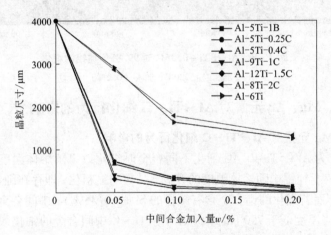

图3-7 几种中间合金对99.85%纯铝的细化作用对比
(浇注温度710℃,保温时间5 min)

图3-8是加入0.2% Al-5Ti-0.25C中间合金细化的工业纯铝在不同保温时间得到的试样宏观组织图,可以看出加入0.2% Al-5Ti-0.25C中间合金3 min以后工业纯铝就得到了良好的细化效果,且在15 min以内较为稳定,但是保温30 min以后细化效果出现了明显的衰退,随保温时间的延长,衰退进一步加剧。试验证明,Al-Ti-C中间合金细化效果随熔体保温时间延长而衰退的现象并不能通过搅拌等措施加以缓解,这表明,该中间合金细化效果的衰退机理与Al-Ti-B中间合金的不同,细化效果的衰退并不是由粒子沉淀导致的。TiC在低温铝熔体中的结构演变是导致其细化效果衰退的根本原因,在低温铝熔体中,TiC

容易演变为 Al_4C_3 或 $TiAl_xC_y$ 三元相，从而失去其非均质生核衬底作用。

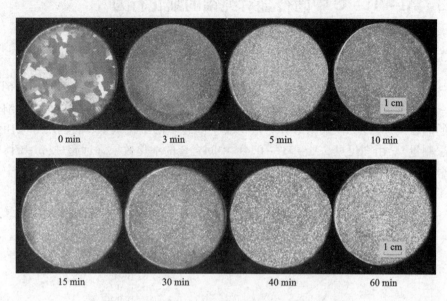

图 3-8　Al-5Ti-0.25C 对 99.85% 纯铝的细化
(浇注温度 720℃，加入量 0.2%)

3.3.2　Si、Mg、Zr 元素对 Al-Ti-C 细化行为的影响

1. Si、Mg 元素对 Al-Ti-C 细化行为的影响

图 3-9 为 Al-5Ti-0.4C 细化不同合金时细化效果随熔体温度的变化。可以看出，在工业纯铝中随熔体温度的升高，晶粒明显粗化，即存在细化效果的"温度效应"。然而若细化的铝合金含有微量的 Si 时(0.35%)，中间合金的细化效果显著提高。当温度低于 750℃时，Si 对 Al-Ti-C 中间合金的细化效果尚能起到较好的促进作用，细化效果受温度的影响较小，但是当温度高于 750℃时，温度效应变得非常明显，随熔体温度升高晶粒尺寸迅速增大。

此外，铝合金中的 Si 含量对 Al-Ti-C 中间合金细化效果的影响存在着两面性。图 3-10 和图 3-11 分别为含 Si 量为 1%、3%、4% 的 Al-Si 合金经过细化后的低倍组织照片及随保温时间晶粒尺寸变化的曲线图。从图中可以看出，当 Si 含量低于 3% 时，Al-5Ti-0.25C 中间合金对 Al-Si 合金有良好的细化效果，并且随 Si 含量的增加晶粒细化效果更为显著，当 Si 含量为 3% 时，细化效果最好，合金的晶粒尺寸可以达到 180 μm，此时细化效果的衰退也不明显；当 Si 含量高于 3% 时，Al-5Ti-0.25C 的细化能力随着 Si 含量的增加而降低，并且细化效果衰退现象明显，保温时间为 30 min 时，合金的晶粒明显粗化。

当铝熔体中 Si 含量较低时，Si 不会与 TiC 或 Ti 发生反应，因此不会削弱其细化作用，同时 Si 容易富集在凝固界面前沿，引起成分过冷。Kearns(M. A. Kearns) 认为[25]：铝液中多种溶质元素的成分过冷效应是可以相互叠加的，它们对晶粒细化的促进作用也可以相互叠加，从而提高 Al–Ti–C 中间合金的细化能力。

但是，当铝熔体中 Si 含量较高时，Si 会与 TiC 及熔体中的 Ti 发生以下反应：

$$TiAl_3(s) + [Si] \rightarrow TiAl_xSi_y(s) + Al(l) \qquad (3-9)$$

$$[Si] + TiC(s) + Al(l) \rightarrow Al_4C_3(s) + TiAl_xSi_y(s) \qquad (3-10)$$

图 3–12(b) 是向 Al–4Ti–1C 中间合金中加入 7% Si 并在 750℃下保温 15 min 后所得试样的微观组织图。与图 3–12(a) 原始 Al–Ti–C 中间合金的组织相比，加入 Si 后，绝大部分 TiC 都转化为图中黑色的 Al_4C_3 相及白色的 $TiAl_xSi_y$ 相。由于生成的 Al_4C_3 对铝合金无细化作用，因此该物相的生成会导致中间合金细化效果"中毒"。

另外，从图 3–9 还可以看出，与 Si 相比，Mg 的加入对其细化效果的促进作用更显著。合金含有 Mg 时细化效果几乎不受温度的影响，即使超过 800℃，仍然能够获得较细的晶粒。Mg、Si 同时存在时，细化效果可进一步提高。Mg 对 Al–Ti–C 中间合金细化效果的促进作用与微量 Si 的作用相似，即引起成分过冷，抑制晶粒长大，从而细化晶粒；但是，与 Si 不同的是，即使含量较高时，Mg 也不会与 TiC 反应或与 Ti 形成金属间化合物，因此，不会对 Al–Ti–C 中间合金的细化效果产生"中毒"作用。

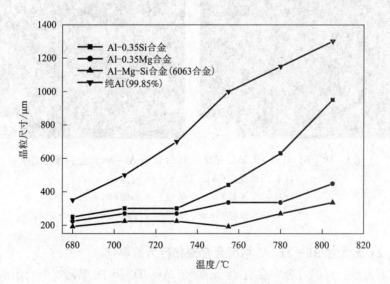

图 3–9　Al–5Ti–0.4C 中间合金的细化温度特性

(加入量 0.1%)

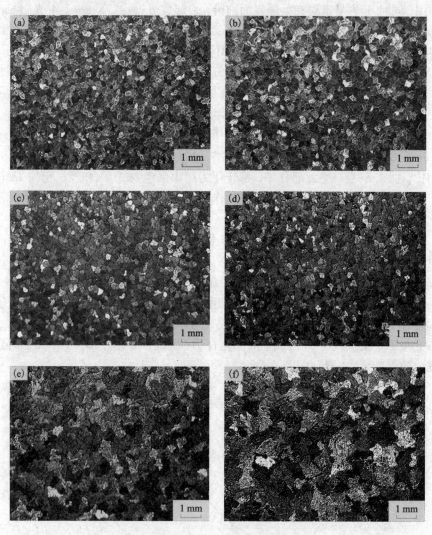

图 3 – 10 Al – 5Ti – 0.25C 细化不同 Si 含量 Al – Si 合金的晶粒组织
(a) Al – 1Si 保温 5 min；(b) Al – 1Si 保温 60 min；
(c) Al – 3Si 保温 5 min；(d) Al – 3Si 保温 60 min；
(e) Al – 4Si 保温 5 min；(f) Al – 4Si 保温 60 min

2. Zr 元素对 Al – Ti – C 中间合金细化行为的影响

人们发现：当铝合金中含有 Zr 元素时，Al – Ti – B 的细化效果会出现明显衰退[26-28]。但是在高强及耐热铝合金中，往往含有一定量的 Zr，而 Al – Ti – B 中间合金对这些合金难以实现有效细化。长期以来，许多研究者认为 Al – Ti – C 中间合金对 Zr"中毒"有"免疫力"[29,30]。因此，在 Al – Ti – C 中间合金的研究过程中，

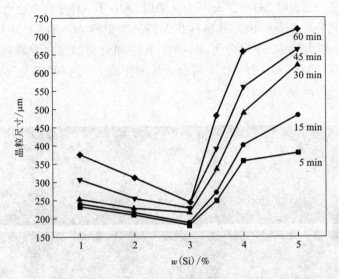

图 3-11　Al-5Ti-0.25C 对不同 Si 含量的 Al-Si 合金的细化效果

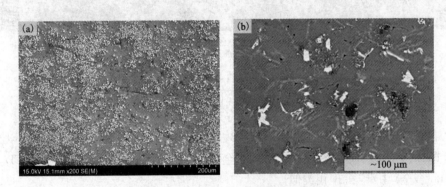

图 3-12　Si 对 TiC 结构演变的影响
(a) Al-4Ti-1C; (b) 在 Al-4Ti-1C 中加入 7% Si

研究者的初衷之一是利用 TiC 克服 Al-Ti-B 中间合金的 Zr "中毒"现象，从而可以应用于含 Zr 铝合金的细化。而最近的试验证明，Zr 实际上也会使 Al-Ti-C 中间合金出现细化"中毒"。

图 3-13 为 Al-5Ti-0.4C 中间合金对工业纯铝及含 Zr 铝合金的细化效果情况。由图 3-13(a) 中可以看到，Al-5Ti-0.4C 中间合金对工业纯铝具有良好的细化效果，但当铝合金中含有 Zr 时，其细化效果明显下降。在熔炼温度为 730℃ 条件下，当 Zr 含量达到 0.12% 时，Al-Ti-C 中间合金的细化效果急剧衰退。熔炼温度为 800℃ 时，Zr 对 Al-Ti-C 中间合金的影响更加明显，0.06% Zr 就能使其细化效果出现"中毒"，Zr 含量达到 0.12% 时，Al-Ti-C 中间合金的细化效

果已完全消失。这表明,对于含 Zr 铝合金来说,Al – Ti – C 中间合金也难以在正常加入量下将其有效细化。因此并不存在人们所期望的 Al – Ti – C 中间合金对 Zr "中毒"有"免疫力"。Zr 不仅会使 Al – Ti – B 中间合金的细化效果急剧衰退,而且也能够严重"毒化"Al – Ti – C 中间合金的细化能力,这种"毒化"随着 Zr 含量及熔炼温度的升高而加剧。

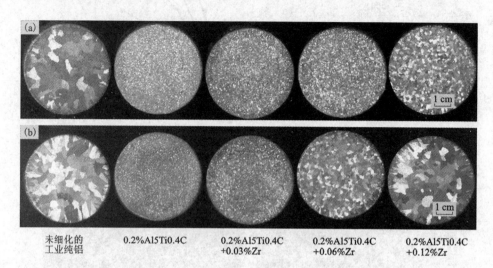

图 3 – 13　Zr 对 Al – 5Ti – 0.4C 细化效果的影响
(a)730℃；(b)800℃

因此,以 Al – Ti – C 代替 Al – Ti – B 中间合金细化含 Zr 铝合金,同样难以奏效,即 Zr 也能够引起 Al – Ti – C 中间合金的细化"中毒"现象,其机理与 Al – Ti – B 中间合金"中毒"机理相类似。

3.3.3　Al – Ti – C 中间合金细化 α – Al 的机理分析

1. α – Al 晶粒核心的观察

由于 TiC 与 α – Al 具有极好的晶格匹配关系,自 Cibula 提出"碳化物 – 硼化物理论"[12]至今的 50 年中,人们普遍认为 Al – Ti – C 之所以能够细化 α – Al 是由于 TiC 促进了 α – Al 的非均质生核[1,7,8,11,15,31],许多学者在 Al 晶粒中心观察到了 TiC 颗粒[15,20],为此理论提供了证据。但是大量的试验证明,Al – Ti – C 合金中除 TiC 之外还需过量的 Ti 才能起到好的细化作用,因此 Al – Ti – C 对 α – Al 的细化有可能是来自于 Ti 和 TiC 的共同作用。

用 Al – Ti – C 中间合金细化的高纯铝试样经研磨抛光后用 0.5% HF 溶液腐蚀,其显微组织如图 3 – 14 所示。图 3 – 14(a)是一个典型 α – Al 晶粒形貌,晶粒中央为菊花状的枝晶,以细小颗粒状物质为中心向四周呈放射状排列。从 3-14(b)中可以清楚地看到核心颗粒和周围的菊花状结构。经能谱及点分析可以确认核心的颗粒为 TiC,周围的菊花状结构中富含 Ti。

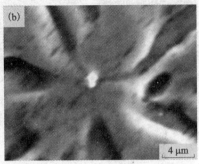

图 3-14　经 Al-Ti-C 细化后 α-Al 晶粒核心观察
(a)光学显微镜下的一个 α-Al 晶粒;(b)扫描电镜下的 α-Al 晶粒核心

图 3-15 是用电子探针对一个晶粒核心的面扫描分析,从图 3-15(c)、图 3-15(d)中 Ti 和 C 两种成分的面扫描可以看出晶粒中心的细小颗粒富含 Ti 和 C,由此可断定是来自于中间合金中的 TiC 颗粒,其周围的枝晶中含 Ti 而未扫描出 C。图 3-16 是另一个晶粒核心的 Ti 和 C 成分分析,对 TiC 颗粒周围的 Ti 进一步定量分析,如图 3-17 为分别沿图 3-16(a)中直线 1、2、3 上不同点处 Ti 含量的变化。可见,在 TiC 颗粒周围 α-Al 基体中 Ti 的含量接近于零,在枝晶内沿以 TiC 颗粒团为中心的径向,Ti 含量由外向内逐渐增高,在接近 TiC 颗粒团的 10~15 μm 范围内迅速增加。

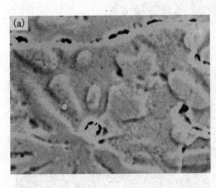
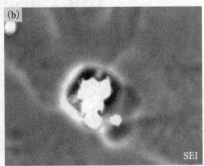

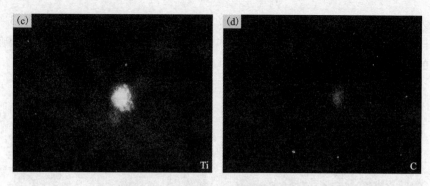

图 3 – 15　晶粒核心的 EPMA 分析

(a)一个晶粒核心区域的 SEI(1000 倍); (b)晶粒核心的 SEI 放大像(3300 倍);
(c)晶粒核心的 Ti 元素扫描; (d)晶粒核心处 C 元素扫描

在高倍下可见晶粒中心的颗粒其实是由数个小颗粒组成的颗粒团, 图 3 – 15(b) 和图 3 – 16(a)颗粒团, 尺寸在 0.5 ~ 5 μm 之间, 小颗粒之间相互连接, 形成尖角、缝隙或凹坑。姜文辉对晶粒中心之所以出现颗粒团进行了分析, 认为单个颗粒表面曲率大, 不利于生核, 小颗粒间的堆积会形成大量凹面, 凹面的曲率低, 利于

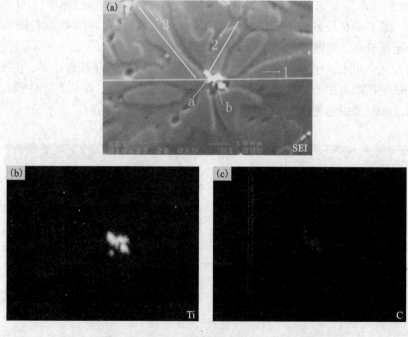

图 3 – 16　α – Al 晶粒核心的 EPMA 分析

(a)晶粒核心的 SEI 像; (b)Ti 的面扫描; (c)C 的面扫描

生核,并认为 TiC 质点团优异的生核能力正是来自于凹陷处的物理化学作用[20]。在用快速凝固法分析 Al–Ti–B 中间合金的生核机理时观察到在 TiB$_2$ 颗粒周围包覆着 TiAl$_3$ 薄层,但是它的形成与 TiB$_2$ 表面的凹坑、缝隙缺陷无任何关系,而完全在于两者的结晶学取向关系。前面在 Al–Ti–C 中间合金的组织中已发现 TiC 的聚集现象,因此,TiC 质点团的形成可能是其本身在铝熔体中处于某种条件下的一种特性,与生核潜能没有必然的联系。

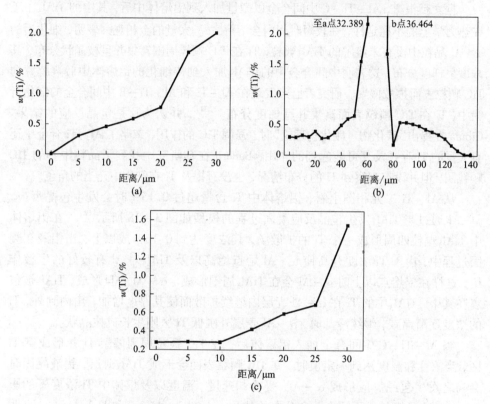

图 3–17 沿图 3–16(a)中直线 1、2、3 不同点处 Ti 含量的变化

(a)沿直线 1;(b)沿直线 2;(c)沿直线 3

2. 细化机理分析和探讨

对于 Al–Ti–C 中间合金的细化机理,虽然对其进行了长期的研究,也发现了 TiC 在 α–Al 核心处存在的事实,但是目前仍未形成统一的认识。除了由于非均质生核过程难以实时观测外,另一个重要因素是在实际应用过程中 TiC 的结构演变性及细化行为的复杂性。例如,虽然 TiC 被认为是铝合金非均质生核的优良衬底,但是实践证明,只含有 TiC 粒子的 Al–Ti–C 中间合金并不能有效地细化工业纯铝,必须有剩余 Ti 的辅助;但是剩余 Ti 要起到良好的作用,必须保证其在

TiC 合成过程中就存在，如果在 TiC 合成后再补充，则难以起到最佳的效果。然而，对于剩余 Ti 如何起作用，目前也存在较大争议。另外，如果对 Al–Ti–C 中间合金进行强烈的冷变形，其细化效果会明显降低。上述问题，目前都难以用一个统一的理论进行解释。虽然如此，对于 Al–Ti–C 中间合金的细化机理，大多数研究者都肯定了 TiC 与剩余 Ti 的共同作用，认为要取得良好的细化效果，这两者缺一不可。

据文献报道，Al–Ti–C 中间合金以微量加入到铝熔体中后，其中的 $TiAl_3$ 由于在热力学上的不稳定性，在较短时间内会溶解[15]。大量的金相观察表明，细化后的 α–Al 晶粒中没有未溶解的 $TiAl_3$ 颗粒，Ti 在 TiC 颗粒周围富集并呈枝晶状分布，其浓度呈梯度分布，这表明中间合金中的 $TiAl_3$ 加入到待细化的铝熔体中后溶解并向 TiC 颗粒表面扩散偏聚。研究者已经发现在 Al–Ti 和 Al–Ti–B 中间合金的细化行为中，Ti 在 TiC 颗粒表面富集并呈梯度分布[32, 33]，并认为这是包晶反应的结果。Cibula 在提出"碳化物–硼化物理论"时，强调 TiC 的作用，忽略了 Al–Ti 合金中还有大量的 Ti 存在及其可能起到的作用；Banerji 在其研究中找到了晶粒中心的 TiC 颗粒团，但并没有观察到 Ti 的分布情况，也没有提及 Ti 在细化中充当的角色。

从 Al–Ti 二元相图上看，铝熔体中 Ti 含量超过 0.15% 时会发生包晶反应，α–Al 通过与 $TiAl_3$ 发生包晶反应凝固过程的模型如图 3–18 所示[32]。在铝熔体中 $TiAl_3$ 颗粒四周形成一个 Ti 的扩散场，其浓度达到 0.15% 或以上，当铝液在凝固过程中，由于 Ti 浓度升高使 α–Al 熔点增高以及 $TiAl_3$ 对 Al 有较好的生核作用，这样在铝熔点以上时 α–Al 会在 $TiAl_3$ 周围形成。α–Al 一旦形成，$TiAl_3$ 被包裹在其中，$TiAl_3$ 中的 Ti 在 α–Al 壳层内继续扩散而使其厚度增加，由内到外，Ti 的浓度逐渐递减，继续冷却时，α–Al 壳层外围低 Ti 区则生长成枝晶状。

当 Al–Ti–C 中间合金加入铝熔体后，在 TiC 颗粒周围偏聚 Ti 并形成富 Ti 区，当浓度和温度达到一定值时，在 TiC 颗粒表面会形成 $TiAl_3$ 薄层，铝液凝固时会与之发生包晶反应形成 α–Al，受冷却速度、温度以及熔体中 Ti 浓度等的影响，α–Al 最终长成不同形状和分布的枝晶。由图 3–15(a) 和图 3–16(a) 可明显看出，在 TiC 颗粒团与枝晶之间明显有一个过渡层，可能就是包晶反应最初阶段形成的 α–Al，其很容易被腐蚀液腐蚀掉。而最先形成的 $TiAl_3$ 薄层会在包晶反应中消耗掉，或者即使有所残留也不易观察到。

文献[21, 22]表明：单独的 TiC 颗粒(粉末)对 α–Al 难以起到细化作用，Al–8Ti–2C 能起到一定的作用，不排除其中除 TiC 颗粒之外还含有微量的 Ti(金相观察也偶见 $TiAl_3$)，因为制备时 Ti 与 C 按照 4:1 的质量比(即 1:1 的原子比)加入，而实际 TiC 中 Ti 与 C 的原子比值一般为 1:(0.6~0.9)，并且 C 以粉末加入，在制备过程中很容易因燃烧及其他原因损失。

此外，中间合金中的 Ti 和 TiC 的比例与含量对细化效果有重要的影响，TiC

含量增加而 Ti 浓度偏低时细化效果明显下降。晶粒核心的 EPMA 观察和分析也表明了 TiC 位于晶粒中心而 Ti 在其表面偏聚，并呈梯度分布。因此，Al-Ti-C 中间合金极好的细化效果是来自于 TiC 和 Ti 的共同作用。至于 Ti 和 TiC 如何作用使 α-Al 生核，还需更深入的研究。包晶反应机理是一种可能的解释：分散于熔体中的 TiC 提供了更多可能的结晶核心点，Ti 向其表面偏聚形成 $TiAl_3$ 薄层，然后通过包晶反应使 α-Al 生核结晶。

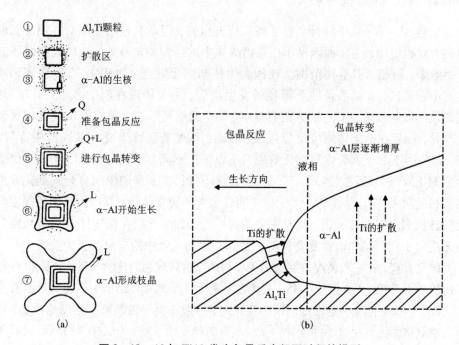

图 3-18　Al 与 $TiAl_3$ 发生包晶反应凝固过程的模型
(a) α-Al 通过包晶反应凝固的过程示意图；(b) 包晶反应与包晶转变过程示意图

3.4　Al-Ti-C-B 中间合金及其细化行为

本章开始曾列举了 Al-Ti-B 中间合金在应用过程中存在的不足，如硬质相 TiB_2 易聚集，对含 Zr 铝合金的细化存在"中毒"现象等。尽管 Al-Ti-C 中间合金中的 TiC 在生核率方面超过 Al-Ti-B 中间合金中的 TiB_2，但 TiC 在铝熔体中稳定性较差，易发生结构演变，使细化效果衰退较快，同时存在 Zr 或 Si"中毒"现象等。

虽然 Al-Ti-B 和 Al-Ti-C 中间合金各具特点，但两者在细化机理上存在共同点：TiB_2 能否成为 α-Al 的有效生核衬底，取决于其外围是否形成 $TiAl_3$ 层或富 Ti 层，而 TiC 促进 α – Al 生核时同样需要有剩余 Ti 的辅助，即形成富 Ti 层；两者都需含有 TiAl$_3$ 才能发挥高效细化作用；TiC 和 TiB$_2$ 均为高熔点硬质颗粒。有研究表明，两种细化剂同时加入铝熔体中时将不会发生有害反应。

因此，将两者结合起来制备 Al – Ti – C – B 中间合金，旨在克服两者的缺点，同时发挥 Al – Ti – B 和 Al – Ti – C 中间合金的各自优点。

3.4.1　TiC 的结构性质

虽然 Al – Ti – C 中间合金已经被广泛地研究，但是至今仍然没有在铝加工业得到大规模应用，主要原因是 TiC 在铝熔体中的结构稳定性差，这极大削弱了其作用效果，限制了其应用范围。在作为生核剂细化铝合金过程中，TiC 表现出明显的不稳定性，在某些条件下很容易发生反应，主要体现在两个方面：①TiC 对制备条件极其敏感，工艺参数稍有变动，TiC 的结构形貌、颗粒分布就会出现较大差异，而且在铝熔体原位反应生成 TiC 后，面临着后续生成 Al$_4$C$_3$ 的"中毒"反应，这些因素都显著影响其细化效果。不仅采用不同方法制备的 Al – Ti – C 中间合金细化效果会有较大差异，甚至相同方法不同批次制备的中间合金其细化效果也会相差很大[34]。②将 Al – Ti – C 中间合金加入铝熔体后，其细化效果随保温时间的延长而出现明显衰退，甚至完全消失[35]。因此，TiC 在铝熔体中的结构稳定性无论对于利用 TiC 增强复合材料还是其在铝加工业中的应用都极为重要。

研究发现，在一般情况下制备的 TiC 均难以达到理想的化学计量比，其 C/Ti 原子比值并不等于 1，而是在 0.48 ~ 1.0 之间变化[36]，即 TiC 结构中存在大量的 C 空位。TiC 中 C 空位在一定浓度范围内变化时，一般不会导致晶格类型发生改变，但可以使晶格参数发生微小的变化。试验与计算结果也表明：TiC$_x$($0.48 \leqslant x \leqslant 1$) 在不同条件下的不稳定性和结构演变与 C 空位的存在有关，且往往是以不同空位浓度的 TiC$_x$ 之间的转化为先导，在低温铝熔体中，低 C 空位浓度的 TiC$_x$ 转化为高 C 空位浓度的 TiC$_y$($y < x$) 和 Al$_4$C$_3$，高温下则反之[37]。另外，空位的存在也为异类原子在 TiC$_x$ 中的扩散和掺杂提供了条件，特别是元素周期表中一些与 C 近邻的元素，由于其原子半径较小且电子构型与 C 相似，因而容易扩散到 TiC$_x$ 晶格中形成掺杂，从而对 TiC$_x$ 的稳定性产生影响。

在实验中发现，大气条件下制备的 TiC$_x$，N 原子容易掺杂于其中，但 N 在其中的掺杂难以有效控制。因此，可以利用与 N 一样容易掺杂的 B 元素，因为 B 是以 Al – B 中间合金的形式加入，容易控制。在制备 Al – Ti – C 中间合金的过程中添加适量的 B 元素，制备了 Al – Ti – C – B 中间合金，在该合金中形成了大量掺杂有 B 元素的 TiC，并且微观组织中 TiC 粒子均匀弥散分布，细化效果得到大幅度提高。

3.4.2 Al-Ti-C-B 中间合金的微观组织结构

在 Al-Ti-C-B 中间合金中，比较有代表性的是 Al-5Ti-0.3C-0.2B 和 Al-5Ti-0.2C-0.8B 中间合金。图 3-19 是 Al-5Ti-0.3C-0.2B 中间合金的 XRD 图，从图中可以看出，在 α-Al 基体上形成了 3 种物相，除了 $TiAl_3$、TiC 相以外，由于添加了过量的 B 元素，组织中还有少量 TiB_2 相生成。

Al-5Ti-0.3C-0.2B 中间合金在电镜下的微观组织如图 3-20 所示。从图 3-20(a) 的低倍组织来看，α-Al 基体上分布着两种形貌的物相，其中粗大的板片状物相为 $TiAl_3$，平均尺寸约为 120 μm，而颗粒物相为 TiC 和 TiB_2 粒子；从图 3-20(b) 的高倍组织中可以发现，粒子平均尺寸约为 2.5 μm，同时在大颗粒的周围还分布着许多亚微米粒子，分析表明，颜色较浅的颗粒为 TiC 粒子，而颜色较灰暗的为 TiB_2 粒子，TiC 和 TiB_2 两种粒子在 α-Al 基体上弥散分布。

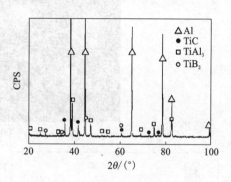

图 3-19 Al-5Ti-0.3C-0.2B 中间合金的 XRD 图谱

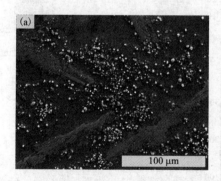 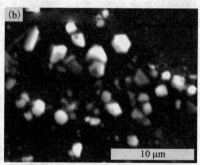

图 3-20 Al-5Ti-0.3C-0.2B 中间合金的电子探针显微组织

对 TiC 和 TiB_2 粒子进行线扫描成分分析，如图 3-21(a) 所示。扫描方向为从 A 到 B，针对图中两个颗粒的成分扫描分析结果如图 3-21(b) 所示。从图中可知，第一个颗粒为 TiC，第二个颗粒为 TiB_2。另外在 Al-Ti-C-B 中间合金中形成的 TiC 粒子含有一定量的 B 元素，如图 3-21(b) 对应于 TiC 粒子的分析图中，Ti 和 C 峰对应的位置有明显的 B 元素的峰存在；同时对应于 TiB_2 粒子的成分分析中，Ti 和 B 峰对应的位置有一个 C 峰存在。因此，在 Al-Ti-C-B 合金中形成了掺杂有 B 元素的 TiC 和掺杂有 C 元素的 TiB_2。当然由于熔体环境较为复杂，TiC 的原位反应合成速率快，且 B 原子在铝熔体中的分布不均匀，导致了 B 元素的掺杂不充分，因此在合金中还有一部分未掺杂 B 元素的 TiC 粒子。

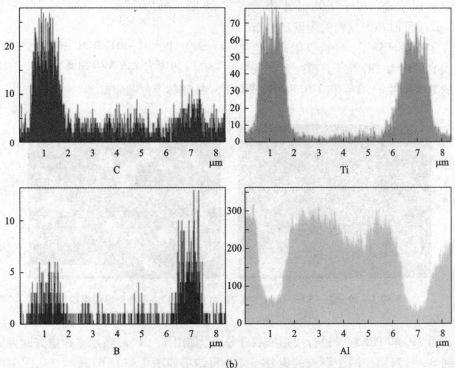

图 3-21　Al-5Ti-0.3C-0.2B 中间合金的线扫描成分分析

(a)微观组织；(b)沿 AB 方向的元素线扫描

3.4.3 B 元素对 TiC 形貌的影响

图 3-22 是通过萃取法将 Al-5Ti-0.25C 中间合金的 Al 基体腐蚀掉而获得其中 TiC 的形貌。由图 3-22(a) 中可以看到在该合金中 TiC 颗粒尺寸较小,平均尺寸一般小于 1 μm,且通常是几个粒子连接在一起,反映在中间合金的微观组织上通常是形成一个粒子团簇。因此,在 Al-Ti-C 中间合金中通常存在粒子聚集现象。图 3-22(b) 是其中一个 TiC 粒子的放大图,可以清晰地看到 TiC 粒子呈现不完整的八面体形貌,图 3-22(c) 是对应于该粒子的 EDS 能谱成分分析谱线,除了主要的 Ti 和 C 峰外,还存在 Al 峰,经分析认为可能是在粒子表面存在未完全溶解的 Al。

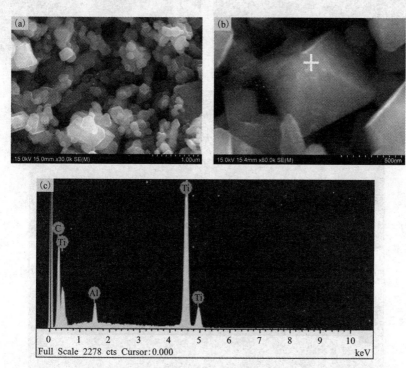

图 3-22 Al-5Ti-0.25C 中间合金中萃取的 TiC 颗粒形貌及 EDS 分析
(a)低倍形貌;(b)高倍形貌;(c)EDS 分析

图 3-23 所示为 Al-5Ti-0.3C-0.2B 中间合金中萃取的 TiC 颗粒形貌及其相应的 EDS 分析。从图 3-23(a) 和图 3-23(c) 中可以发现粒子尺寸分布范围较大,最大的粒子尺寸可达 10 μm,EDS 成分分析结果表明组织中的 TiC 呈现两种形貌,一种是如图 3-23(a) 中所示的六角板片状,另一种是不完整八面体(或十四面体)形貌。分析认为,不完整八面体形貌的 TiC 在形成过程中无 B 元素掺杂,

而六角片状的 TiC 在其形成长大的过程中受到 B 元素的影响，使最终形貌发生了改变。如图 3-23(a) 中所示的六角板片 TiC 其 EDS 图谱中未出现 B 的峰。只有当其中掺杂的 B 量较大的时候，EDS 谱线中 B 的峰才会出现，如图 3-24 所示。该六角片状 TiC 中掺杂 B 的量相对较多，因此在成分图谱中有明显的 B 峰出现。

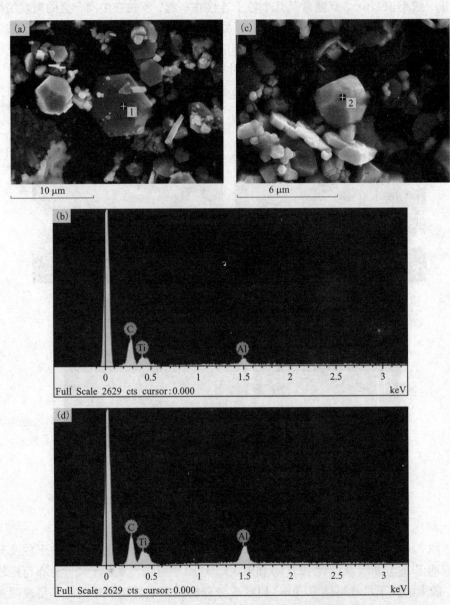

图 3-23　Al-5Ti-0.3C-0.2B 中间合金中萃取的 TiC 颗粒形貌及 EDS 分析
(a)、(b)TiC 粒子 1 形貌及 EDS 分析；(c)、(d)TiC 粒子 2 形貌及 EDS 分析

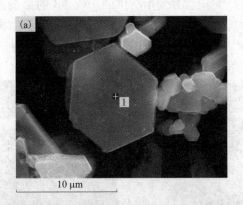

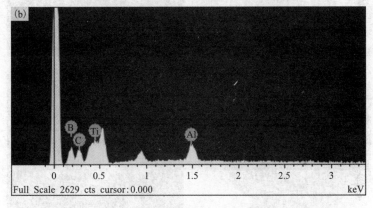

图 3-24 掺杂 B 元素的 TiC 颗粒形貌及 EDS 分析
(a)粒子形貌；(b)EDS 分析

虽然微量 B 的掺杂能够对 TiC 的形貌产生显著影响，但是经 TEM 分析最终没有对其晶体结构产生根本性改变。通过对两种形貌的 TiC 进行 TEM 分析，由图 3-25 可知，掺杂 B 元素的 TiC 仍然保持面心立方结构。完美的 TiC 晶体是面心立方结构，Ti 原子位于 8 个顶点，组成六面体的框架，C 原子处于 Ti 原子组成的八面体的体心，属于间隙固溶体结构。在平衡状态下，TiC 在铝熔体中的理想形貌应该是完整的八面体形貌，但是 TiC 的生长一般是在非平衡的试验条件下进行，其生长会受到限制，因此 Al-Ti-C 中间合金中的 TiC 大多都呈现不完整八面体形貌。

总之，在 TiC 的反应形成过程中存在许多 C 空位，空位的存在为异类原子（尤其是小尺寸原子）的掺杂提供了有利的条件，同时异类原子的掺杂对其成分、形貌和结构均会产生一定的影响。由于 B 与 C 属于同周期近邻元素，原子半径相差不大，而且 B 与 C 一样非常容易与 Ti 结合形成化合物，因此在 TiC 形成的过程中 B 的掺杂更加容易，对比含有大量空位的 TiC$_x$，B 的掺杂提高了 TiC 的晶体结构稳定性，进而会对其性能产生一定的影响，如导电性和生核能力等。试验结果表明：B 的掺杂对 TiC 的生核能力产生了有利影响。

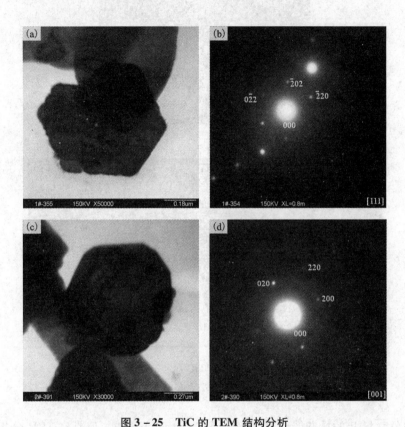

图 3 – 25　TiC 的 TEM 结构分析
(a)、(b) 六角片状的 TiC 及其衍射斑点；(c)、(d) 八面体形貌 TiC 及其衍射斑点

3.4.4　Al – Ti – C – B 中间合金的晶粒细化行为

前面两小节讨论的是 B 元素对 Al – Ti – C – B 中间合金微观组织的影响，本小节分析检验该中间合金对工业纯铝的晶粒细化行为，比较理想的细化效果是加入中间合金细化剂后，晶粒尺寸能够达到一个较小的尺寸，并且在一定的保温时间内无明显衰退现象。

利用 KBI 方法对中间合金进行细化效果的检验。图 3 – 26 为 99.7% 的纯铝分别用 0.2% Al – 5Ti – 0.3C – 0.2B、0.4% Al – 3Ti – 0.15C 和 0.2% Al – 5Ti – 1B 中间合金细化保温 5 min 前后的晶粒组织。由图 3 – 26(a) 可以明显地看出未细化的工业纯铝晶粒粗大，平均尺寸约为 3500 μm。经过 0.2% Al – 5Ti – 0.3C –

0.2B 中间合金细化后的 α-Al 晶粒平均尺寸减小到约 170 μm,如图 3-26(b)所示。并且该中间合金的细化效果明显超过了 Al-3Ti-0.15C 和 Al-5Ti-1B 中间合金的细化效果,如图 3-26(c)、图 3-26(d)所示。后两种中间合金细化的 α-Al 晶粒平均尺寸为 250~300 μm。在相同的 Ti 加入量情况下,对比 Al-Ti-C 和 Al-Ti-B 中间合金,Al-Ti-C-B 中间合金具有更高的生核效率和晶粒细化效果。

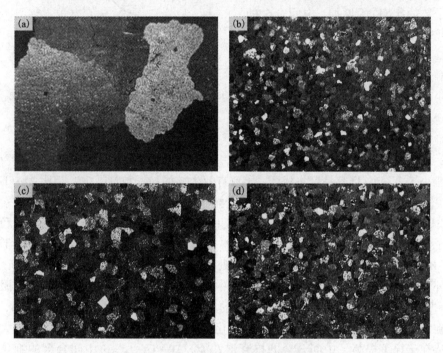

图 3-26 99.7%的工业纯铝的晶粒尺寸
(a)未细化;(b)添加 0.2% 的 Al-5Ti-0.3C-0.2B;
(c)添加 0.4% Al-3Ti-0.15C;(d)添加 0.2% Al-5Ti-1B(均保温 5 min)

此外,对于细化效果的评价还有一个指标是细化效果随保温时间的变化情况,即抗衰退性。目前生产上广泛应用的 Al-5Ti-1B 中间合金细化效果一般能保持 30 min,随着保温时间再延长,细化效果会明显衰退。而 Al-Ti-C 中间合金的细化衰退现象更加明显,一般保温 15 min 后细化效果便急剧衰退。图 3-27 是 Al-5Ti-0.3C-0.2B 中间合金的细化效果与保温时间的关系曲线,与 Al-3Ti-0.15C 中间合金的细化效果对比可以明显地看出,前者的细化效果在 60 min 内无明显衰退现象,晶粒平均尺寸保持在 200 μm 以下,表现出良好的抗衰退性能。以上试验结果表明:四元 Al-Ti-C-B 中间合金对工业纯铝的细化行为表现出高的生核效率和强的抗衰退性能。

Al-Ti-C 和 Al-Ti-B 中间合金细化过程中起关键作用的是组织中潜在的

促进 α-Al 生核的 TiC 和 TiB$_2$ 粒子，但并不是所有的粒子都能起到促进生核作用，其中起生核作用的粒子称为活性粒子，随着组织中活性粒子数量和比率（活性 TiC 粒子数占 TiC 总粒子数的比率）的增加，中间合金的细化效率提高。对于 Al-Ti-C 中间合金，有两种因素限制其细化效率的提高：一是 TiC 本身生核效率不高，其中含有大量 C 空位导致其结构不稳定，且容易与 Al 等元素发生反应，活性粒子的比率低，这也是关键因素；

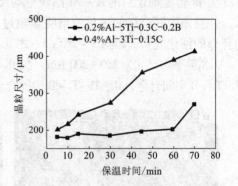

图 3-27　Al-Ti-C-B 与 Al-Ti-C 中间合金细化效果与保温时间的关系

二是微观组织存在严重的聚集现象，Al-Ti-C 中形成的 TiC 粒子尺寸较小，一般小于 1 μm，且容易聚集成团，导致有效生核的粒子数量减少。相比 Al-Ti-C 中间合金，四元 Al-Ti-C-B 中间合金中的 TiC 主要是掺杂有微量 B 元素的 TiC$_x$B$_y$，由于 B 原子与 C 原子相似，TiC$_x$ 中的部分空位被 B 原子填充，改善和提高 TiC$_x$ 的结构稳定性，因此 TiC 粒子本身的生核效率随之提高。在经 Al-Ti-C-B 中间合金细化的 α-Al 晶粒中心处发现了 TiC$_x$B$_y$ 粒子，如图 3-28 所示。此外，Al-Ti-C-B 中间合金微观组织中潜在的生核粒子分布更加弥散，克服了 Al-Ti-C 和 Al-Ti-B 中间合金严重的聚集问题，有效生核粒子数量增加，因此在一定程度上也提高了中间合金的细化效率。TiC 结构稳定性的提高，更大的优势在于显著提高了中间合金的抗衰退性能，Al-Ti-C-B 中间合金的细化效果能够保持在 1 h 内无明显衰退现象。

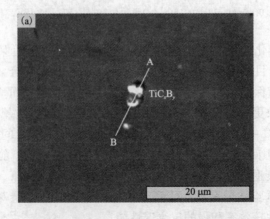

第 3 章 Al–Ti–C 与 Al–Ti–C–B 中间合金及其细化性能

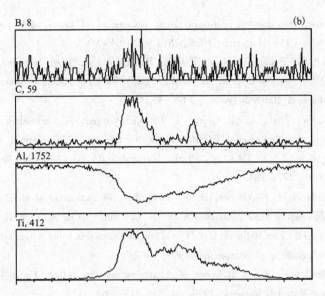

图 3–28   经 Al–5Ti–0.3C–0.2B 中间合金细化的 α–Al 晶粒核心

(a) 微观组织；(b) 沿 AB 方向的元素线扫描

参考文献

[1] A. J. Whitehead, S. A. Danilak, D. A. Granger. The Development of a Commercial Al–3%Ti–0.15%C Grain Refining Master Alloy[C]//In: R. Huglen (Ed.). TMS Light Metals. Warrendale PA: The Minerals, Metals & Materials Society, 1997: 785–793

[2] A. Arjuna Rao, B. S. Murty, M. Chakraborty. Response of an Al–Cr Alloy towards Grain Refinement by Al–5Ti–1B Master Alloy[J]. International Journal of Cast Metals Research, 1996, 9: 125–132

[3] T. Gudmundsson, T. I. Sigfússon, D. G. McCartney, E. Wuilloid, P. Fisher. Trace Element Distribution in Al–Ti–B Master Alloys[C]//In: J. W. Evans (Ed.). TMS Light Metals. Warrendale PA: The Minerals, Metals & Materials Society, 1995: 851–854

[4] M. K. Hoffmeyer, J. H. Perepezko. Evaluation of Al–Ti–Si Alloys as Grain Refining Agents[C]//In: E. L. Rooy (Ed.). TMS Light Metals. Warrendale PA: The Minerals, Metals & Materials Society, 1991, 1105–1114

[5] W. V. Youdelis, W. Fang. Calculated Al–Ti–Be Phase Diagram and Interpretation of Grain Refinement Results[J]. Materials Science and Technology, 1991, 7(3): 201–204

[6] 方旭升. 铝钛硼稀土中间合金的研制与生产[J]. 特种铸造及有色合金, 1996(2): 18–19

[7] W. C. Setzer, D. K. Young, et al. Aluminum Master Alloys Containing Sr, B and Si for Grain Refining and Modifying Aluminum Alloys. United states Patent, Patent No.: 5230754, Date: July 27, 1993

[8] H. E. Vatne, Sunndalsora. Efficient Grain Refinement of Ingots of Commercial Wrought Aluminum Alloys[J]. Aluminum, 1999, 75(1-2): 84-90

[9] A. Hardman, D. Young. The Grain Refining Performance of TICAL Master Alloys in Various Aluminum Alloy Systems[C]//In: B. Welch (Ed.). TMS Light Metals. Warrendale PA: The Minerals, Metals & Materials Society, 1998: 983-988

[10] P. Hoefs, W. Reif, A. H. Green, P. C. Van Wiggen, W. Schneider, D. Brandner. Development of an Improved AlTiC Master Alloy for the Grain Refinement of Aluminum[C]//In: R. Huglen (Ed.). TMS Light Metals. Warrendale PA: The Minerals, Metals & Materials Society, 1997: 777-784

[11] A. J. Whitehead, P. S. Cooper, R. W. McCarthy. An Evaluation of Metal Cleanliness and Grain Refinement of 5182 Aluminum Alloy DC Cast Ingot Using Al-3% Ti-0.15% C and Al-3% Ti-1B Grain Refiners[C]//The 128th TMS annual meeting & Exhibition. San Diego: Shieldalloy Metallurgical Corporation, 1999: 1-7

[12] D. G. McCartney. Grain Refining of Aluminum and its Alloys Using Inoculants [J]. International Materials Reviews, 1989, 34(5): 247-260

[13] A. Cibula, R. W. Ruddle. The Effect of Grain-size on the Tensile Properties of High-strength Cast Aluminum Alloys[J]. Journal of the Institute of Metals, 1949—1950, 76(4): 361-376

[14] A. Cibula. The Grain Refinement of Aluminium Alloy Castings by Additions of Titanium and Boron[J]. Journal of the Institute of Metals, 1951-1952, 80(1): 1-16

[15] A. Banerji, W. Reif. Development of Al-Ti-C Grain Refiners Containing TiC [J]. Metallurgical and Materials Transactions A, 1986, 17(12): 2127-2137

[16] Y. Nakao. Influences of Carbides on the Properties of Aluminum and its Alloys. Effects of TiC, TiC-WC, TaC-WC and WC on Refining of the Grain Size of Pure Aluminum (1st)[J]. Journal of Japan Institute of Light Metals, 1967, 17(2): 65-75

[17] P. S. Mohanty, J. E. Gruzleski. Grain Refinement of Aluminium by TiC [J]. Scripta Metallurgica et Materialia, 1994, 31(2): 179-184

[18] A. Banerji, W. Reif. Producing Titanium Carbide. International Patent, Patent number: 4842821. Date of patent: Jun. 27, 1989

[19] A. Banerji, W. Reif. Grain Refinement of Aluminum by TiC[J]. Metallurgical and Materials Transactions A, 1985, 16(11): 2065-2068

[20] 姜文辉, 韩行霖. Al-Ti-C中间合金晶粒细化剂的合成及其细化晶粒作用[J]. 中国有色金属学报, 1998, 8(2): 268-270

[21] 余贵春, 张柏清, 马洪涛等. 铝热反应制备Al-Ti-C中间合金的研究[J]. 金属热处理, 2000(5): 1-4

[22] 张柏清, 马洪涛, 李建国, 方鸿生. Al-Ti-C中间合金细化剂的组织及其细化性能[J]. 金属学报, 2000, 36(4): 341-346

[23] R. A. Rapp, X. J. Zheng. Thermodynamic Consideration of Grain Refinement of Aluminum

Alloys by Titanium and Carbon[J]. Metallurgical and Materials Transactions A, 1991, 22 (12): 3071 - 3075

[24] M. E. Fine, J. G. Conley. Discussion of "on the Free Energy of Formation of TiC and Al_4C_3" [J]. Metallurgical and Materials Transactions A, 1990, 21(9): 2609 - 2610

[25] M. A. Kearns, P. S. Cooper. Effects of Solutes on Grain Refinement of Selected Wrought Aluminum Alloys[J]. Materials Science and Technology, 1997, 13(8): 650 - 654

[26] M. Johnsson. Influence of Zr on the Grain Refinement of Aluminium [J]. Zeitschrift Fur Metallkunde, 1994, 85(11): 786 - 789

[27] G. P. Jones, J. Pearson. Factors Affecting the Grain Refinement of Aluminium Using Titanium and Boron Additives[J]. Metallurgical and Materials Transactions B, 1976, 7(2): 223 - 234

[28] A. M. Bunn, P. Schumacher, M. A. Kearns, et al. Grain Refinement by Al - Ti - B Alloys in Aluminum Melts: A Study of the Mechanisms of Poisoning by Zirconium[J]. Materials Science and Technology, 1999, 15(10): 1115 - 1123

[29] G. S. Vinod Kumar, B. S. Murty, M. Chakraborty. Development of Al - Ti - C Grain Refiners and Study of Their Grain Refining Efficiency on Al and Al - 7Si Alloy[J]. Journal of Alloys and Compounds, 2005, 396(1 - 2): 143 - 150

[30] Y. Birol. Grain Refining Efficiency of Al - Ti - C Alloys [J]. Journal of Alloys and Compounds, 2006, 422(1 - 2): 128 - 131

[31] P. S. Mohanty, F. H. Samuel, J. E. Gruzleski, T. J. Kosto. Studies on the Mechanism of Grain Refining in Aluminium[C]//In: U. Mannweiler(Ed.). TMS Light metals. Warrendale, PA: The Minerals, Metals & Materials Society, 1994, 1039 - 1045

[32] L. Arnberg, L. Bäckerud, H. Klang. Possible Grain Refining Mechanisms in Aluminum as a Result of Addition of Master Alloys of the Al - Ti - B type[C]//In: G. J. Abbaschian and S. A. David (Ed.). Grain refinement in Castings and Welds. Warrendale, PA: AIME, 1983, 165 - 181

[33] M. M. Guzowski, G. K. Sigworth, D. A. Sentner. The Role of Boron in the Grain Refinement of Aluminum with Titanium [J]. Metallurgical and Materials Transactions A, 1987, 18 (5): 603 - 619

[34] T. E. Quested, A. L. Greer. The Effect of the Size Distribution of Inoculant Particles on As - cast Grain Size in Aluminum Alloys[J]. Acta Materialia, 2004, 52(13): 3859 - 3868

[35] V. H. López, A. Scoles, A. R. Kennedy. The Thermal Stability of TiC Particles in an Al - 7wt. % Si Alloy[J]. Materials Science and Engineering: A, 2003, 356(1 - 2): 316 - 325

[36] D. Vallauri, I. C. Atías Adrián, A. Chrysanthou. $TiC - TiB_2$ Composites: A Review of Phase Relationships, Processing and Properties[J]. Journal of the European Ceramic Society, 2008, 28(8): 1697 - 1713

[37] N. Frage, N. Frumin, L. Levin, M. Polak, M. P. Dariei. High - Temperature Phase Equilibria in the Al - Rich Corner of the Al - Ti - C System[J]. Metallurgical and Materials Transactions A, 1998, 29(4): 1341 - 1345

第4章 Al–P系中间合金及其应用

4.1 Al–Si合金磷细化处理概述

4.1.1 Al–Si合金的组织特征

Al–Si合金具有简单的共晶型相图，见图4–1，室温下仅形成α和β两种相。α相是Si溶于Al中的固溶体，性能和纯铝相似，所以也可以写成α–Al相；在共晶温度577℃时，Si的最大固溶度约为1.65%，室温时约0.05%。β是Al溶于Si的固溶体，其溶解度至今尚未确定，其量极微，故可将β相看成是纯Si。当Si量在1.65%~12.6%时，结晶过程中先析出α相；在577℃时，析出(α+β)共晶体。通常把共晶体中的β相称为共晶Si，它在铸态下，若不经变质处理，呈粗大的片状；近共晶和过共晶成分的合金组织中出现的初晶β相称为初晶Si，它在铸态下，若不经细化，呈粗大的多边形块状或板状[1]。

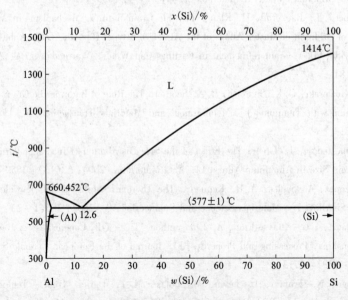

图4–1 Al–Si合金相图

在Al-Si合金中,当Si含量在1.65%~12.6%时,随着Si含量的增加,合金的结晶温度范围不断变小,组织中共晶体的数量逐渐增多,因此合金的流动性显著提高。同时,随着合金组织中的共晶Si相不断增多,合金的抗拉强度得到提高。当Si含量超过13%时,随着Si含量的增加,合金组织中存在粗大的块状或板状初晶Si相,严重割裂基体,破坏了基体的连续性,显著降低合金的强度和韧性,最终降低合金的铸造性能和力学性能,从而限制了该合金的应用[2-5]。因此,过共晶Al-Si合金在熔铸过程中必须对初晶Si进行细化处理。

4.1.2 Al-Si合金中初晶Si的磷细化处理

结合金属及合金凝固组织微细化理论,可以采用多种方法实现对Al-Si合金中初晶Si的细化处理,如加磷细化处理法(化学法)[6-8]、快速凝固法(热控法)[4,9-12]、熔体搅拌法和超声波振荡法(动力学法)[13-15]等。

目前在工业生产中,对于过共晶Al-Si合金中初晶Si的细化处理主要是以添加细化剂的方式来实现,其中效果最好、应用最为广泛的是含磷细化剂。其作用机理在于AlP具有与Si相近的晶体结构(Si为金刚石型,AlP为闪锌矿型)和晶格常数(a_{Si} = 0.542 nm, a_{AlP} = 0.545 nm)[16]。根据界面共格理论,AlP可以作为初晶Si结晶时的非均质生核衬底,使Si原子依附于其上独立地结晶成细小的初晶Si晶体,从而改善合金的组织,提高其力学性能[17-18]。该类细化剂主要包括含赤磷粉的混合细化剂、磷盐复合细化剂以及含磷中间合金,其中赤磷和磷盐细化剂在使用过程中放出大量的有毒气体P_2O_5,严重污染环境,并且磷的吸收率低,细化效果不稳定[19-20]。目前,应用较广泛的含磷中间合金细化剂主要包括以下几种。

1. Cu-P中间合金

当Al-Si多元合金要求含有一定量Cu时,可使用Cu-P中间合金作为细化剂实现对初晶Si相的细化处理。比如,上海大学的张恒华等[21]采用Cu-14P中间合金对过共晶Al-14.6Si合金进行细化处理,并对细化前后合金的微观组织及力学性能进行了研究。Robles Hernández(F. C. Robles Hernández)和Sokolowski(J. H. Sokolowski)[22]对磷细化、电磁搅拌、熔体振荡前后A390合金的微观组织进行了对比研究,他们选用的是Cu-8P和Al-5Sr中间合金。然而,Cu-P中间合金存在以下缺点:熔点高,加入后难熔化;密度大,易沉淀偏析;细化效果不稳定;不适合静置炉生产[19];使用后增加合金中的Cu含量,对要求不含Cu的铝合金带来了成分污染。

2. Al-Cu-P 中间合金

据报道，日本住友轻金属曾采用粉末冶金法制备 Al-Cu-P 中间合金。具体制备工艺是将纯铝粉与 Cu-7.8P 中间合金按一定配比混合，经冷压、真空烧结后热挤压成杆。用此种 Al-Cu-P 中间合金对 A390 合金进行细化处理时，可在线流槽中加入，初晶 Si 得到明显细化。但是细化过程中，P 的吸收率仅为 22.4%。德国 VAW 铝业公司也采用粉末冶金法制备了 Al-Cu-P 中间合金，其最佳成分为 20.0% Cu、1.4% P，其余为 Al[23-24]。

此外，王德满等[25-26]采用熔铸法制备出 Al-Cu-P 中间合金，他们将工业纯铝与 Cu-P 中间合金按一定比例装入特制的坩埚炉中，加盖封闭后抽真空，然后充入氩气并保持一定压力。炉料熔化过程中不断振动坩埚，使熔体处于强对流搅拌状态。由于 Cu-P 中间合金熔点较高，所以需将炉料在 900~950℃ 保温一段时间，然后在氩气保护条件下浇注成 Al-Cu-P 铸锭。通过该方法制备的 Al-Cu-P 中间合金含磷量约为 0.35%，其生产条件也较为苛刻，需要特制设备及气氛保护，生产成本高，难以进行商业化生产。

3. Al-Fe-P 中间合金

Kyffin(W.J. Kyffin)等[27-28]对 Al-Fe-P 中间合金进行了详细的研究，制备出 Al-Fe-P 中间合金并对其中 AlP 的形貌进行观察，同时研究该中间合金对 Al-20Si 合金的细化行为，分析细化前后初晶 Si 数量及其粒子间距的变化[29]。研究指出，相对于 Al-Cu-P 中间合金而言，Al-Fe-P 中间合金具有更为优异的细化效果。然而，熔体处理过程中引入的元素 Fe 会在 Al-Si 合金中形成粗大片状铁相，降低合金力学性能，这在一定程度上限制了其推广应用。

4. Al-P 系中间合金

磷在铝中的溶解度几乎为零[30-32]，而且赤磷燃点低，仅为 240℃ 左右，约 630℃ 气化。然而，山东大学采用熔铸法首次制备出 Al-P 系中间合金，其含磷量可达 6.0%。该中间合金含有大量可作为初晶 Si 非均质生核衬底的 AlP 化合物。采用该类中间合金进行细化处理时，其添加过程与合金化完全同步，细化过程中无烟雾及反应渣产生，孕育时间短、细化效果稳定、长效且操作方便。目前，该系中间合金在 Al-Si 合金铸造业获得迅速推广，并已大批量出口。本章系统介绍 Al-P 系中间合金的组织、相组成及其应用。

5. Si-P 系中间合金

山东大学研制的 Si-P 系中间合金作为一种新型高磷合金也得到了广泛的应用。该中间合金具有密度小、磷含量高及使用效果显著等优点。第 5 章将对该类中间合金的组织及其应用情况进行详细介绍。

4.1.3 影响磷细化效果的因素

1. 细化剂的加入形式

磷的加入形式与磷的吸收率及细化效果密切相关[3,33-34]。比如，赤磷、磷盐在使用时与熔体反应剧烈，放出大量的有毒气体 P_2O_5，在此过程中大部分磷被烧损，因此磷的吸收率极不稳定。相比而言，采用 Al-P 系和 Si-P 系中间合金时磷的吸收率较高。

2. 细化处理工艺参数

细化处理时，细化剂加入量、熔体处理温度、保温时间等工艺参数的选择及优化尤为重要，直接影响最终细化效果。

(1) 细化剂加入量。细化初晶 Si 一般都有一个最佳含磷量，一般认为，最佳残留磷量为 0.001%～0.05%[35]。磷量不足便没有足够的 AlP 促进初晶 Si 的生核，从而使之粗大；而磷量过高，则使合金熔体中 AlP 过多而相互聚集长大成团，从而导致细化效果变差，产生"过变质"现象[36]。

(2) 熔体处理温度。AlP 熔点高达 2400℃ 以上，如果细化温度过低，AlP 会在熔体中聚集成团，随温度的下降逐渐失去细化作用。适当提高细化温度则有利于 AlP 质点弥散、均匀分布，改善细化效果。继续提高细化温度反而会增加合金吸气和产生氧化夹杂[35,37]。

日本学者 Kattoh(Haruyasu Kattoh) 等[38]提出临界细化温度概念，并总结出该温度与欲细化合金含 Si 量之间的关系式，具体如下：

$$T(K) = 23 \times w(Si) + 630 \quad (4-1)$$

Maeng(D. Y. Maeng)等[8]在磷加入量为 100×10^{-6} 条件下对 B390 合金进行细化，选定的熔体处理温度依次为 650℃、700℃、750℃ 和 800℃，研究结果如图 4-2 所示。在 650℃ 下合金组织并未出现磷细化效果，初晶 Si 尺寸大于 70 μm。随着熔体处理温度升高，磷细化效果逐步变好。

(3) 保温时间。将细化剂加入 Al-Si 熔体中后，必须在适当的温度下静置一段时间，细化剂方可发挥细化作用[21,36,39]。究其原因，当细化剂与铝熔体反应生成 AlP 相或者由中间合金的形式直接向熔体中加入 AlP 相时，在熔体保温过程中 AlP 相会逐渐发生破碎和溶解。在浇注过程中，随着熔体温度降低，溶解的 AlP 从熔体中析出，从而为初晶 Si 相提供非均质生核衬底，达到良好的细化效果。比如，对于含磷量小于 14% 的 Cu-P 中间合金而言，磷以 Cu_3P 相的形式存在于合金基体中。使用该中间合金对 Al-Si 合金进行细化处理时，Cu_3P 相需与铝熔体反应生成 AlP 颗粒，从而发挥其细化作用。因此，使用 Cu-P 中间合金进行细化处理时，大约保温 1h 后合金才呈现出最佳细化效果。

(4) 浇注温度。通常，为了避免针孔、疏松等铸造缺陷，在保证充型的前提

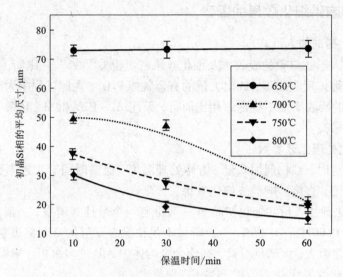

图 4-2 不同细化温度下初晶 Si 相的平均尺寸与保温时间的关系[8]

(磷的加入量为 100×10^{-6})

下,应选择尽量低的浇注温度[40-41]。对于过共晶 Al-Si 合金的细化而言,浇注温度过低会导致 AlP 聚集成团,从而失去细化效果。一般要求浇注温度保持在液相线温度以上 70~100℃[35],甚至更高。

3. 熔体精炼处理

经细化后的 Al-Si 合金熔体如静置时间过长,细化效果会逐渐消失。而经过 C_2Cl_6 精炼后,可重现良好的细化效果。究其原因,则是精炼处理消除了气体与氧化夹杂的结果。熔体中气体和氧化夹杂的存在不仅影响了合金的质量,同时使得 AlP 钝化,部分甚至完全地失去细化效果。因此,合金在磷细化处理前后都要用 C_2Cl_6 精炼。当用于金属型铸造或压铸时,要长期保温,为保证细化效果可采取多次精炼。

4. 熔体中杂质元素

杂质元素 Ca 在结晶硅中是以硅化钙(Ca_2Si、$CaSi$、$CaSi_2$)等形式出现的。含杂质 Ca 较多时,不仅使磷细化"中毒",而且使熔体流动性变差,容易吸气和发生微观针孔或疏松,并产生偏析性硬脆化合物,严重时将使铸件废品率明显上升。因此,对 Al-Si 合金进行细化处理前,需采用吹氯气与氮气混合气体、高温静置和搅拌等方法清除杂质 Ca[2]。

4.2 Al-P系中间合金相组成及其控制

向铝熔体中加磷在理论上和技术上都有一定难度。通过对多相金属熔体中异相界面反应的系统研究,结合难熔合金的合成原理,取得了技术上的突破。采用熔铸法制备出一系列 Al-P 中间合金。本节将详细介绍该类合金的物相组成及其微观组织特征。

4.2.1 Al-P系中间合金物相组成

图 4-3 所示为 Al-P 合金相图[42]。由图可知,磷在铝熔体中的溶解度几乎为零,且 AlP 与熔体间的润湿性极差。

图 4-4 所示为 Al-3.5P 中间合金的 EPMA 分析,可以发现在铝基体上均匀分布着大量的黑色颗粒状物相。通过 EPMA 分析确定,黑色颗粒主要分布有元素 Al、P 及 O,该物相应为氧化后的 AlP 相。AlP 为浅黄色或灰绿色物质,其相对密度(水=1)约为 2.85(15℃),易与空气中的水蒸气反应,其反应方程式如下:

$$AlP(s) + 3H_2O(l) \rightarrow Al(OH)_3(s) + PH_3(g) \uparrow \qquad (4-2)$$

因此,在试样制备过程中所采用的一些常规方法,比如抛光等,并不能用于制备含有 AlP 的试样。

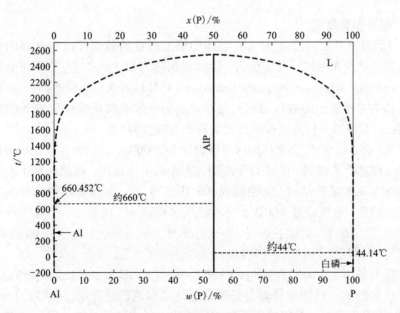

图 4-3 Al-P 二元合金相图[42]

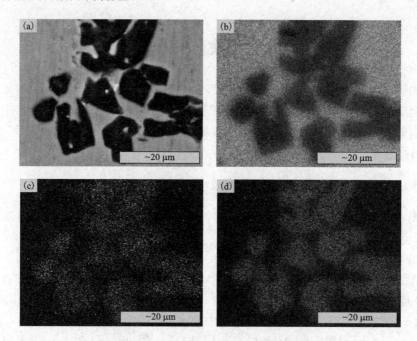

图 4-4　Al-3.5P 中间合金的 EPMA 分析
(a)BE 像；(b)~(d)分别为元素 Al、P、O 的面扫描分析

4.2.2　Al-Si-P 熔体中 AlP 团簇结构

1. 相关参数设定

在实际生产中，只需向 Al-Si 熔体中添加微量的磷便可得到良好的细化效果。比如，对于 Al-18Si 合金而言，磷的添加量为 200×10^{-6} 左右即可。当采用 AIMD(ab initio molecular dynamics simulation) 对材料的液态结构进行模拟计算时，如果将其中某种原子的数目设定得过少，就会导致结构函数产生较大的统计误差。因此，在该部分计算过程中设定磷原子的浓度为 5%。

首先，将 $Al_{80}Si_{15}P_5$ 合金的熔体温度设定为 2600℃，以确保在该温度条件下合金处于全液态。考虑到 AlP 在合金凝固过程中的析出过程，因此计算了该合金体系在 1100℃时的液态结构，以便研究 AlP 析出对 Al-Si 熔体结构的影响。在此需要指出的是，虽然通过 AIMD 方法不能直接论证 AlP 的析出，但是仍可得到局部相关信息。根据液态下各个原子的体积，设定该合金体系的数密度为 53 nm^{-3}，外界压力为 13.7×10^5 kPa。

计算中采用了 VASP 程序包(VASP, vienna ab initio simulation package)[43]，该程序包中的第一性原理计算是基于密度泛函理论。计算中，采用了 Perdew 和 Wang[44-45] 发展的广义共轭梯度近似方法描述电子交换相关能。平面波能量设定为 270eV。取 Γ 点描述布里渊区，用 Verlet 算法求解离子的运动方程并取时间步长为 3fs(femtosecond, 1fs = 1×10⁻¹⁵ s)。2600℃下截取的构型直接用于模拟在 1100℃时的液态结构,在此阶段析出的 AlP 与周围的 Al-Si 熔体达到了平衡。

模拟过程使用了正则系统并采用 Nosé 热浴法来控制系统的温度,特征频率设定为 52ps⁻¹ (picosecond, 1ps = 1×10⁻¹² s)[46]。体系在 2600℃下平衡 9ps,最后 6ps 内的 2000 个构型用来做结构分析。接着,2600℃下的最后一个构型用作 1100℃时的初始构型。

2. $Al_{80}Si_{15}P_5$ 合金的偏偶相关函数分析

图 4-5 为在 2600℃、1100℃下 $Al_{80}Si_{15}P_5$ 合金的偏偶相关函数(PCFS, partial correlation functions)。为了详细描述该合金体系的液态结构,在此列出六条偏偶相关函数曲线,依次为 $g_{AlAl}(r)$、$g_{AlSi}(r)$、$g_{AlP}(r)$、$g_{SiSi}(r)$、$g_{SiP}(r)$ 以及 $g_{PP}(r)$。

通过 $g_{AlAl}(r)$ 曲线分析可知,大部分的 Al 原子处于液态,在 1100℃下呈现更紧密堆积状态。相对于 $g_{AlAl}(r)$ 曲线,$g_{AlSi}(r)$ 曲线的第一峰峰值更高一些,这表明 Al-Si 原子之间的结合力要强于 Al-Al 原子对。同理,Al-P 原子对之间的结合力强于 Al-Si 原子对。

$g_{SiSi}(r)$ 曲线表明:在 1100℃下,Si-Si 原子之间的相关性要强于其在 2600℃下的数值。由于第一峰与第二峰并没有完全分离,说明这些 Si-Si 团簇并没有呈现固态。对于 $g_{SiP}(r)$ 而言,其在 2600℃下处于无定形状态,Si-P 原子之间的相互作用极弱。当温度降至 1100℃时,出现了一些显著的结构变化。该曲线第二峰(0.37 nm 处)的峰值要明显高于 0.24 nm 处的第一峰,这表明了 Si 原子更倾向于在 P 原子的第二配位层出现,即 Si 原子与 P 原子彼此之间不会直接键合。

对于 $Al_{80}Si_{15}P_5$ 合金的液态结构而言,$g_{PP}(r)$ 是最关键的函数。P 原子半径约为 0.11 nm,如果 P 原子能够直接相邻,就会在该曲线 0.22 nm 附近出现一个峰值。通过分析在 2600℃及 1100℃的 $g_{PP}(r)$ 曲线可知,在液态 $Al_{80}Si_{15}P_5$ 合金中存在 P-P 原子对的几率极小。在 2600℃下,P 原子随机地分布在熔体中,而不会与 Si 原子以及其他的 P 原子直接接触。当温度降至 1100℃时,根据 Al-P 相图可知 AlP 相会从熔体中析出。在此阶段,P 主要与几个 Al 原子相键合,这种结构单元的存在将促使 AlP 团簇的形成。此外,这也证明了 P 原子更倾向于在其他 P 原子的第二近邻处出现,这与上面所提到的该曲线在 0.37 nm 处的第二峰强度高于 0.22 nm 处的第一峰是相一致的。

表 4-1 为 Si 原子、P 原子的偏配位数 N_{ij} 以及参比量 R_{ij},其中 R_{ij} 代表元素 j 在元素 i 的偏配位数中百分含量。在随机分布条件下,参比量 R_{ij} 反映了在一组元附近的化学短程序情况(CSRO, chemical short-range order)。R_{ij} 的相对误差大约为 5%[47]。在此需要指出,由于 Al 原子周围的化学环境几乎是无规则的,因此其数据并没有在表中列出。

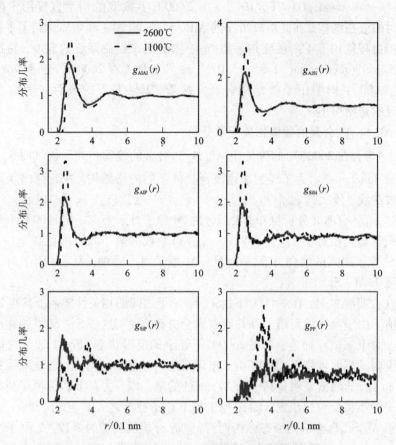

图 4-5 $Al_{80}Si_{15}P_5$ 合金液态结构偏偶相关函数

（注：实线代表在2600℃条件下；虚线代表在1100℃条件下）

表 4-1 Si 原子、P 原子周围化学环境

组项	偏配位数 N_{ij}		参比量 $R_{ij}/\%$		期望值
	2600℃	1100℃	2600℃	1100℃	
SiAl	7.68	7.61	85.4	85.9	80
SiSi	1.00	1.17	11.1	13.2	15
SiP	0.32	0.09	3.6	1.0	5
PAl	6.55	6.24	86.7	96.0	80
PSi	0.97	0.26	12.8	3.9	15
PP	0.04	0.00	0.5	0.1	5

对于 Si 原子而言，在 2600℃ 以及 1100℃ 温度下，R_{SiAl} 均大于其期望值 80%，而 R_{SiSi}、R_{SiP} 则分别小于其期望值 15%、5%（期望值即合金中设定的原子数分数）。这意味着在第一近邻处，Si 原子倾向于与更多的 Al 原子相键合，而避免与其他的 Si 原子以及 P 原子相接触。此外，当温度降至 1100℃ 时，AlP 从熔体中析出，Si–Si 原子对会增多，而 Si–P 原子对将减少。

随后，关注合金体系中 P 原子周围的化学短程序情况。在 1100℃ 下，P 原子周围第一配位处 Al 原子所占比例高达 96%，远远高于随机分布的期望值 80%。此外，P 原子第一配位处 Si 原子、其他 P 原子所占百分比仅为 3.9%、0.1%。在此温度下，P 原子的偏配位数为 6.24 个 Al 原子，0.26 个 Si 原子以及 0 个 P 原子。这说明在 $Al_{80}Si_{15}P_5$ 合金熔体中存在 Al_6P 结构单元的几率高，这些结构单元通过 Al 原子的键合容易形成 $(Al_6P)_n$ 原子团（在使用 AIMD 方法进行计算过程中 n 的数值很难确定）。在这样的原子团周围存在很少的 Si 原子，P–P 原子更倾向于在第二配位层出现。同时，可以明显地看出在 1100℃ 时，P 原子周围的化学短程序要强于该条件下 Si 原子周围的情况。

图 4–6 为 $Al_{80}Si_{15}P_5$ 合金在 1100℃ 条件下的原子空间随机构型。通过该图可以发现，Al_6P 原子团并不与周围熔体完全孤立，P 原子周围的 Al 原子数不是恒定的，而化学式 Al_6P 中的指数 6 则为近似值。虽然在模拟的构型图中没有发现 Al_4P 原子团的存在，但这些所得到的构型图并不能完全囊括局域结构的全部情况，因此不能排除在该合金体系中存在 Al_4P 原子团的可能性，但是其存在的可能性是微乎其微的。通过图 4–6 发现，Al_6P 原子团易于与其他的 Al_6P 原子团相键合，同时四面体 Si 原子团数量很少。统计分析发现，Al 原子周围的其他原子处于无规则分布状态，在其周围不存在化学短程序。

与 1100℃ 下该合金的液态结构相比，在 2600℃ 条件下 R_{PSi} 接近于无规则分布状态，而 R_{PP} 仍远小于其期望值。在此温度下，一个 P 原子周围分布着 7.56 个原子，即 6.55 个 Al 原子、0.97 个 Si 原子以及 0.04 个 P 原子。这说明在 2600℃ 时熔体中主要存在着 (6Al+Si)P 类型原子团。在此需要指出的是，不管是在 1100℃ 还是在 2600℃ 条件下，以 P 原子为中心的原子团与 AlP 晶体是明显不同的，在 AlP 晶体中 P 原子与 4 个 Al 原子相键合形成四面体型的原子团结构。

基于以上对 Al–Si–P 熔体中 AlP 团簇结构及其溶解与析出行为的分析，在细化过程中 AlP 在 Al–Si 熔体中的行为推断如下。

首先，由于 P–Al 之间的化学短程序强于 P–Si，由此可知，将 P 加入到 Al–Si 熔体中时，P 原子会选择性地与 Al 原子相键合，而将 Si 原子推离开，Si 原子不会参与到 AlP 的形成过程中。

同时，上述的 AlP 团簇结构信息也有助于了解 AlP 颗粒在熔体中的溶解过程。将含有 AlP 的 Al–P 系中间合金加入到 Al–Si 熔体中后，一方面，AlP 化合

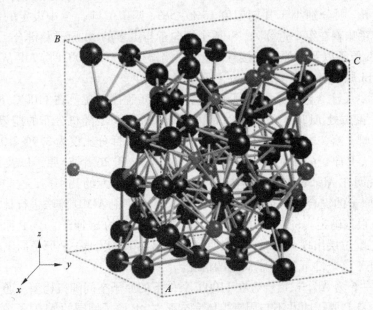

图 4-6　$Al_{80}Si_{15}P_5$ 合金在 1100℃条件下的原子空间随机构型
(注：Al—大号球表示；Si—中号球表示；P—小号球表示)

物中的 P 原子和熔体之间的化学势相差很大，从而促使了 P 原子向熔体中扩散；另一方面，在与 Al-Si 合金熔体所接触过程中，AlP 化合物中的四面体 Al_4P 原子团变得不稳定。因此，当 AlP 溶解到 Al-Si 合金熔体中后，P 原子将键合另外两个 Al 原子从而形成 Al_6P 原子团，同时一些 Si 原子将会被推离至熔体其他位置。此外，在 AlP 溶解过程中，在其周围的某些区域这些原子团还可能聚集形成 $(Al_6P)_n$ 团簇或者 AlP 微晶。最终，熔体中达到动力学平衡，尺寸较大的 AlP 颗粒转变成小尺寸的颗粒，而残余的 AlP 颗粒表面被 $(Al_6P)_n$ 团簇所包围。当 AlP 颗粒表面与周围熔体达到平衡后，其表面结构与单独的 AlP 晶体是不同的。

据此推测，AlP 颗粒在熔体中经历了如下过程：大尺寸颗粒→溶解→Al_6P 结构单元形成的团簇→AlP 微晶。因此可以合理地推测出，即使将含有 AlP 颗粒的中间合金加入到 Al-Si 熔体中，仍然需要一段时间的孕育过程才能达到良好的细化效果。需要强调的是，在模拟过程中磷浓度远远大于在实际应用中的情况。同时，在实际生产中合金熔体内磷浓度极低，这将加速 AlP 颗粒的溶解过程。

此外，初晶 Si 相的非均质生核衬底中，其中一部分是由中间合金直接带入的，而一部分则是在熔体中经过溶解过程重新析出的，$(Al_6P)_n$ 团簇也可能作为有效的生核衬底。在此条件下，不同含磷材料的细化机理就相互一致了。相比大尺寸 AlP 颗粒而言，这些潜在的 P-Al 团簇作为初晶 Si 相的非均质生核衬底的效率更高。

同时,这样的结构信息也会对凝固后初晶 Si 与 AlP 颗粒之间的界面设定了约束条件。因为在液态条件下,Si 原子不倾向于与 P 原子相键合,两者之间更易于被 Al 原子分隔开。这样的结构会一直保持到初晶 Si 相析出,最终 AlP 颗粒最外层被 Al 原子所占据。

事实上,含磷中间合金的细化效果是非常稳定的,也就是说经过重熔或者过热处理后仍然具有良好的细化效果。由于 P-Al 原子对之间具有强的亲和力,从而使得 Al_6P 结构单元稳定存在,为稳定的细化效果提供了基础。$Al_{80}Si_{15}P_5$ 合金熔体的主要结构特征是在 P 原子周围具有 P-Al 化学短程序。这种结构特点也决定了其细化效果的稳定性。如果 Al-Si 熔体中的杂质元素不影响 Al_6P 团簇的存在,那么含磷合金就可以作为其细化剂。反之,如果 P 与 X 元素(X 代表除了 Al 以外其他元素)之间的亲和力强于 P-Al 之间的键合,那么该元素就会"毒害"含磷细化剂,从而无法呈现磷细化效果。

4.2.3 Al-Si-P 合金相组成及其微观组织特征

图 4-7 为 Al-15Si-5P 合金的铸态金相组织图。在 α-Al 基体上均匀分布的浅色块状物相为初晶 Si,板片状物相为共晶 Si,而黑色物相为 AlP 相。由此可知,在该合金体系中存在 α-Al 相、初晶 Si、共晶 Si 以及 AlP 相。

在 Al-Si-P 合金中,初晶 Si 往往依附 AlP 相生长,甚至将其包围,从而使初晶 Si 与 AlP 的形貌保持一定的相关

图 4-7　Al-15Si-5P 合金的微观组织

性,这是该合金最显著的组织特征,如图 4-8 所示。

为了进一步观察 Al-Si 系合金中 AlP 相的组织形貌,将该合金试样采用液氮冷淬,截取试样断面进行观察。图 4-9 为 Al-15Si-2.5P 合金中 AlP 颗粒的 FESEM 分析,由图 4-9(a)可以清晰地看出 AlP 颗粒的三维形貌,其多呈片状结构,边缘呈凸起状。图 4-9(b)为试样另一区域中 AlP 颗粒的放大图,从图中可看出该物相具有凹角及凸起结构。在下节中将对 Al-Si 合金中 AlP 相的生长机制进行具体分析。

图 4-8 Al-Si-P 合金中初晶 Si 与 AlP 的相互依赖关系
(a) BE 像；(b)~(d) 分别为元素 Si、Al、P 的面扫描分析

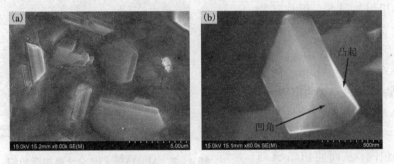

图 4-9 Al-15Si-2.5P 合金中 AlP 颗粒的 FESEM 分析
(a) 断面组织中 AlP 微观结构；(b) AlP 颗粒局部放大图

4.2.4 Al-Zr-P 合金相组成及其微观组织特征

对加入过渡族金属 Zr 的 Al-6Zr-2P 三元合金进行 XRD 分析，如图 4-10 所示。由 XRD 结果可知，该合金由 3 种物相组成，即 α-Al、ZrAl₃ 和 ZrP 相。由此可知，在该合金体系中磷以 ZrP 化合物的形式存在。另外，在该合金中含有少量 ZrAl₃ 相，即元素 Zr 多以 ZrP 形式存在，多余的 Zr 则与铝熔体反应生成 ZrAl₃ 相。ZrP 晶体具有六方晶型和立方晶型两种结构，并且两种晶型可以发

生相互转变。六方结构的 ZrP 具有 NiAs 型超结构(超结构是指相同物质内部的原子发生了相对于原来晶格的长周期排列),即 P 阴离子形成四层密堆积,Zr 阳离子占据全部的八面体间隙。而立方结构的 ZrP 属于 NaCl 型结构,即体积较小的阴离子作立方紧密堆积,阳离子填充在八面体间隙中,阴、阳离子的配位数都是 $6^{[48]}$。通过 XRD 物相分析可知,该合金内 ZrP 相为立方结构。在衍射角 $2\theta = 29.3°$、$34.0°$、$48.8°$ 处的衍射峰即为立方晶型 ZrP(111)、(200)和(220)晶面的衍射峰。分析原因,可能是由于在熔体中首先形成立方结构的 ZrP 相,而在凝固过程中合金冷却较快,使得 ZrP 来不及由 NaCl 型结构转变为介稳六方结构。

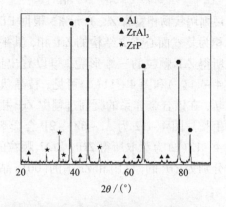

图 4 – 10 Al – 6Zr – 2P 合金的 XRD 分析

图 4 – 11 为 Al – 6Zr – 2P 合金的 FESEM 分析。由图 4 – 11(a)可知,在灰色的 α – Al 基体上存在两种物相。根据 EDS 能谱分析结果确定,枝晶状物相为 $ZrAl_3$;

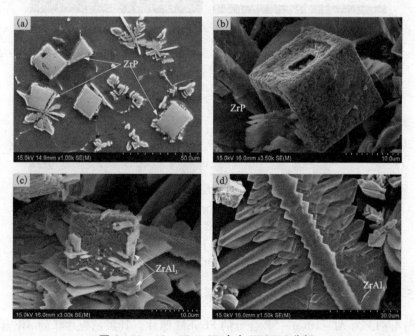

图 4 – 11 Al – 6Zr – 2P 合金 FESEM 分析

(a)微观组织;(b) ~ (d)萃取所得 ZrP、$ZrAl_3$ 颗粒的三维组织形貌

而规则块状物相富含 Zr、P 元素，根据 EDS 能谱分析以及 XRD 物相分析可知，该物相为复式面心立方结构的 ZrP 相，其平均尺寸约为 11.2 μm。图 4-11(b) 为萃取所得 ZrP 颗粒的三维形貌，可以看出该物相在三维空间呈现立方体结构。由图 4-11(c) 和图 4-11(d) 可见，枝晶状物相 ZrAl$_3$ 依附在 ZrP 颗粒上。由此可以推断，在该合金体系的凝固过程中 ZrP 相首先析出，而后 ZrAl$_3$ 依附于 ZrP 相生核和生长。图 4-12 为 Al-6Zr-2P 合金萃取颗粒的 TEM 分析，其中图 4-12(a)、图 4-12(c) 为萃取所得 ZrP、ZrAl$_3$ 颗粒的组织形貌，图 4-12(b)、图 4-12(d) 则分别为 ZrP 的[111] 和 ZrAl$_3$ 的[001] 晶带轴的 SAED(选区电子衍射)图。

图 4-12　Al-6Zr-2P 合金萃取颗粒的 TEM 分析
(a)、(b)ZrP 相形貌及其[111]晶带轴的选区电子衍射斑点；
(c)、(d)ZrAl$_3$ 相形貌及其[001]晶带轴的选区电子衍射斑点

4.2.5　Al-Cu-P 合金相组成及其微观组织特征

图 4-13 为 Al-10Cu-5P 合金的 FESEM 照片。其黑色板片状的 AlP 相均匀分布在合金基体上；深灰色枝晶状物相为 α-Al 相。此外，合金中还存在大量的共晶组织。

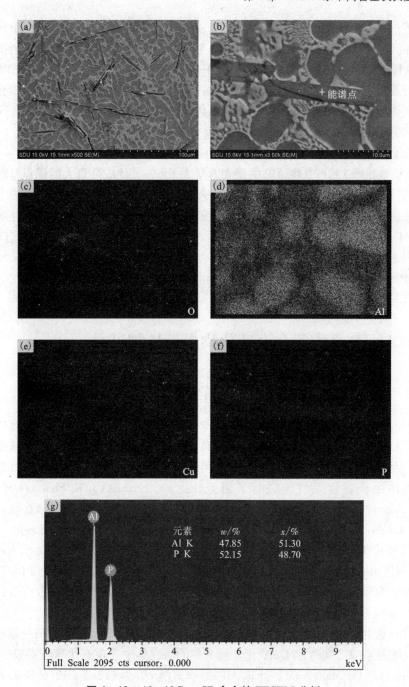

图 4-13　Al-10Cu-5P 合金的 FESEM 分析

(a)微观组织；(b)局部区域放大图；
(c)~(f)分别为元素 O、Al、Cu、P 的面扫描分析；(g)图(b)中对应点的能谱分析

德国 VAW 铝研究所[23]采用粉末冶金法制备了 Al－Cu－P 中间合金。采用 Al 粉和 Cu－P 合金粉混合物压制成锭，然后在特定条件下经热处理后热挤压成杆，取样观察其特征相，发现该试样由于热扩散而形成了三个区。采用 EPMA 定量分析表明，其中部为 Cu、P 芯子；外围为环状 Al、Cu 和 P 相，湿法化学分析证明此区内生成了 AlP；在外层是与 Al 基体相邻接的 Cu、Al 区。文献[23]报道：采用该方法制备 Al－Cu－P 中间合金时，AlP 的生成量取决于退火温度、时间和中间合金的磷含量。其最佳成分为 20%Cu、1.4%P，其余为 Al。采用这一成分，在 500℃热处理 3 h 可获得 AlP 的最大含量为 1.6%。此成分最大的优点是能够顺利地挤压和经济地生产 Al－Cu－P 中间合金杆。

韩国的 Lee(Jae－Sang Lee)等[49]采用 Al－Cu－P 中间合金与 Sr 联合细化过共晶 Al－Si 合金。研究指出：由于采用 Al－Cu－P 中间合金的形式直接向熔体中加入了 AlP，而并非通过磷与铝熔体反应生成，相比而言此时 AlP 与 Sr 反应生成 Sr_3P_2 较难。因此，熔体中会存在一定的 AlP 为初晶 Si 相提供生核衬底，从而达到其与 Sr 联合细化的目的。

4.3　Al－P 系中间合金磷化物生长机制研究

4.3.1　Al－Si－P 合金中 AlP 孪晶生长机制

AlP 化合物属于典型Ⅲ－Ⅴ族半导体材料。由于Ⅲ－Ⅴ族化合物半导体中大都为直接跃迁型能带，光电转换效率较高，同时具有高的饱和电子漂移速度及迁移率，因此在微电子学和光电子学方面得到广泛应用。越来越多学者对该族化合物的晶体生长特性及性能进行了研究。比如，Sharma(J. K. Sharma)和 Khan(D. C. Khan)等[50]计算了Ⅲ－Ⅴ族半导体材料的电子介电常数，Cardwell(M. J. Cardwell)等[51]研究了高纯Ⅲ－Ⅴ族化合物的气相外延生长。余家新[52]采用蒙特卡罗模拟计算了Ⅲ－Ⅴ族化合物半导体的输送性质。Meradji(H. Meradji)等[53]利用第一性原理密度泛函总能计算对Ⅲ－Ⅴ族中的含硼化合物 BP、BAs 及 BSb 的结构和弹性性能进行了研究。Zaoui(A. Zaoui)等[54]研究了静水压条件下上述 BP、BAs 及 BSb 的光学性质。

在该族的半导体化合物中，AlP 具有最大的直接带隙[55]，是至今研究最少的化合物，见表 4－2。同时，对 AlP 化合物更多的研究集中于理论计算与模拟。比如，De Maria(G. De Maria)等[56]计算 AlP 的解离能 D_0^0 为 212.7 ± 12.6 kcal·mol^{-1}。Tsay(Y. F. Tsay)等[57]采用经验赝势方法计算了 AlP 的能带结构，同时基于能带结构以及电子密度对其反射谱进行了计算。Wanagel(J. Wanagel)等[58]提出大约在 150×10^8 Pa 压力下 AlP 会变为导体。而 Greene(R. G. Greene)等[59]利用金刚石

表 4-2　AlP 能带结构参数[55]

参　数	建议值	范　围
$\alpha_k/\text{Å}$	$5.4672 + 2.92 \times 10^{-5}(T-300)$	—
E_g^{Γ}/eV	3.63	3.62(77 K), 3.56(300 K)
$\alpha(\Gamma)/(\text{meV} \cdot \text{K}^{-1})$	0.5771	—
$\beta(\Gamma)/\text{K}$	372	—
E_g^X/eV	2.52	2.49~2.53
$\alpha(X)/(\text{meV} \cdot \text{K}^{-1})$	0.318	—
$\beta(X)/\text{K}$	588	—
E_g^L/eV	3.57	—
$\alpha(L)/(\text{meV} \cdot \text{K}^{-1})$	0.318	—
$\beta(L)/\text{K}$	588	—
Δ_{SO}/eV	0.07	0.06~0.07
$m_e^*(\Gamma)$	0.22	—
$m_l^*(X)$	2.68	2.68~3.67
$m_t^*(X)$	0.155	0.155~0.212
γ_1	3.35	—
γ_2	0.71	—
γ_3	1.23	—
m_{so}^*	0.30	0.29~0.34
E_P/eV	17.7	—
F	-0.65	—
VBO/eV	-1.74	—
a_c/eV	-5.7	-5.54~-5.7
a_v/eV	-3.0	-3.0~-3.15
b/eV	-1.5	-1.4~-4.1
d/eV	-4.6	—
c_{11}/GPa	1330	—
c_{12}/GPa	630	—
c_{44}/GPa	615	—

压腔进一步研究了 AlP 的晶体结构以及光反射率，基于此提出 AlP 可以发生一级相变从而由闪锌矿结构转变为 NiAs 超晶格结构。Herrera – Cabrera (M. J. Herrera – Cabrera)等[60]采用从头算分子动力学模拟在局域密度近似范围内计算了 AlP 晶体二阶弹性常数对压力的依赖性，以此来解释压力促使其晶型转变的现象。到目前为止，采用试验方法对 AlP 生长机制的研究还未见报道。然而，研究 AlP 晶体的生长机制对于控制该晶体的生长及其应用，进一步了解其对硅相的细化作用具有重要的意义。

1. Al – Si – P 合金中 AlP 三维形貌分析

图 4 – 14 为 Al – 15Si – 2.5P 合金中 AlP 颗粒的三维形貌。由于初晶 Si 与 AlP 从熔体中析出时具有光滑的表面，所以截取断面时裂纹多沿着这两种物相的界面延伸。从图 4 – 14(a)可以发现，AlP 相呈现 1.0 μm 厚的六方片状结构。与下方的 AlP 薄片相比，位于上方的薄片稍小一点，两者间形成堆叠结构。图 4 – 14(b)为另一个具有完整六方片状结构的 AlP 颗粒。图 4 – 14(c)中右上方的图案为方框对应区域的放大图，由此图可明显地看出该区域具有凸起结构。同时，在该图的右边可以发现具有不规则六方结构的 AlP 颗粒，这些颗粒相互堆垛形成层片结构。值得注意的是，在这些颗粒的下方可以发现多条平行线，这是由多层孪晶面所形成的。由于观察角度的问题，从而该结构呈现出多条平行线。由图 4 – 14(d)可以清晰地看出 AlP 具有孪晶凹角以及凸起结构，其凹角角度为 141°。随着观察的进一步深入，发现了具有多层孪晶面的片状 AlP。图 4 – 14(e)为一个具有双层孪晶面的片状 AlP。图 4 – 15(a)则清晰地显示了初晶 Si 相与 AlP 之间的界面。通过对该图对应点 EDS 分析可以确定具有多层孪晶面的物相为 AlP 相。综合以上分析，可以发现：板片状 AlP 在外形轮廓上近似呈正六边形，其两个六边形外表面平行于中间的孪晶面。在含有一个孪晶面的板片状 AlP 中，通常含有三个孪晶棱边和三个孪晶凹槽，且孪晶棱边与凹槽交互排列，即与一个孪晶棱边相对应的是一个孪晶凹槽。此外，AlP 具有层状生长的特性，在生长过程中易在{111}双层密排面之间因层错而形成孪晶结构。同时，在结晶前沿可形成 109.5°的凹谷，见图 4 – 14(c)。

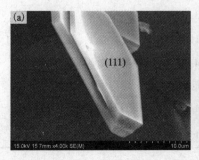 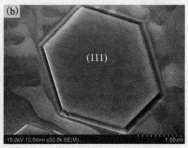

第 4 章 Al-P 系中间合金及其应用 / 107

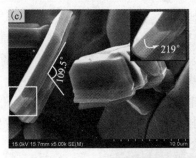
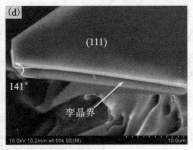
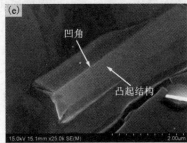

图 4-14 Al-15Si-2.5P 合金中具有多层孪晶面的六方片状 AlP 颗粒的 FESEM 分析

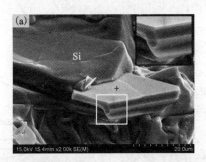

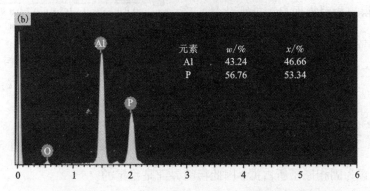

图 4-15 Al-15Si-2.5P 合金断面的 FESEM 分析
(a)初晶 Si 与 AlP 之间的界面；(b)图(a)中对应点的能谱分析

2. AlP 晶体的界面微观结构

根据杰克逊(K. A. Jackson)在20世纪50年代提出的理论[61-63],从原子尺度看,固液界面的微观结构可以分为两大类:①粗糙界面:界面固相一侧的点阵位置只有50%左右为固相原子所占据。这些原子散乱地随机分布在界面上,形成一个凹凸不平的界面层。②平整界面:固相界面的点阵位置几乎全部为固相原子所占据,只留下少数空位;或者是在充满固相原子的界面上存在少数不稳定的、孤立的固相原子,从而形成一个近平整光滑的界面。

杰克逊认为,界面的平衡结构应是界面自由能最低的结构。如果在平整界面上随机地添加固相原子而使界面粗糙化,其界面自由能 ΔG_S 的相对变化量 $\dfrac{\Delta G_S}{NkT_m}$ 可用下式表示

$$\frac{\Delta G_S}{NkT_m} = \alpha x(1-x) + x\ln x + (1-x)\ln(1-x) \tag{4-3}$$

式中:N 为界面上可供原子占据的全部位置数;α 为 Jackson 因子;k 为波耳兹曼常数;T_m 为一个大气压下的熔点;x 为界面上被固相原子占据位置的分数($0 < x < 1.0$)。

固液界面的形态总是力图使其界面吉布斯自由能最低,这样的状态才最稳定。为求出界面相对吉布斯自由能变化的最小值,可以对上式进行微分并令之等于"0"。

根据式(4-3),对应于不同的 α 值,可以得出相对界面自由能变化量 $\dfrac{\Delta G_S}{NkT_m}$ 与覆盖率(界面上原子所占位置分数)x 之间的函数关系曲线,如图 4-16 所示。

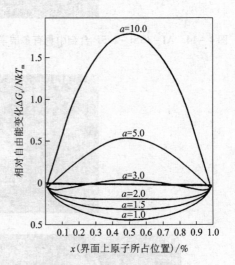

图 4-16 不同 α 值下 $\dfrac{\Delta G_S}{NkT_m}$ 与覆盖率 x 之间的关系曲线[62-63]

通过计算发现:

① $\alpha \leq 2$ 时,$\dfrac{\Delta G_S}{NkT_m}$ 在 $x=0.5$ 处具有最小值,即界面的平衡结构应有50%左右的点阵位置为固相原子所占据,因此粗糙界面是稳定的。

② $\alpha > 2$ 时,$\dfrac{\Delta G_S}{NkT_m}$ 在 x 很小处及接近1处各有一个最小值,即界面的平衡结构

或是只有少数点阵位置被占据,或是绝大部分位置被占据后仅留下少数空位。因此,此时平整界面是稳定的,α 越大,界面越平整。

在 Al-Si-P 合金凝固过程中,AlP 颗粒首先在合金熔体中生核,并随着熔体温度的降低进一步长大。晶体的生长方向和生长表面的特性与界面的性质有关。一般而言,液相原子比较容易向排列松散的晶面上堆砌,因而在相同的过冷度下,松散面的生长速度比密排面的生长速度快。最终,高指数非密排晶面由于其生长速度较快而逐渐消失,低指数密排晶面由于生长速度较慢而被保留下来[36-37]。

式(4-3)中的 Jackson 因子 α 可用下式表示

$$\alpha = \frac{\Delta H_0}{kT_m}\left(\frac{\eta}{\nu}\right) \approx \left(\frac{\Delta S_m}{R}\right)\left(\frac{\eta}{\nu}\right) \tag{4-4}$$

式中:ΔH_0 为原子结晶潜热,单位为 J/atom;R 为气体常数,值为 8.31 J/(mol·K);ΔS_m 为熔化熵,单位为 J/(mol·K);η 为原子在界面层内可能具有的最多近邻数;ν 为晶体内部一个原子的近邻数,即配位数。

而判据 α 由两项因子构成:

① $\frac{\Delta H_0}{kT_m}$,其取决于系统的热力学性质,在熔体结晶的情况下,可近似地由无量纲的熔化熵所决定。

② $\frac{\eta}{\nu}$,称为界面取向因子,其与晶体结构及界面处的晶面取向有关。取向因子反映了晶体在结晶过程中的各向异性,低指数的密排面具有较高的值。

对于 AlP 晶体而言,其 $\frac{\Delta H_0}{kT_m} \approx \frac{\Delta S_m}{R} = 3.78$[64],则

$$\alpha_{AlP\{111\}} = \left(\frac{\Delta H_0}{kT_m}\right)\left(\frac{\eta}{\nu}\right) = 3.78 \times \frac{3}{4} = 2.84 \tag{4-5}$$

$$\alpha_{AlP\{100\}} = \left(\frac{\Delta H_0}{kT_m}\right)\left(\frac{\eta}{\nu}\right) = 3.78 \times \frac{2}{4} = 1.89 \tag{4-6}$$

$$\alpha_{AlP\{110\}} = \left(\frac{\Delta H_0}{kT_m}\right)\left(\frac{\eta}{\nu}\right) = 3.78 \times \frac{1}{4} = 0.95 \tag{4-7}$$

通过计算可知,在 AlP 晶体中,只有{111}面上的 α 大于 2,而其他晶面的 α 均小于 2。故从热力学角度判断,AlP 晶体中{111}晶面的生长方式应该是小平面生长,而{100}、{110}晶面的生长方式则为非小平面生长,如表 4-3 所示。同时,根据晶体生长的动力学理论,晶体生长的驱动力对界面的生长方式也存在很大的影响。生长驱动力的变化会引起晶体从小平面生长向非小平面生长转变。

表 4-3　AlP 晶体中不同生长平面的生长方式

晶面指数	α	生长方式
{111}	2.84	小平面生长
{100}	1.89	非小平面生长
{110}	0.95	非小平面生长

3. AlP 晶体的孪晶生长机制探讨

对于孪晶凹角生长机制（TPRE，twin plane reentrant edge）的研究及其在晶体生长方面的应用可以追溯至大约 20 世纪 50 年代对于 Ge 枝晶的研究。在 1957 年，Billig(E. Billig)[65]提出孪晶的产生是由熔体中的杂质所引起的。Bennett(A. I. Bennett)和 Longini(R. L. Longini)[66]认为单个孪晶面的存在为晶体的生长提供了必要的条件。此外，在 1960 年，Hamilton(D. R. Hamilton)和 Seidensticker(R. G. Seidensticker)[67]则对孪晶生长建立了模型，该模型适用于具有至少两个孪晶面的晶体，并且假定晶体的生长总是从孪晶面间所形成的凹角处开始。在 2008 年，日本的 Fujiwara(K. Fujiwara)等[68]采用原位观察技术对小平面生长的 Si 枝晶进行了研究。他们发现相对于孪晶生长机制而言，小平面枝晶的生长并不仅仅是在快速生长的方向上，同时在垂直于该方向上也存在生长。这就意味着 Si 晶体在 {111} 密排面的生长随时都在进行。到目前为止，对于孪晶凹角生长机制的研究多是采用 Si 或者 Ge 作为研究对象，关于 AlP 的生长机制还未见报道。

AlP 晶体是闪锌矿结构，其晶格常数为 $a = 0.545$ nm[16]。图 4-17 是 AlP 的晶体结构示意图，在该晶体中 Al 原子形成面心立方结构，P 原子则分布于四个四面体的中心位置，每个 P 原子与四个近邻的 Al 原子相连。根据文献[64]可知 AlP 晶体具有较大的熔化熵，其值约为 31.4 J/(mol·K)。如上节所述，AlP 晶体在 {111} 晶面族的 Jackson 因子 α 值为 2.84。故从热力学角度判断，该晶面的生长方式应该是小平面生长。

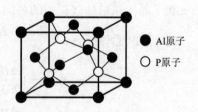

图 4-17　AlP 晶体结构

另外，不同面的相对生长速度也可影响晶体习性。根据 Wullff 定律[69-70]，某一晶面的表面能 σ_i 与其生长速度 h_i 之间存在对应关系，也就是 σ_i/h_i 为常数。同时，表面能最低的结晶面生长速度最慢，而具有最低表面能的结晶面通常为该晶体的密排面。由此可知，对于某一晶体而言，其密排面生长速度最慢。针对闪锌矿结构的 AlP 晶体而言，{111} 面即为其最密排面。在凝固的过程中，AlP 晶体 {111} 面的生长速度较慢，而其他各面的生长速度较快，从而形成六方片状结构。

晶核生成以后，通过生长完成其结晶过程。晶体生长是液相中原子不断向晶体表面堆砌的过程,也是固液界面不断向液相中推移的过程。界面处固、液两相体积自由能的差值 ΔG_V 构成了晶体生长的驱动力,其大小取决于界面温度,对合金而言还与其成分有关。当采用高频感应炉将 Al-15Si-2.5P 合金进行重熔处理时,由于 AlP 的溶解度很小,因而大部分不会溶解,未溶解的 AlP 颗粒在凝固过程中进一步长大。同时,试样凝固过程中冷却速度又相对较快,从而使得物相在较大过冷度的条件下析出,高过冷度的存在又进一步为孪晶的产生提供了必要的热力学条件[71]。如上所述,AlP 晶体其{111}晶面族的 Jackson 因子 α 值为 2.84,表明具有闪锌矿结构的 AlP 晶体密排{111}晶面族属于典型的小平面生长机制。同时,在晶体边棱处小平面的存在为孪晶的产生提供了必要的条件[71-75],从而析出了具有孪晶面的六方片状 AlP,如图 4-18 所示。此外,AlP 晶体生长面上孪晶凹谷的存在进一步促进了其快速生长。图 4-19 为具有一个孪晶面的 AlP 晶体生长过程示意图。可以看到,在生长面上存在 141°的凹角,由于此处元素浓度较高,所以在孪晶面凹槽处的生长速度是最快的。随着晶体继续生长,一些高指数的晶面会消失,最终 AlP 晶体被密排{111}面包围。如果一个六方片状 AlP 的三个孪晶面凹槽处均快速生长,则会形成一个外观轮廓为三角形的板片状 AlP,见图 4-19(c)和图 4-19(e)。对于具有两个孪晶面的晶体而言,在晶体生长过程中生长面上会产生两个新的孪晶凹槽。而晶体会在孪晶面凹槽处继续快速生长,最终产生三角轮廓的晶体[68]。AlP 晶体{111}面继续生长,将产生一个新的凹角。在随后的凝固过程中,具有小平面生长特性的 AlP 晶体会以这种方式继续生长,同时孪晶面凹角的存在可促进晶体在三维尺度快速生长[67,76]。随着熔体温度进一步降低,初晶 Si 相会从熔体中析出。由于硅相与 AlP 具有相似的晶体结构以及相近的晶格常数,因此初晶 Si 在析出过程中会以 AlP 为非均质生核衬底,依附已析出的片状 AlP 晶体进一步生核和生长[17-18]。Si 在{111}晶面的 Jackson 因子 α 值为 2.67,属于典型的小平面生长。而非均质生核衬底的存在可为小平面生长相提供生长所需的台阶,从而促进其生长[77]。由图 4-15 可以从三维尺度清晰地看到初晶 Si 与 AlP 的结合界面。在随后的凝固过程中,将发生共晶反应,形成 Si 与 α-Al 的共晶组织。

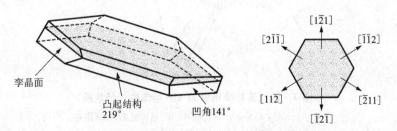

图 4-18　具有一个孪晶面的六方片状 AlP 示意图

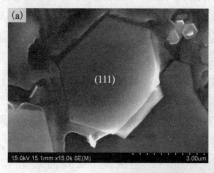
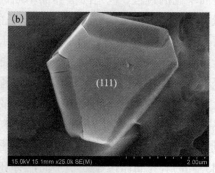
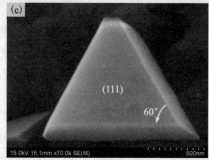
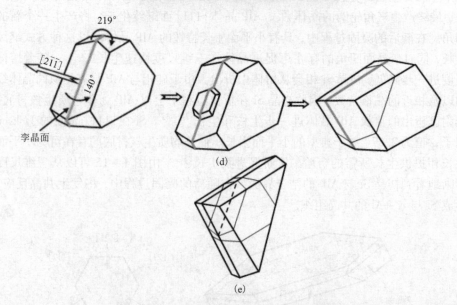

图 4-19 具有孪晶面的 AlP 晶体生长示意图

(a) ~ (c) Al-15Si-2.5P 合金中 AlP 晶体的 FESEM 图片；
(d) 具有一个孪晶面的 AlP 生长过程示意图；(e) 外观轮廓为三角形的板片状 AlP

4.3.2　Al–Zr–P 合金中 ZrP 生长行为研究

过渡族金属磷化物（TM–P）是一大类同时具有金属及半导体特性的化合物，因为其结构以及在电学、力学及抗腐蚀等方面具有显著的特征而日益引起人们广泛的关注。比如，Ni_2P 是一种极好的耐腐蚀、耐磨和抗氧化材料[78]，其纳米晶则具有良好的塑韧性，同时具有较大的比热[79-80]。Razavi（R. Sh. Razavi）等[81]在 A356 合金基体上采用化学镀层的方法进行 Ni–P 化合物涂覆并对该涂层进行激光表面处理，然后对处理前后的物相组成、微观组织、微观硬度以及磨损性能进行研究。Zhao（Q. Zhao）和 Liu（Y. Liu）[82]在研究中发现经涂覆 Ni–P 或 Ni–P 基复合物涂层后，铜钢和碳钢的抗 HCl 及 NaCl 溶液侵蚀性明显增强。Straffelini（G. Straffelini）等[83]采用化学镀层法将含有 SiC、MoS_2 和 BN 等增强颗粒的 Ni–P 涂覆于钢基体上以增强材料的耐磨性。

此外，Gopalakrishnan（J. Gopalakrishnan）等[84-85]在氢气气氛条件下采用直接还原磷酸盐的方法制备出磷化物，并将其成功应用于催化反应，开创了磷化物催化新材料研究的新局面。同时，这类化合物在汽油及柴油的加氢脱硫、加氢脱氮精炼过程中均表现出独特的活性。因此对磷化物的合成过程、物相结构、表面性质和催化反应性能等的探索已经成为热点[86]。此后，科研工作者相继采用元素化合法、磷化氢反应法、有机金属分解法、电解熔盐法等方法合成并研究了多种非担载及担载型磷化物[87]。中国科学院大连化学物理研究所在过渡族金属磷化物催化剂方面进行了大量试验，取得了重大突破[88-90]。

表 4–4 列举了一些制备磷化物的方法。这些方法多需要在高温高压条件下进行，同时不少反应中以赤磷、剧毒 PH_3 作为磷源，导致反应不易操作，且生成较多副产物。

表 4–4　过渡金属磷化物的合成方法[86]

合成方法	反应方程
元素化合法	$M^0 + xP^0(red) \rightarrow MP_x$
固态复分解法	$MCl_x + Na_3P \rightarrow MP + NaCl$
磷化氢反应法	$MCl_x + PH_3 \rightarrow MP + HCl + H_2$
有机金属分解法	$TiCl_4(PH_2C_6H_{11})_2 \rightarrow TiP + PH_3 + HCl + C_6H_{10}$
电解熔盐法	$MO_x + NaPO_y \rightarrow MP + Na_2O$
还原磷酸盐法	$MPO_x + H_2 \rightarrow MP + xH_2O$

目前对于过渡族金属磷化物的研究多集中于 Fe–P、Co–P、W–P、Mo–P

和 Ni-P 等，其应用主要集中于涂层材料、催化脱硫脱氮材料。相比而言，对于过渡族金属磷化物的研究才刚刚起步，对其表征的报道远不如氮化物和碳化物详细。另外，由于第 IVB 族过渡族金属磷化物（即 Ti-P、Zr-P、Hf-P）在高温下具有较强的硬度及化学惰性，而逐步引起人们的关注[91-92]。

为进一步观察 ZrP 的形貌，采用物相提取技术对 Al-6Zr-2P 合金进行处理，对所得颗粒进行 FESEM 分析，从三维尺度观察物相的形貌与结构，并对 ZrP 的生长机制进行探讨。

1. Al-Zr-P 合金中物相萃取处理

图 4-20 即为 Al-6Zr-2P 合金萃取颗粒对应的 XRD 物相分析，由此可知，经过 HCl 溶液腐蚀后合金中的铝基体已全部被腐蚀掉，萃取所得颗粒物相组成为 ZrP 及 ZrAl$_3$ 相。图 4-21 为 ZrP 颗粒的三维形貌，呈现规则立方体状。

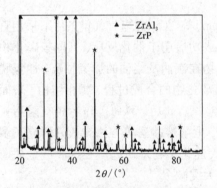

图 4-20　Al-6Zr-2P 合金萃取颗粒的 XRD 分析

图 4-21　萃取所得 ZrP 颗粒的三维形貌图片

2. Al-Zr-P 合金中 ZrP 相生长机制探讨

在本试验条件下，所制备的 ZrP 晶体为面心立方结构，即 P 离子处于立方密堆积结构，而 Zr 离子则处于各个八面体间隙中。每个离子周围存在 6 个其他离子，同时周围的这些离子形成规则的八面体结构。图 4-22 即为面心立方 ZrP 晶体结构示意图，其中，白色球为 Zr 离子，黑色球为 P 离子。

晶体生长基本理论认为：晶体的生长实质就是生长基元从流体相中不断通过液

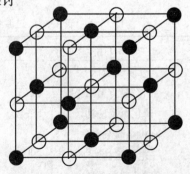

图 4-22　ZrP 晶体结构示意图
Zr：白色球；P：黑色球

固界面进入晶格"座位"的过程，因而晶体的生长特点受其液固界面形态及特性的影响。为了进一步研究 ZrP 的生长过程，首先采用 DSC 对 Al-Zr-P 合金的凝固过程进行分析，结果如图 4-23 所示：其中(a)线为 Al-3Zr-1P 合金的冷却曲线，(b)线为其冷却曲线微分后所得。图中 942.58℃、654.64℃ 处的放热峰分别为 $ZrAl_3$、$α-Al$ 相凝固时的放热峰。

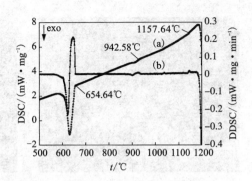

图 4-23　Al-3Zr-1P 中间合金的 DSC 分析
(a)凝固曲线；(b)微分曲线

同时，发现大约在 1157.64℃ 存在一个非常小的放热峰，通过图 4-23(b)微分曲线可以更加明显地看出放热峰的位置。结合该合金体系物相组成分析可知，该峰应为 ZrP 相的析出峰。由此确定，在凝固过程中 ZrP 首先从熔体中析出，然后 $ZrAl_3$ 依附于 ZrP 生核和生长。

为了进一步了解其生核与生长过程，将 Al-Zr-P 合金进行快速凝固处理，经腐蚀、萃取后，观察 ZrP 在不同冷却速度下形貌的演变，从而得出其生长机制方面的信息。图 4-24 为所制备的合金薄带试样中 ZrP 颗粒的三维形貌。由该图可以看出，在凝固的早期阶段，ZrP 颗粒呈现出多角豆荚状结构。在图 4-24(a)中，ZrP 晶体一侧的顶角处存在水滴状突起，同时随着生长的继续进行，这些突起逐步与 ZrP 晶体融合生长在一起。图 4-25 为吹铸试样中 ZrP 颗粒的三维形貌。由图可以看出，随着晶体进一步生长，ZrP 颗粒由原来的多角豆荚状逐步变得边角圆润，呈现出立方体形貌，但在 {100} 面中心处可清晰地观察到一层层凹坑的存在。图 4-25(b)中，立方体形貌的物相为 ZrP，依附其生长的树枝晶状物相即为 $ZrAl_3$ 相。这是由于在铝熔体中，ZrP 颗粒凹坑处会存在元素 Al 富集现象，在一定程度上促进了 $ZrAl_3$ 相依附 ZrP 生长。随着 ZrP 晶体进一步长大，ZrP 颗粒呈现出完整立方体形貌，如图 4-26(a)所示。在该合金体系中，ZrP 颗粒的边角处更容易存在元素 Zr、P 的富集，因此 ZrP 更容易在已析出的 ZrP 颗粒边角处生核、生长，如图 4-26(b)所示。

迄今为止，关于 ZrP 晶体生核与生长机制及其相关热力学数据鲜有报道，仅有几篇文献涉及 ZrP 的合成及其晶型转变。目前在研究 ZrP 生长过程中，并不能通过 Jackson 因子 α 来确定 ZrP 晶体各个晶面的生长行为，即其为小平面生长还是非小平面生长。

对于晶体而言，其形貌由结晶过程中晶体的各向异性和生长动力学所决定，通过研究晶体的形貌可以为研究其生长过程提供宝贵的信息。晶体的各向异性是

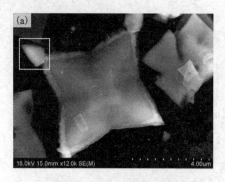 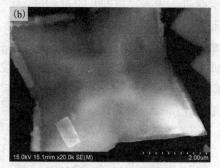

图 4 – 24 激冷薄带 Al – 6Zr – 2P 合金中 ZrP 颗粒 FESEM 分析

 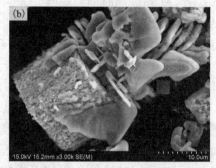

图 4 – 25 吹铸凝固 Al – 6Zr – 2P 合金中 ZrP 颗粒 FESEM 分析

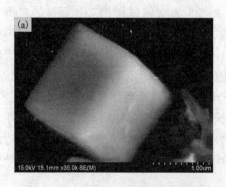 

图 4 – 26 铁模浇涛 Al – 6Zr – 2P 合金中 ZrP 颗粒 FESEM 分析

造成其取向生长的本质特性，一般来讲，晶体有不同的晶面，而具有各向异性的晶体在一定的环境下各个晶面的生长速率是不同的，不同的生长速率或不同晶面晶粒的堆积速率将导致不同微观形貌晶体的形成。根据 Wullff 定律[69-70]，某一晶面的表面能 σ_i 与其生长速度 h_i 之间存在对应关系，也就是 σ_i/h_i 为常数。表面能最低的结晶面生长速度最慢,而具有最低表面能的结晶面通常为该晶体的密排面。对于具有 NaCl 结构的 ZrP 晶体而言,{111} 面即为该晶体的最密排面。在凝固过程中,ZrP 晶体 {111} 面的生长速度应该较慢,而其他各面的生长速度较快。然而由于 ZrP 晶体 ⟨111⟩ 方向的突出生长和 ⟨100⟩ 方向的抑制生长而最终导致了 ZrP 的立方体形态,很显然这与熔体凝固过程中非平衡的生长条件密切相关,如较大的过冷度、过量 Zr 原子的存在和生长缺陷的出现等。

Wang(Z. L. Wang)[93] 采用 TEM 对纳米晶体的形貌进行了分析。通过分析发现:对于面心立方晶体而言,其所呈现的几何形貌由 ⟨100⟩ 方向与 ⟨111⟩ 方向生长速率的比值 R 所确定。当 R 值相对较小时($R = 0.58$),该晶体将会形成由六个 {100} 面所包围的立方体结构;当 R 值为 1.73 时,该晶体就会呈现出八面体形貌。Cheon(J. Cheon)等[94] 对 MnS、CdS 以及 PdS 面心立方纳米晶体进行了研究,通过研究 PdS 晶体的生长过程,发现当 {111} 面快速生长时晶体就会呈现出立方体状。

对于 Al - 6Zr - 2P 合金而言,ZrP 晶体的生长过程又是如何呢? ZrP 晶体为面心立方结构,P 离子处于立方密堆积结构,而 Zr 离子则处于各个立方空隙中。通过图 4 - 23 中 Al - 3Zr - 1P 合金的 DSC 分析可知,随着熔体温度的降低,ZrP 相会首先从熔体中析出。此时,液体中首先形成一些微小的结晶核心,晶核形成以后就会立刻长大,晶核长大的实质就是液态金属原子向晶核表面堆砌的过程,也是固液界面向液体中迁移的过程。根据经典生核理论,生核的驱动力主要依赖于熔体的化学成分和温度[95-96]。与周围熔体环境相比,初晶 ZrP 相边角处更容易富集元素 Zr、P,因此 ZrP 相在其颗粒的边角处快速生核,如图 4 - 24(a) 中方框所示。晶体的形成会经历生核与生长两个过程。而在晶粒的生长过程中,如果各晶面之间的生长速率或者晶粒的堆积速率有所差异的话,将会导致不同形貌的晶体生成。当 ⟨111⟩ 方向生长速度加快,而 ⟨100⟩ 方向生长受到抑制时,即当 ⟨100⟩ 方向与 ⟨111⟩ 方向生长速率比值较小时,ZrP 晶体就会趋向于呈现立方体。同时,由于元素 Zr、P 的富集,颗粒界面前沿会形成成分过冷。在相同的条件下,颗粒边角处生核、生长处于优势,而在各个面中心部位则会形成异类原子富集。对于 ZrP 颗粒而言,在其各个 {100} 面中心部位形成元素 Al 的富集。随着熔体温度的降低,面中心处富集的元素 Al 将与元素 Zr 形成 $ZrAl_3$ 相析出,即 $ZrAl_3$ 相依附在 ZrP 相六个 {100} 面中心处生核、生长。由图 4 - 25(a) 可见,ZrP 晶体 {100} 面呈现出漏斗状结构,即在该面上存在层层内陷结构。该结构是由熔体中此处元素 Al 的富集所造成的,为 $ZrAl_3$ 相的快速生长提供了必要的生长台阶[96-97]。在随后的凝固过程中,α - Al 会逐步析出。ZrP 晶体的生长示意图和不同生长阶段的典型 ZrP 晶体如图 4 - 27 所示。

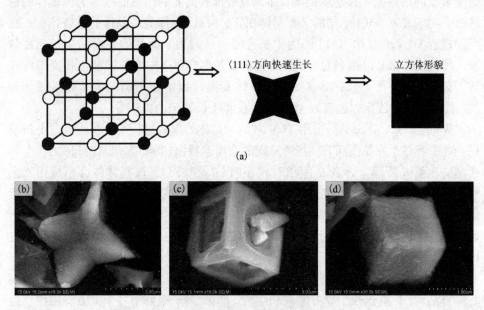

图 4-27 ZrP 晶体生长示意图

(a)示意图；(b)~(d)不同生长阶段 ZrP 晶体的 FESEM 图片

4.4 Al-P 中间合金对初晶 Si 相的细化机制

本节将介绍 Al-P 中间合金对初晶 Si 相的连续生核作用机制，同时，对 TiB$_2$ 界面 AlP 过渡相的形成及初晶 Si 的复合粒子生核机制进行阐述。

4.4.1 Al-P 中间合金对初晶 Si 相的连续生核机制

1. Al-P 中间合金对半固态 Al-30Si 合金的细化效果

图 4-28 为 Al-30Si 合金在不同细化条件下的微观组织。从图 4-28(a)可以看出，未细化 Al-30Si 合金中初晶 Si 相呈现粗大板片状，尺寸可达到 400 μm；在 845℃添加 1% Al-3.5P 中间合金后，大多数初晶 Si 相尺寸降至 50 μm 以下，形貌改善为块状，如图 4-28(b)所示。图 4-28(c)中 Al-3.5P 中间合金加入温度为 785℃，可以看到，虽然大部分初晶 Si 相依然保持较大尺寸和板片状形貌，但是少数初晶 Si 相尺寸已细化至 30 μm 以下。

图 4-29 为在 785℃添加 1% Al-3.5P 中间合金的 Al-30Si 合金中一个初晶 Si 的 EPMA 面扫描分析，可以看到初晶 Si 的核心处有黑色颗粒，面扫描成分分析表明黑色颗粒为 AlP 相。试验结果表明：Al-30Si 细化过程中，在 785℃加入的

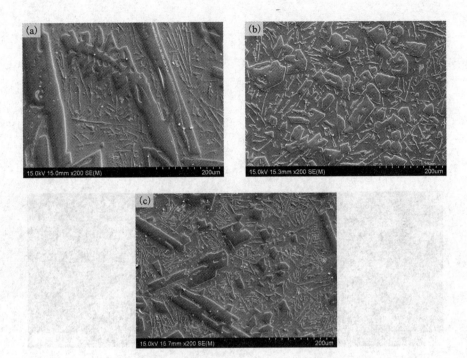

图 4-28 不同的细化条件下 Al-30Si 合金的微观组织
(a)未细化；(b)845℃添加 1% Al-3.5P；(c)785℃添加 1% Al-3.5P

AlP 颗粒依然能够对初晶 Si 相起到非均质生核的作用。

图 4-30 所示为 Al-30Si 合金凝固过程的 DSC 曲线。在再辉现象(786℃)之前为初晶 Si 相的生核过程，然后初晶 Si 长大。结合图 4-28 和图 4-29，可以发现当 AlP 颗粒在 Al-30Si 液固两相区内 785℃加入时，初晶 Si 相的非均质生核过程依然进行，这表明了连续生核现象的存在。

2. 连续细化工艺

由 4.1.3 节可知，Al-P 中间合金的细化效果受熔炼参数的影响，如细化温度、保温时间等。目前工业生产中广泛应用传统细化工艺，即在较高的温度(高于液相线温度 70~100℃)下加入细化剂。结合低温细化的可行性，提出一种新型细化工艺——连续细化工艺，即在冷却及凝固阶段的不同温度下连续地加入细化剂。

表 4-5 为传统细化工艺与连续细化工艺参数的比较，而图 4-31 为两种工艺细化 Al-30Si 合金的微观组织。可以发现，当使用传统方法细化时，初晶 Si 相形貌改善为细小块状，尺寸为 40~60 μm，如图 4-31(a)所示。图 4-31(b)为采用连续细化工艺处理 Al-30Si 合金的微观组织。统计数据得知，初晶 Si 相的平均尺寸为

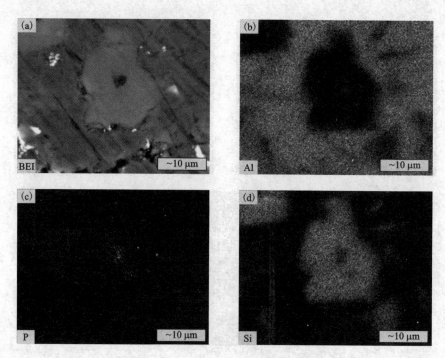

图 4-29　初晶 Si 相的 EPMA 的面扫描分析

(a)BE 像；(b)~(d)分别为元素 Al、P、Si 的面扫描分析

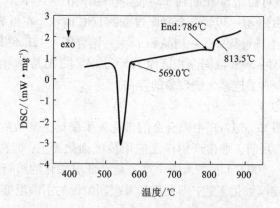

图 4-30　Al-30Si 合金的 DSC 分析曲线

30 μm 左右，因此，连续细化工艺的细化效果要优于传统细化工艺。

表4-5 传统细化工艺与连续细化工艺参数的对比

细化工艺		具体工艺参数				
		845℃	815℃	785℃	保温时间/min	浇注温度/℃
Al-30Si	传统细化	1% Al-P	—	—	20	845
	连续细化	0.4% Al-P	0.3% Al-P	0.3% Al-P	—	785

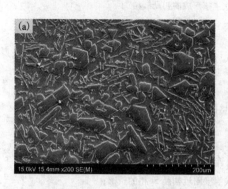 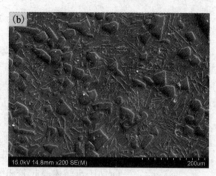

图4-31 传统细化工艺与连续细化工艺细化效果的比较
(a)采用传统细化工艺(1% Al-3.5P中间合金,845℃);(b)采用连续细化工艺(参数见表4-5)

3. 液固两相区的连续生核机制

Al-Si合金凝固过程中的主要相变发生在液固两相状态,在此状态下初晶Si相生核与长大。随着Al-Si熔体温度的降低,初晶Si相开始在异质衬底上生核,一旦形成临界晶核,初晶Si相通过向其表面吸附周围环境中的游离Si原子而逐渐长大[98]。因此,在Al-Si液固两相区尤其是再辉温度以下,熔体中形成了大量较小尺寸的初晶Si相。此时若加入AlP颗粒,则熔体中主要存在着两种粒子:AlP颗粒与一次生核形成的初晶Si相。

AlP与Si具有相似的晶体结构和相近的晶格常数[99]:Si为金刚石型,AlP为闪锌矿型,晶格常数分别为$a_{Si}=0.542$ nm,$a_{AlP}=0.545$ nm。由文献[17]可知,游离的Si原子能够聚集到AlP表面从而生核长大。另外,根据孪晶凹角生长机制[100],Si晶体的长大主要是通过向已形成的晶核上聚集Si原子的过程。相比一次生核形成的初晶Si相的光滑表面[101-102],加入的AlP颗粒表面具有更多孪晶凹角。在K. Fujiwara的生长模型[68]中,Si原子更容易在凹角处附着,同时导致更多凹角的形成,从而引起晶体的长大。因此熔体中游离的Si原子更倾向于聚集在AlP表面而不是一次生核形成的初晶Si相的表面。基于以上分析可知,在初晶Si相长大过程中可以发生非均质生核,称之为连续生核。图4-32为初晶Si相连续生核过程示意图。

在 Al-30Si 合金的冷却过程中，熔体中溶解的 P 原子会与 Al 原子结合从而析出 AlP 颗粒。这些析出的 AlP 与两相区加入的 AlP 颗粒都能够吸引游离的 Si 原子进行二次或多次生核，阻碍其向一次生核形成的初晶 Si 相聚集，从而限制了一次生核形成的初晶 Si 相长大。因此，一次生核形成的初晶 Si 相尺寸增长较慢，而且二次生核形成的初晶 Si 相尺寸也较小，如图 4-32(d) 所示。

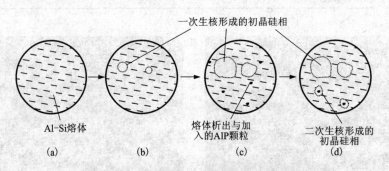

图 4-32 初晶 Si 相连续生核过程示意图

(a) Al-Si 熔体；(b) 液相线温度附近初晶 Si 相的析出；
(c) 液固两相区熔体析出或加入的 AlP；(d) 初晶 Si 相生长过程的连续生核

在连续细化过程中，高温条件下向 Al-Si 熔体中加入 Al-P 中间合金时，其 AlP 在合金凝固过程中起到非均质生核衬底的作用。当熔体中现有的 AlP 颗粒表面完全被 Si 原子层包裹时，这些 AlP 颗粒的非均质生核作用结束，熔体中剩余的游离 Si 原子只能聚集到已生核的初晶 Si 相表面进行长大，而且随着保温时间的延长，这些初晶 Si 相会发生聚集，从而导致最后凝固组织中的初晶 Si 相尺寸较大。然而当 Al-P 中间合金连续地加入到熔体中时，熔体中能够吸引游离 Si 原子生核的 AlP 颗粒的数量大大增加，根据上文提到的连续生核机制，这些在液固两相区加入的 AlP 颗粒没有被 Si 原子包裹，其可以作为初晶 Si 相的生核衬底，同时阻碍一次生核形成的初晶 Si 相长大。因此，在采用连续细化工艺的过程中，AlP 可以在较宽的温度范围内起连续生核作用，而且形成的初晶 Si 相尺寸要小于采用传统细化工艺的结果。综上，连续细化工艺可提高 Al-P 中间合金的细化效果。

4.4.2 TiB_2 与 AlP 对初晶 Si 的复合粒子生核机制

1. TiB_2 对 AlP 变质效果的促进作用

图 4-33 为 Al-12.6Si 合金加入 Al-5Ti-1B 或 Al-3.5P 中间合金前后的微观组织。从图 4-33(a) 可以看出，未经变质的 Al-12.6Si 合金中并无初晶 Si，共晶 Si 呈珊瑚状，这是因为工业纯硅中不可避免地含有杂质 Ca，而工业纯铝中

含有一定量的 Na，它们对共晶 Si 都有一定的变质作用，使之呈现珊瑚状；只添加 0.2% Al–5Ti–1B 中间合金后，合金基体中有初晶 Si 析出，出现磷变质效果，如图 4–33(b) 所示。这表明 TiB_2 粒子的加入使合金中的杂质磷起到了变质效果；与图 4–33(c) 中只用 Al–3.5P 变质的 Al–12.6Si 合金相比，图 4–33(d) 中又添加了 0.2% Al–5Ti–1B 中间合金，初晶 Si 的数量增多，其尺寸也明显变小，由原来的 40 μm 减小到 20 μm 左右，这表明 Al–5Ti–1B 中间合金的加入能大幅度改善 Al–Si 合金的磷变质效果。

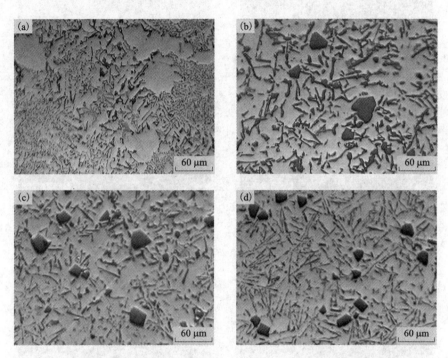

图 4–33　Al–12.6Si 合金加入 Al–5Ti–1B 或 Al–3.5P 中间合金前后的微观组织
(a) 未变质；(b) 添加 0.2% Al–5Ti–1B；
(c) 添加 0.8% Al–3.5P；(d) 添加 0.8% Al–3.5P、0.2% Al–5Ti–1B

2. 初晶 Si 的 EPMA 分析

图 4–34 为添加了 0.8% Al–3.5P 和 0.2% Al–5Ti–1B 中间合金的 Al–12.6Si 合金中一个初晶 Si 的 EPMA 面扫描图。可以看到初晶 Si 的核心处有一些白亮颗粒和黑色孔洞，成分分析表明：白亮颗粒处主要含有 Ti 和 B，可能为 TiB_2 颗粒；而黑色孔洞处则主要含有 Al 和 P，表明其可能为 AlP 化合物，且分布于 TiB_2 颗粒周围。

利用 EPMA 对加入 Al–5Ti–1B 中间合金后析出的初晶 Si 进行元素线扫描

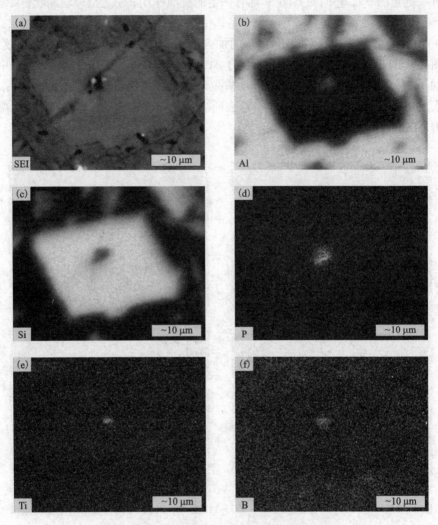

图 4-34 初晶 Si 的 EPMA 面扫描分析
(a)SE 像;(b)~(f)分别为元素 Al、Si、P、Ti、B 的面扫描分析

分析,如图 4-35 所示。试验结果发现,在初晶 Si 的中心处有一明亮物相,线扫描分析确定该明亮物相富含有元素 Ti 和 B,且两种元素的分布范围完全对应;元素 P 的分布则与 Al 相对应;另外元素 P 和元素 B 的分布在边缘处相重叠。在铝熔体中有 Ti 的情况下,B 优先与 Ti 化合形成 TiB_2,故认为 TiB_2 为初晶 Si 核心处的化合物之一;由于 Al 和 P 的分布完全对应,故认为 AlP 也是初晶 Si 核心处的化合物,因此初晶 Si 的核心处包含的复合粒子是 AlP 和 TiB_2,TiB_2 位于中心。

文献[17,31,103]指出:AlP 与 Si 具有相似的晶体结构,且二者有着相近的晶格常数,初晶 Si 容易依附于固相 AlP 颗粒生核长大,AlP 存在时能够为初晶 Si 提供生核衬底,所以图 4-33 中 Al-P 中间合金的加入有效地促进了初晶 Si 的变质效果。

然而,由于 P 在铝熔体中几乎不溶解且存在密度差,当加入 Al-P 中间合金时,大部分 AlP 不能被铝熔体吸收,这些未溶解的 AlP 易漂浮到熔体表面变成渣滓。当 TiB_2 粒子加入到铝熔体以后,AlP 能够被 TiB_2 吸附,即 TiB_2 起到固磷的效果,并通过一个类包晶反应形成一个复合粒子:TiB_2 粒子在中心,周围是 AlP。该复合粒子在合金凝固时能够作为初晶 Si 的非均质生核衬底,因此初晶 Si 的数量增多,尺寸也相应变小,如图 4-33(d) 所示。由此可知,TiB_2 粒子的加入能够显著提高 P 的吸收率,从而促进 Al-P 中间合金的变质。

3. TiB_2 和 AlP 的晶体结构分析

非均质生核从几何学上看,也可被认为是由于外来生核衬底引起活性壁垒降低的一种均质生核[104],纯粹的几何计算表明:当物质的固液界面被一些由晶粒和外来质点(衬底)组成的低能量固/固界面部分所取代的时候,其生核就会被极大地促进。通常,外来质点促进生核的潜力可以通过如下公式来计算[105]

$$f(\theta) = \frac{(2 + \cos\theta)(1 - \cos\theta)}{4} \quad (4-8)$$

式中:θ 为晶核与衬底之间的润湿角。

当固/固界面有着良好的润湿性,即 θ 值越小,非均质生核越易进行,当晶核与衬底之间有着较低的晶格失配度时,它们会有更好的润湿性。因此,TiB_2 粒子作为 AlP 良好的生核衬底,至少要有一个晶面与之有着良好的匹配关系。

TiB_2 是具有六方晶系 C_{32} 型结构的准金属化合物,其晶格参数为:$a = 0.303$ nm,$c = 0.323$ nm[104],它的晶体结构如图 4-36 所示。用黑色球表示的 Ti 原子占据了六棱柱的顶角和底心位置;而用白色球表示的 B 原子则处于 Ti 原子组成的三棱柱的中心,由此 B 原子面和 Ti 原子面交替出现构成二维平面网状结构。

AlP 是标准的闪锌矿结构,晶格常数为:$a = 0.545$ nm,图 4-17 列出了其晶体结构示意图,用黑色球表示的 Al 原子构成了一个标准的面心立方结构,而用白色球表示的 P 原子则处于最近邻四个 Al 原子组成的四面体中心位置,由于 AlP 晶格完全对称,故反之亦然,即 P 原子也组成了标准的 fcc 结构,而 Al 原子也处于周围最近邻四个 P 原子组成的四面体中心。

界面共格对应理论认为,在非均质生核过程中,衬底晶面总是力图与结晶相的某一最合适的晶面相结合,以便组成一个晶核-衬底之间单位界面自由能 σ_{cs} 最低的界面。因此,界面两侧原子之间必然要呈现出某种规律性的联系。研究发现,只有当衬底物质的某一晶面与结晶相的某一个晶面上的原子排列方式相似,原子间距相近或在一定范围内成比例时,才能实现界面晶格对应[106]。这时界面

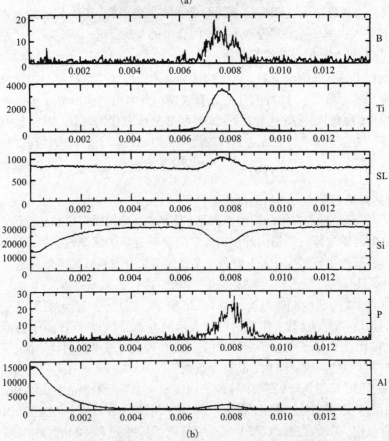

图 4-35　加入 Al-Ti-B 后析出初晶 Si 的核心处元素线扫描分析

(a)微观组织；(b)沿 AB 方向的元素线扫描

能主要来源于界面两侧点阵失配所引起的点阵畸变，并可用点阵失配度来衡量，第1章公式(1-19)即为计算点阵失配度 Turnbull - Vonnegut 公式的具体形式。第1章还指出，当失配度 $\delta \leqslant 5\%$ 时，界面实现完全共格，衬底促进非均质生核的能力较强；当 5% < δ < 25% 时，界面为部分共格，衬底有一定的促进非均质生核的能力；随着 δ 的加大而逐渐减弱，最终完全失去其促进生核的作用。

当界面两侧衬底与结晶相的原子间距相近或在一定范围内成比例时，其晶面间距也应相近或在一定范围内成比例，基于 TiB_2 和 AlP 的晶面间距，找到了几种可能的对应界面，如表 4-6 所示。其晶面间距失配度 δ 皆小于 5%。

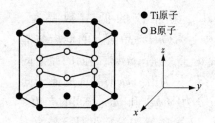

图 4-36 TiB_2 晶体的结构

表 4-6 TiB_2 和 AlP 晶粒可能对应的界面

序号	TiB_2		AlP		δ/%
	d/Å	$(h\ k\ l)$	d/Å	$(h\ k\ l)$	
1	3.2300	001	3.1298	111	3.2 < 5
2	2.6240	100	2.7105	200	3.2 < 5
3	1.6150	002	1.6344	311	1.2 < 5
4	1.5150	110	1.5649	222	3.2 < 5
5	1.3753	102	1.3552	400	1.5 < 5
6	1.3716	111	1.3552	400	1.2 < 5
7	1.2155	201	1.2436	331	2.3 < 5
8	1.2155	201	1.2121	420	0.28 < 5
9	1.1049	112	1.1065	442	0.14 < 5

注：d 为晶面间距；$(h\ k\ l)$ 为晶面指数；δ 为晶面间距失配度

由于 Turnbull - Vonnegut 公式固有的限制，不适用于两相晶面原子排列不同的情况，为了拓宽其适用范围，需要考虑晶面的晶向有角度差的情况[107]。调整后的公式主要有两种形式，其中一种为

$$\delta = \frac{\delta_1 + \delta_2 + \delta_3}{3} \times 100\% \quad (4-9)$$

式中：δ_1、δ_2、δ_3 分别为沿着结晶相与衬底的晶面在 90°范围内三个最低指数晶向方向计算得到的失配度。

第二种形式，也是一种更特别的改进形式如下

$$\delta_{(hkl)_s(hkl)_n} = \sum_{i=1}^{3} \frac{\left| (d_{[uvw]_s^i} \cdot \cos\theta) - d_{[uvw]_n^i} \right|}{d_{[uvw]_n^i}} \times 100\% \quad (4-10)$$

式中：$(hkl)_s$ 为外来衬底的低指数晶面；$[uvw]_s$ 为 $(hkl)_s$ 晶面上的低指数晶向；

$(hkl)_n$ 为晶核的低指数晶面;$[uvw]_n$ 为 $(hkl)_n$ 晶面上的低指数晶向;$d_{[uvw]_n}$ 为沿 $[uvw]_n$ 晶面的原子间距;$d_{[uvw]_s}$ 为沿 $[uvw]_s$ 晶面的原子间距;θ 为 $[uvw]_s$ 和 $[uvw]_n$ 间的夹角。

以表 4-6 中第 9 组对应晶面为例,计算其原子排列的失配度。图 4-37 为 TiB$_2$ 的 (112) 晶面和 AlP 的 (442) 晶面的典型原子排列,其中虚线代表的是 TiB$_2$ 的 (112) 晶面上的 Ti 原子,而阴影球代表的是

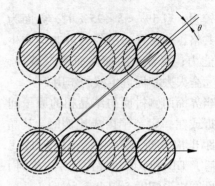

图 4-37 TiB$_2$ 的 (112) 晶面和 AlP 的 (442) 晶面的界面原子对应关系

AlP 的 (442) 晶面上的 P 原子,其对应公式 (4-10) 的相关参数见表 4-7。将其代入公式,计算可得

$$\delta_{(112)TiB_2(442)AlP} = \frac{\frac{|11.50-10.50|}{11.50} + \frac{|8.86-9.39|}{9.39} + \frac{|13.73-14.84|}{14.84}}{3} \times 100\%$$

$$\approx 7.27\% \qquad (4-11)$$

其失配度较低,表明 TiB$_2$ 粒子能够作为 AlP 生核的良好衬底。

此外,由于 TiB$_2$ 颗粒的表面有诸多的凹坑和台阶[108],这使得 AlP 很容易依附于 TiB$_2$ 颗粒生核;且 TiB$_2$ 颗粒的尺寸非常小,只有亚微米级,故其有着很强的吸附力[104,109],所以 AlP 易于向 TiB$_2$ 颗粒偏聚以降低其表面自由能。

表 4-7 TiB$_2$ 和 AlP 的界面原子排列对应公式 (4-10) 的相关参数

实例	$d_{[uvw]_s}$	$d_{[uvw]_n}$	θ, deg	$d_{[uvw]_s} \cdot \cos\theta$
	10.50	11.50	0	10.50
(112)TiB$_2$ ∥ (442)AlP	8.86	9.39	0	8.86
	13.73	14.84	1	13.73

4. 初晶 Si 的复合粒子非均质生核机制

图 4-38 示意了两种情况下初晶 Si 的生核过程。如图 4-38(a) 所示,当向熔体中只添加 Al-P 中间合金时,只有少量的 AlP(黑色颗粒) 被铝熔体所吸收,这是由于 P 在铝熔体中的溶解度低,未溶解的 AlP 相互合并长大,初晶 Si 的生核效率低,其尺寸也较大。

当 Al-P 和 Al-Ti-B 中间合金同时加入到铝熔体中时,如图 4-38(b) 所

示。熔体中除了少量的 AlP，还有大量的 TiB_2 粒子（白色颗粒），AlP 向 TiB_2 粒子偏聚并发生类包晶复合反应形成复合粒子 TiB_2/AlP，即 TiB_2 粒子核心周围形成一层富 AlP 薄层，其复合反应如下：

$$TiB_2(s) + AlP(l) \rightarrow TiB_2/AlP(s) \qquad (4-12)$$

这种复合粒子在凝固过程中能作为初晶 Si 的非均质生核衬底，促进其生核长大。由于 TiB_2 粒子的尺寸小（亚微米级）、数量多，所形成的这种复合粒子的数量也多，故凝固后初晶 Si 的数量增多，尺寸减小。

综合以上分析可以发现，添加 TiB_2 粒子后 P 对初晶 Si 的作用分两个步骤：首先，熔体中的 AlP 向 TiB_2 粒子偏聚并发生一个类包晶复合反应，形成由中心 TiB_2 粒子及其界面处的富 AlP 薄层共同组成的复合粒子；然后，凝固过程中，初晶 Si 就依附着这种复合粒子生核长大。因此将其称之为初晶 Si 的"两步"复合粒子生核机制。

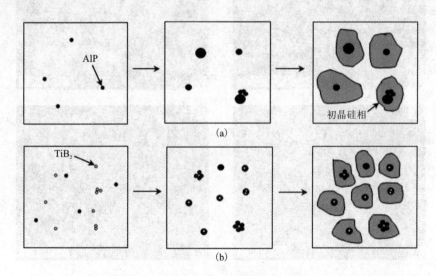

图 4-38 初晶 Si 生核过程的示意图
(a) 只添加 AlP 颗粒；(b) 添加 AlP 与 TiB_2

研究发现，TiC 也可与 AlP 形成复合粒子促进初晶 Si 的生核。将高磷合金与 $Al-TiO_2-C$ 混合粉末加入到 $Al-50Si$ 熔体中时，在初晶 Si 的核心处发现有 TiC/AlP 复合粒子，如图 4-39 所示。$Al-TiO_2-C$ 混合粉末加入到高温熔体中后，原位反应生成 TiC 粒子，这些 TiC 粒子与熔体中的 AlP 相互作用，提高了 AlP 的非均质生核效率。

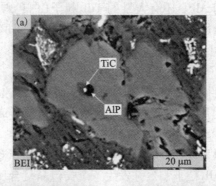
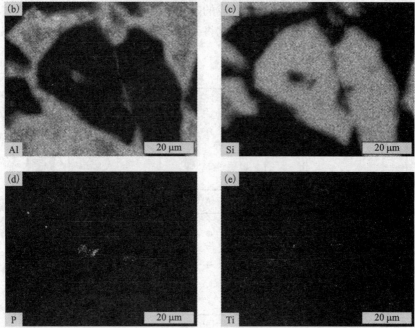

图 4-39 Al-50Si 合金细化后初晶 Si 的 EPMA 显微分析

(a) BE 像；(b)~(e) 分别为 Al、Si、P、Ti 元素的面扫描分析

4.5 Al-P 系中间合金在 Al-Si 合金细化中的应用

本章前部分介绍了 Al-P 系中间合金的相组成、组织特征、磷化物生长机制及初晶 Si 的生核机制等。本节将研究 Al-P 中间合金在过共晶 Al-Si 合金细化过程中的应用，探讨 AlP 相形貌、尺寸与分布对 Al-Si-P 中间合金细化效果的影响，优化熔体处理工艺参数，并探索 Al-Zr-P 中间合金对过共晶 Al-Si 合金的细化效果，从而为生产应用提供有效的工艺路线和技术支持。

4.5.1 Al–Si–P 中间合金微观组织与细化行为的关系

将 Al–18Si–2.5P 中间合金(编号为试样 A)进行快速凝固处理,其步骤如下:将中间合金截成 φ10 mm×10 mm 的样品,放入高纯石英管中,经高频感应装置加热至(1600±100)℃并保温 10 min,然后在一定的氩气压力下将其分别吹射到石墨坩埚和铜模中,编号依次为 B、C。具体的试样编号及其对应的冷却条件见表 4–8。

表 4–8 Al–18Si–2.5P 中间合金快速凝固处理

中间合金	合金编号	冷却条件
Al–18Si–2.5P 中间合金	A	铸铁模具
	B	石墨坩埚
	C	铜模

图 4–40 列出了不同凝固条件下 Al–18Si–2.5P 中间合金的微观组织。从图 4–40 可以看出,该中间合金的 3 种试样均是由 3 种物相组成,即 α–Al、Si 相(初晶 Si 与共晶 Si 相)以及 AlP 颗粒。同时,可以明显地看出凝固条件对 Al–18Si–2.5P 中间合金的微观组织影响显著。在试样 A 中(冷速大约为 10 K/s),AlP 物相呈现板状和块状结构,尺寸分布范围较宽,且存在一定的聚集现象。而在试样 B 中,即在冷速为 60~80 K/s 的条件下,AlP 相均呈现片状,其平均长度约为 118.3 μm,平均厚度约为 10 μm。当冷速达到 300~500 K/s 时,AlP 相呈现出均匀的颗粒状,尺寸细化至大约 11.5 μm,如图 4–40(c)所示。因此,凝固速度可显著影响中间合金的微观组织。图 4–41、图 4–42 分别为 Al–18Si–2.5P 中间合金试样 B、C 微观组织的 EPMA 分析。表 4–9 列出了不同凝固条件下各试样中 AlP 相微观组织参数的变化。

表 4–9 Al–18Si–2.5P 中间合金各试样中 AlP 微观组织参数

中间合金	形貌	平均尺寸/μm
A	板片状,棒状	48.8
B	片状	118.3
C	球状	11.5

A390 合金为高硅铝基耐磨材料,合金中粗大的初晶 Si 相降低了力学性能,

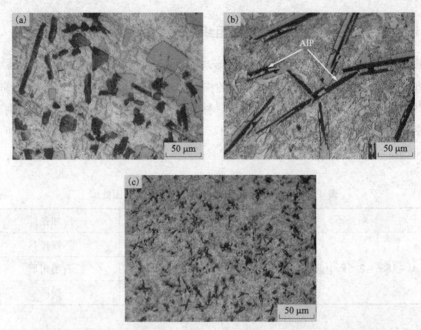

图 4-40　不同凝固条件下 Al-18Si-2.5P 中间合金的微观组织

(a)样品 A；(b)样品 B；(c)样品 C

图 4-41　Al-18Si-2.5P 中间合金试样 B 的 EPMA 分析

(a)BE 像；(b)~(d)分别为元素 Al、Si、P 的面扫描分析

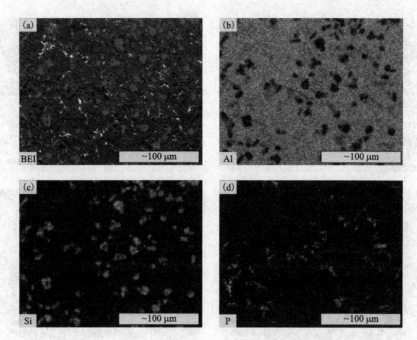

图 4-42 Al-18Si-2.5P 中间合金试样 C 的 EPMA 分析
(a) BEI 像;(b)~(d) 分别为元素 Al、Si、P 的面扫描分析

使用之前必须对其进行细化处理[110-113]。当加入 Al-18Si-2.5P 中间合金后,该合金中的初晶 Si 得到明显细化,其尺寸由原来的 124.9 μm 减小至 20.0 μm 以下。同时,可以发现初晶 Si 多呈现近球状,分布也变得更加均匀,如图 4-43 所示。

由表 4-10 可以看出,试样 C 的细化效果明显优于其他两个试样,即冷速最快的 Al-18Si-2.5P 中间合金细化效果最好。采用试样 C 细化处理后,在保温仅 5 min 时,合金中初晶 Si 就已细化至 17.5 μm。这表明了快速凝固处理对 Al-18Si-2.5P 中间合金的细化效果具有良好的促进作用。

表 4-10 Al-18Si-2.5P 试样对 A390 细化效果比较

试样	初晶 Si 平均尺寸/μm			
	5 min	15 min	30 min	60 min
A /(标准差)	36.1 / 5.73	23.6 / 3.50	18.2 / 2.79	16.7 / 2.19
B /(标准差)	22.8 / 2.83	18.4 / 2.05	15.5 / 1.71	15.8 / 1.65
C /(标准差)	17.5 / 2.23	16.6 / 2.14	15.2 / 1.65	13.8 / 1.52

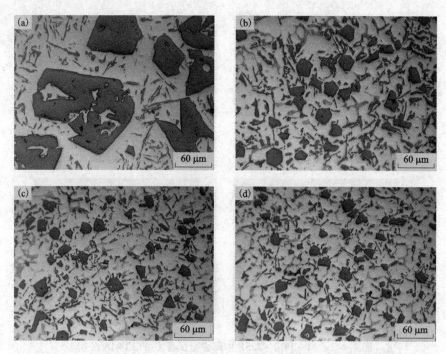

图 4-43 采用 Al-18Si-2.5P 中间合金细化前后 A390 合金的微观组织

(730℃，加 P 量 150×10^{-6})

(a)未细化；(b)~(d)分别采用试样 A、B、C 细化后的微观组织

对过共晶 Al-Si 合金进行细化处理，使用同一种细化剂而改变试验参数时细化效果有差别；用不同的细化剂在同样的参数下效果亦不同，究其原因在于磷的吸收率不同。为进一步确定快速凝固处理对磷的吸收率是否有影响，对上述细化试验中各试样的含磷量进行了测定，结果见图 4-44。通过比较可以发现，试样 A、B 的磷吸收率比较接近，在保温 60 min 后合金中

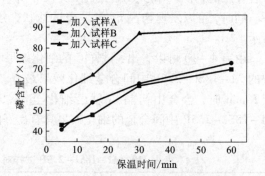

图 4-44 Al-18Si-2.5P 试样细化 A390 合金时的磷的吸收率比较

(P 加入量为 150×10^{-6}，细化温度为 730℃)

的磷含量约为 70×10^{-6}，磷的吸收率约为 46.7%。而试样 C 的磷的吸收率最高，在保温 60 min 后其磷吸收率可高达 60%。

对于磷变质、细化机理，普遍认为是由于 AlP 与 Si 具有相似的晶体结构、相近的晶格常数，所以在合金凝固过程中 AlP 会作为初晶 Si 的非均质生核衬底，从而促进初晶 Si 的析出及细化[114]。Cantor(B. Cantor)[18]曾提出非均质生核行为对熔体中的杂质极其敏感，即使杂质含量在百万分之一的数量级，也会引起熔体过冷度的剧烈变化，最终影响合金的凝固组织。采用 EPMA 对初晶 Si 相进行分析，如图 4-45 所示，可见在初晶 Si 核心处存在一深灰色物相。通过元素线扫描分析结果，发现在该核心处元素 Al、P 存在明显的峰值，且两者峰位重合。由此可以确定，初晶 Si 核心处物相即为 AlP 颗粒。

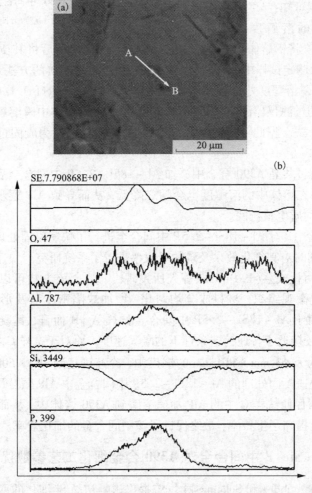

图 4-45 加入 Al-18Si-2.5P 中间合金试样 C 后 A390 合金中初晶 Si 的 EPMA 分析
(a)微观组织；(b)沿 AB 方向的元素线扫描分析

为了进一步研究添加磷元素以后过共晶 Al-Si 合金的凝固过程，对含磷量相对较高的 Al-18Si-0.9P 合金进行了 DSC 分析，结果如图 4-46 所示。图中 667.94℃、570.44℃处的放热峰分别为初晶 Si、共晶组织凝固时的放热峰。同时，发现大约在 1122.94℃存在一个较小的放热峰。根据文献可知：AlP 在铝熔体中存在一定的溶解度，如 Beer

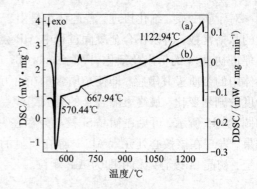

图 4-46　Al-18Si-0.9P 中间合金的 DSC 分析
(a)凝固曲线；(b)微分曲线

(S. Z. Beer)[30]将铝熔体与 AlP 晶体进行接触，达到平衡后将其倒入冷坩埚中进行冷淬，然后测定试样中的含磷量。Panish 等[64]采用间接的方法从 Al-Ga 合金的富 Ga 端的磷溶解度外推到铝熔体中磷溶解度。Lescuyer(H. Lescuyer)等[31]采用可以控温的过滤仪器测定了不同 Si 含量的 Al-Si 熔体中磷溶解度，并列出了对应的计算公式。据此分析，在 1122.94℃处的放热峰应为凝固过程中 AlP 的开始析出峰。

因此，向过共晶 A390 合金中添加 Al-18Si-2.5P 中间合金后，随着熔体温度的降低，磷在熔体中的溶解度也会随之降低，从而导致 AlP 逐步析出，并作为初晶 Si 的非均质生核衬底。

在该试验中，对 Al-18Si-2.5P 中间合金进行了快速凝固处理，观察其微观组织变化的同时对其细化效果及磷的吸收率进行了系统研究。快速凝固技术起源于 1960 年，由杜威兹(P. Duwez)等人所发现[115-116]。该方法可以显著影响材料组织，如细化微观组织、材料成分均匀化、增加缺陷密度以及形成新的亚稳相等[117-121]。对于 Al-18Si-2.5P 中间合金试样 A、B 而言，其凝固速度均小于 100 K/s，比较接近于普通铸造条件下的凝固速度。而对于试样 C，由于将其吹铸到内孔尺寸约为 ϕ3 mm×110 mm 的铜模中，冷速可达到 300～500 K/s。与常规凝固相比，快速凝固处理的 Al-18Si-2.5P 中间合金中 AlP 颗粒尺寸小、分布均匀。这些因素促使试样 C 中的 AlP 加速溶解到 A390 熔体中，从而进一步增加了磷的吸收率，提高了生核率，最终促进了该中间合金的细化效率。

4.5.2　Al-Si-P 中间合金对 A390 合金细化工艺参数优化

Robles Hernández 和 Sokolowski[22]曾提出影响初晶 Si 细化的两个重要因素为熔体处理温度和细化剂。而 Maeng[8]则认为最重要的影响因素为熔体处理温度以及保温时间。本节将采用正交试验的方法，系统研究工艺参数的选定对中间合金细化效果的影响。

1. 细化工艺参数的选定

作为统计数学的重要分支,正交试验是以概率论数理统计、专业技术知识和实践经验为基础,是综合研究试验中各个参数对结果影响的一种高效、科学的方法。对于初晶 Si 细化过程而言,综合考虑各个参数的影响从而确定最优工艺是十分必要的。目前,控制熔体处理过程中的各个参数相对简便。因此本次正交试验中,选取磷加入量、熔体温度和保温时间作为正交表中的因素,每个因素分为三个水平,具体的试验参数列于表 4-11。

表 4-11 因素水平的确定

水平	因素		
	(A)磷加入量/$\times 10^{-6}$	(B)熔体温度/℃	(C)保温时间/min
1	125	750	30
2	250	800	60
3	375	850	90

选用 $L_9(3^3)$ 正交表进行试验,根据正交试验表(表 4-12),进行了 9 组对比试验。在此试验中,考查细化效果的指标为初晶 Si 平均尺寸。K 为每个因素同一水平时初晶 Si 尺寸的加和。比如,K_1^A 就是因素 A 在 1 水平条件下所有方案试验结果的加和。k 是对应于每个 K 值的算术平均值。R 值为各因素的极差,即各因素 K 最大值减去最小值。极差 R 可反映出各因素对试验结果的影响,极差越大的因素重要程度越高。

图 4-47 为试验中所用 Al-17Si-2.5P 中间合金的 EPMA 分析。由图可以看出,该中间合金含有预先生成的 AlP 相,其多呈现板状和颗粒状,Si 相则均匀地分布在其周围。

 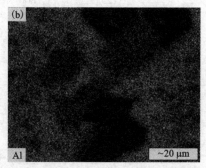

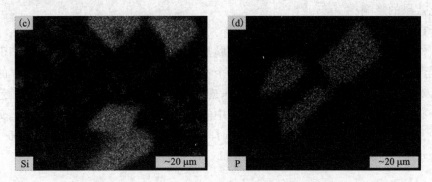

图 4 –47 Al –17Si –2.5P 中间合金的 EPMA 分析
(a)BE 像; (b) ~ (d)分别为元素 Al、Si 和 P 的面扫描分析

2. 正交试验结果与分析

正交试验结果列于表 4 –12。通过极差数值,可以发现,各因素的影响主次顺序为 A > B > C。P 加入量是影响细化效果的最重要因素,由 125×10^{-6} 增加至 375×10^{-6}, 初晶 Si 的平均尺寸则由 21.5 μm 进一步细化至 17.0 μm。与此相比,熔体温度的影响其次,由 750℃ 升高至 850℃ 时,初晶 Si 的平均尺寸则由 20.9 μm 进一步细化至 17.6 μm。而保温时间则对试验结果影响最小。

初晶 Si 尺寸随各个因素条件的变化列于图 4 –48。可以确定采用 Al –17Si –2.5P 中间合金细化 A390 合金的最佳工艺条件为 A3 – B3 – C1,即磷加入量 375×10^{-6},熔体温度 850℃,保温时间 30 min。

表 4 –12 正交试验结果

试验序号	试验因素			试验结果
	A/ ×10⁻⁶	B/℃	C/min	初晶 Si 平均尺寸/μm
1	125	750	30	22.6
2	125	800	60	23.1
3	125	850	90	18.8
4	250	750	60	20.6
5	250	800	90	16.9
6	250	850	30	16.5
7	375	750	90	19.5
8	375	800	30	14.0
9	375	850	60	17.4

续表 4–12

试验序号	试验因素			试验结果
	A/×10⁻⁶	B/℃	C/min	初晶 Si 平均尺寸/μm
K_1	64.5	62.7	53.1	
K_2	54.0	54.0	61.1	
K_3	50.9	52.7	55.2	—
k_1	21.5	20.9	17.7	
k_2	18.0	18.0	20.4	
k_3	17.0	17.6	18.4	
R	4.5	3.3	2.7	—

注：$K_i^F = \sum$ 每个因素同一水平所有方案试验结果相加；

$k_i^F = K_i^F / 3$；

$R^F = \max\{k_i^F\} - \min\{k_i^F\}$（$F$ 表示因素 A、B 和 C，$i = 1 \sim 3$）。

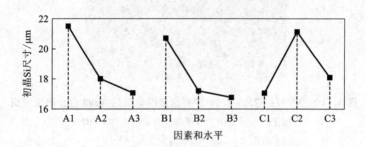

图 4–48 正交试验中水平与因素关系图

为了与正交试验选出的最佳方案进行对比，将 A3–B2–C1 方案（正交试验第 8 方案）与 A3–B3–C1 方案（正交表中最优方案）进行验证性试验，试验结果见图 4–49。未细化前，A390 合金中的初晶 Si 相呈现粗大的块状，这种组织会严重割裂基体，降低合金的铸造性能和力学性能。添加 Al–17Si–2.5P 中间合金后，初晶 Si 相平均尺寸由 116.3 μm 细化至 20.0 μm 左右。同时，初晶 Si 的形貌也变为近球状。另外，采用正交试验所选定的 A3–B3–C1 方案下，初晶 Si 尺寸可达到 21.8 μm，而正交表中第 8 方案 A3–B2–C1 条件下，初晶 Si 尺寸达到 14.0 μm。因此，通过验证性试验可知 A390 合金最佳细化工艺为 A3–B2–C1，即磷加入量 375×10⁻⁶，熔体处理温度 800℃，保温时间 30 min。

A390 合金细化前后布氏硬度以及室温抗拉强度数值列于表 4–13。采用最优方案细化后，A390 合金的布氏硬度提高了 14.1%，拉伸强度提高了 27.8%。前期研究证明：Al–Si 合金的力学性能与其微观结构特征是密切相关的。由此可知，得到明显细化后的初晶 Si 相促进了 A390 合金力学性能的显著提高。

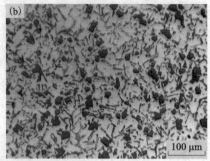
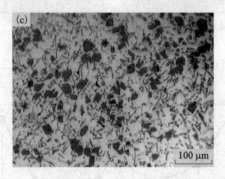

图 4-49　经 Al-17Si-2.5P 中间合金细化前后 A390 合金微观组织

(a)未细化；(b)采用正交试验第 8 方案细化(A3-B2-C1)；
(c)采用正交表选定的最优方案细化(A3-B3-C1)

表 4-13　A390 合金力学性能

合金	处理方法	HB	$\sigma_{b,20℃}$/MPa
A390(铸态)	未细化	113	150.2
	采用 A3-B2-C1 方案细化	129	191.9

图 4-50 为经过 Al-17Si-2.5P 中间合金细化后，A390 合金中初晶 Si 相的 EPMA 面成分扫描。通过 EPMA 分析，发现在初晶 Si 核心位置存在元素 Al、P 的富集，且两种元素分布的位置完全重合，由此可以确定初晶 Si 相核心处即为 AlP 颗粒。

前期研究证明：P 在铝熔体中的溶解度极小，同时 AlP 与熔体间存在密度差异，因此向熔体中加入含 AlP 的 Al-17Si-2.5P 中间合金后，大部分的 AlP 并不能均匀地分布于熔体中，未溶解的 AlP 就会变成渣滓游离于熔体中，其对细化效

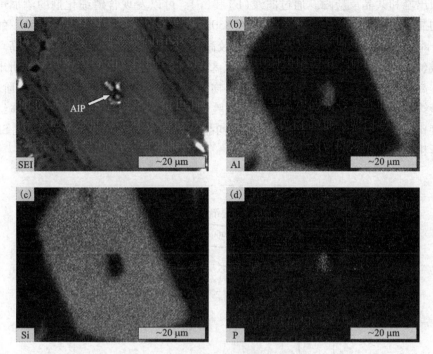

图 4-50 添加 Al-17Si-2.5P 中间合金后 A390 合金的 EPMA 分析
(a) BE 像; (b) ~ (d) 分别为元素 Al、Si、P 的面扫描分析

果没有贡献。而熔体中已溶解的 AlP 周围则进一步发生着局域结构的重组,形成 $(Al_6P)_n$ 的团簇等,随着熔体温度的降低,AlP 重新析出,且分布弥散,是初晶 Si 十分有效的非均质生核衬底,从而达到良好的细化效果。

AlP 的溶解度可以通过下式进行计算

$$\lg(x_P) = 0.684 - \frac{4986}{T} \quad (4-13)$$

式中: x_P 为溶解的磷所占摩尔分数;T 为绝对温度[31]。

由式(4-13)可以发现,磷在铝熔体中的溶解度随温度升高而增大,基本上符合阿伦尼乌斯方程(Arrhenius equation)。结合正交试验结果可知,AlP 在 850℃ 下的溶解度要高于其在 800℃ 下的溶解度。

由图 4-49 可知,随着熔体细化温度由 800℃ 升至 850℃,初晶 Si 相尺寸略有粗化。为了进一步分析熔体温度对 Al-Si 合金凝固过程的影响,对 Al-18Si 合金细化前后的试样进行 DSC 分析。在此试验中,采用高纯 Al 与高纯 Si 配置试验合金,结果见图 4-51。由图可知,在未添加 Al-17Si-2.5P 中间合金时,曲线(a)上在 652.0℃、567.8℃ 位置存在两个放热峰,这两个峰分别对应着初晶 Si

的析出峰和共晶反应峰。通过曲线(b)和(c),可以发现含磷细化剂的添加可促使初晶 Si 析出温度升高。由于 AlP 在 850℃下的溶解度要高于其在 800℃下的数值,即在 850℃下熔体中磷吸收量相对较高,从而促进初晶 Si 析出温度升高。由曲线(b)、(c)可知,当分别选定 800℃、850℃下进行细化时,后者初晶 Si 析出温度提高了 17.5℃。在熔体凝固过程中,物相的生成会经历生核和生长两个阶段,其最终的尺寸依赖于生长阶段。在本试验中,由于 A3 – B3 – C1 方案中熔体细化温度比 A3 – B2 – C1 高,在凝固过程中初晶 Si 生长时间相对要长,因此初晶 Si 相有所粗化。

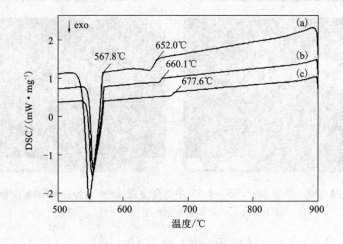

图 4 – 51　Al – 18Si 合金凝固过程分析
(a)未细化;(b)采用正交试验第 8 方案细化(A3 – B2 – C1);
(c)采用正交表选定的最优方案细化(A3 – B3 – C1)

4.5.3　Al – Si – Cu – P 中间合金对 A390 合金的细化处理

台湾大同大学材料工程研究所龚启良等研究了 Cu – P、Al – Cu – P 和 Al – Si – Cu – P 中间合金(由山东大学提供)对 A390 合金细化效果的影响,探讨了熔体处理工艺参数对细化效果的影响,并对细化效果衰退机理进行了研究[122]。

首先,采用 Al – Si – Cu – P 中间合金的形式加入约 80×10^{-6} 的 P,熔体处理温度设定为 765℃,A390 合金中初晶 Si 尺寸变化如图 4 – 52 所示。如图中黑色线所示,未细化合金中的初晶 Si 比较粗大,其平均尺寸为 80 μm 左右。将上述中间合金加入后直接浇注,此时合金中初晶 Si 就已得到明显细化,其平均尺寸为 18 μm。随着保温时间的延长,其平均尺寸保持在 25 μm 左右。这说明 Al – Si – Cu – P 中间合金对过共晶 Al – Si 合金具有显著的细化效果,同时其效果具有长效性。

随后将 P 加入量增加至 200×10^{-6}，在相同熔体处理温度下对 A390 合金进行细化处理，结果如图 4-53 所示。可以发现，在保温时间为 0~60 min 时，A390 合金中的初晶 Si 相得到了明显细化，此后随着保温时间的延长初晶 Si 相尺寸略有粗化。当保温时间达到 8 h 时，初晶 Si 相的尺寸为 40 μm 左右。

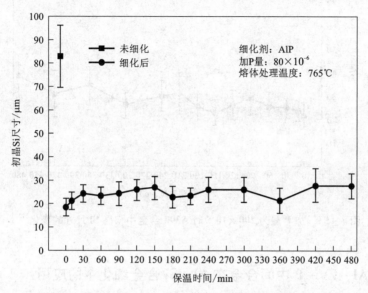

图 4-52　加 P 量为 80×10^{-6} 时 A390 合金中初晶 Si 尺寸的变化[122]

分析认为，溶解到铝熔体中的 P 原子与悬浮在熔体中的固态 AlP 颗粒均有利于细化，这是由于铝熔体在冷凝过程中所析出的 AlP 与铝熔体中已存在的 AlP 颗粒一样会作为初晶 Si 的非均质生核衬底，前者使得细化效果发挥更充分。若熔体中已存在 AlP 颗粒，从熔体析出的 AlP 将优先依附于固态的 AlP 颗粒上，造成已存在的 AlP 颗粒粗大化，但其数量并未增多，作为初晶 Si 的生核质点则略为减少。但是如果熔体中没有 AlP 颗粒，则析出的 AlP 将以细小的颗粒状存在，作为初晶 Si 的生核质点较前者多。熔体中存在的 AlP 颗粒会随着保温时间的延长而粗大化，使初晶 Si 的生核质点数量减少，进而导致初晶 Si 尺寸粗大。因此若要使铝熔体中生成大量细小的 AlP 颗粒，为初晶 Si 相提供非均质生核衬底，从而使得其尺寸得到有效细化，需满足以下三个条件：①熔体中含磷量足够高；②避免熔体中悬浮的固态 AlP 颗粒粗大；③熔体冷凝速度足够快。结合以上分析，当采用 Al-Si-Cu-P 中间合金向 A390 合金中加入约 200×10^{-6} 的 P 时，虽然熔体中的含磷量较高，但是其中的 AlP 以粗大的固态颗粒形式存在，因此其细化效果逐渐衰退。

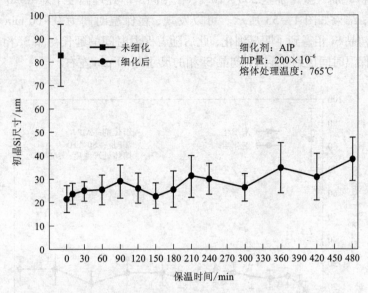

图 4-53　加 P 量为 200×10^{-6} 时 A390 合金中初晶 Si 尺寸的变化[122]

4.5.4　Al-Zr-P 中间合金在 Al-Si 合金细化中的应用

Al-Zr-P 中间合金的组织特点是磷以 ZrP 的形式存在，通过向其加入 Si 可促使 ZrP 向 AlP 的转变。前文对该合金体系 ZrP 的生长机制进行了详细介绍，以下介绍 Al-Zr-P 中间合金对过共晶 Al-Si 合金的细化行为。

1. Al-Zr-P 中间合金对 Al-Si 合金微观组织的影响

采用 Al-6Zr-2P 中间合金对过共晶 Al-Si 合金进行细化，在此选用 A390 合金作为基础合金，细化温度选定为 780℃，Al-6Zr-2P 中间合金加入量为 1.5%，保温一段时间后将其浇注入 70 mm×35 mm×20 mm 铸铁模具中。然后截取试样，观察细化前后合金的微观组织。

图 4-54 为添加 Al-6Zr-2P 中间合金前后 A390 合金的微观组织。未处理时，初晶 Si 平均尺寸为 65 μm 左右，加入该中间合金并保温 15 min 时，初晶 Si 的尺寸细化至 18.3 μm（标准差为 2.21）；保温至 90 min，合金中的初晶 Si 细化至 17.7 μm（标准差为 1.77）。由此可知，新型 Al-6Zr-2P 中间合金对过共晶 Al-Si 合金具有良好的细化效果，同时其效果具有长效性。

2. Al-Zr-P 中间合金对 Al-Si 合金细化行为研究

通过向 Al-3.5P 中间合金中加入过渡族金属 Zr，可促使合金中 AlP 转变为 ZrP 相。而采用 Al-6Zr-2P 中间合金细化过共晶 Al-Si 合金时，取得了良好的

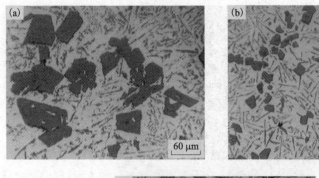
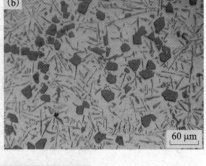
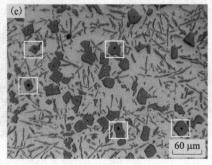

图 4-54 采用 Al-6Zr-2P 中间合金细化前后 A390 合金的微观组织
(a) 未细化；(b)、(c) 分别添加 1.5% Al-6%Zr-2%P 中间合金后保温 15 min、90 min

细化效果，其中的 ZrP 在 Al-Si 合金熔体中的行为，即对初晶 Si 相的细化机制是怎样的呢？

通过观察发现，在细化后的 A390 合金中初晶 Si 相核心处发现黑色物相（如图 4-54(c) 中方框内初晶 Si 所示）。采用 FESEM 对初晶 Si 核心处该物相进行了元素线扫描分析，见图 4-55，可确定该处富集元素 O、Al 和 P。由此推断，该物相应为 AlP 相，而元素 O 的富集则是由于 AlP 氧化所致。据此分析，可能是某些因素导致了 ZrP 的演变，促使其转变为可作为初晶 Si 非均质生核衬底的 AlP 相。

细化试验中所采用的合金为 A390，其主要化学组成包括 17.50% Si、4.74% Cu、0.50% Mg 以及余量的 Al。在这些元素中，Si 为主要的合金化元素，并且可与元素 Zr 形成多种化学计量比的化合物，故在此主要考虑其对 ZrP 相稳定性的影响。将不同量的结晶 Si 加入到 Al-Zr-P 体系中，根据 XRD 物相分析确定合金体系中的物相组成。图 4-56 即为不同 Si 含量的 Al-Si-Zr-P 体系 XRD 分析图谱。由图可知，与三元 Al-6Zr-2P 中间合金物相组成有所不同，在图 4-56 中并没有发现 ZrAl$_3$ 相对应的衍射峰，同时随着 Si 含量的增加，ZrP 相的衍射强度明显减弱。另外，通过 XRD 分析发现在 Al-Si-Zr-P 体系中存在两种富 Zr 相，

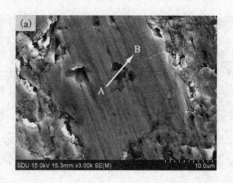
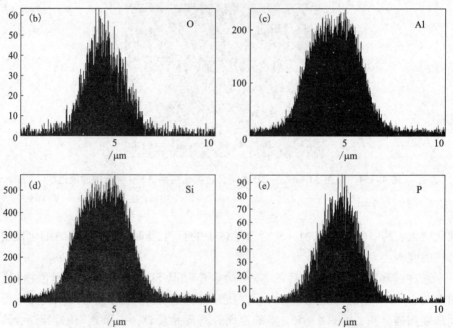

图 4-55　经 Al-6Zr-2P 中间合金细化后 A390 合金内初晶 Si 的 FESEM 分析
(a) 微观组织；(b) ~ (e) 分别为元素 O、Al、Si 及 P 的线扫描

分别为 ZrSi(正交晶系，$a=0.376$ nm，$b=0.992$ nm，$c=0.375$ nm) 和 $ZrSi_2$ (正交晶系，$a=0.372$ nm，$b=1.461$ nm，$c=0.367$ nm)。随着 Si 含量的增加，ZrSi 和 $ZrSi_2$ 相的衍射强度逐步增加。

值得注意的是，由于 AlP 与 Si 之间晶体结构相似、晶格常数相近，两者具有相同的特征衍射峰。因此，在合金中存在 Si 的情况下，采用 XRD 物相分析方法无法确定合金中是否含有 AlP 相。为了验证 Al-Si-Zr-P 体系中 AlP 的存在，采用 FESEM 对合金的微观组织进行了观察，同时利用 EDS 能谱对物相进行点成

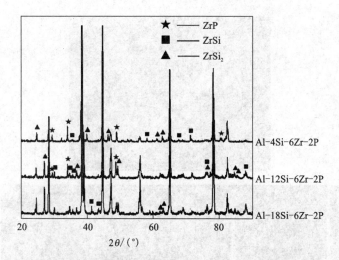

图 4-56　Al-Si-Zr-P 合金体系 XRD 分析
注：图中没有标明的衍射峰为 Al、Si 或者 AlP 相的衍射峰

分分析。图 4-57 为 Al-18Si-6Zr-2P 合金体系的 FESEM 分析。由图可知，除了 Si 相以外，α-Al 基体上还分布着两种物相。白亮色物相的化学组成约为 34.25% Zr，57.90% Si 以及 7.85% Al（质量分数），由此可知该物相为固溶少量 Al 的 $ZrSi_2$ 相。此外，在初晶 Si 相中发现存在一富氧化合物，其 EDS 分析结果如图 4-57(b) 所示。

根据图 4-57(b) 中 EDS 能谱分析，推测其为 AlP 相，氧元素的存在是由于 AlP 氧化所致。结合 XRD 物相分析结果可知，在 Al-Si-Zr-P 合金体系中存在富 Zr 硅化物以及 AlP，其原因就在于元素 Si 的引入促使了 ZrP 转变为 AlP 相。向 Al-Zr-P 合金中加入结晶 Si 后，该四元合金体系中将发生以下反应：

$$ZrP(s) + [Si] + Al(l) \rightarrow ZrSi_{2-x}Al_x(s) + AlP(s) \qquad (4-14)$$

AlP 的析出，为初晶 Si 相提供了非均质生核衬底，进而达到良好的细化效果。

综合上述分析，Al-Zr-P 中间合金对过共晶 Al-Si 合金中初晶 Si 相的细化机制为：在异类原子对 Si-Zr 之间较强相互作用及化学动力学因素的双重作用下，ZrP 转变为 AlP 相，从而为初晶 Si 相提供了非均质生核衬底。

此外，有别于其他含磷中间合金，在 Al-6Zr-2P 中间合金内磷以稳定化合物 ZrP 的形式存在，且其尺寸细小，分布均匀。采用该中间合金对过共晶 Al-Si 合金进行细化时，通过 ZrP 相转变而生成的 AlP 则更加均匀、细小，所以细化过程中其磷吸收率较高。对 AlP 在 Al-Si 熔体中的行为及磷吸收率进行了研究，结

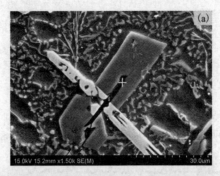

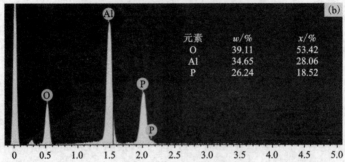

图 4-57 Al-18Si-6Zr-2P 合金的 FESEM 分析
(a)微观组织；(b)图(a)中对应点的 EDS 分析

果表明：在加入熔体中 15 min 时该中间合金的磷吸收率就可达到 45%，保温 30 min 时其吸收率可高达 59%。

同时，通过采用 Al-6Zr-2P 中间合金对 Al-Si 合金进行细化，向原合金中引入了 0.1%Zr，而 Zr 对 Al-Si 合金也有一定的强化作用，该项研究工作正在进行中。

4.5.5 AlP 对铝合金中富铁相的诱导作用

诱导作用在 Al-Si 合金中是普遍的，本小节将介绍另一种形式的诱导生核——AlP 对铝合金中富铁相的诱导作用。

1. 近共晶 Al-Si 合金中的四瓣花朵状富铁相

Fe 在铝合金中通常以针片状的富铁相形式存在，当含量超过 0.7% 时，急剧降低合金的韧性。为了改善富铁相的形貌来提高合金的使用性能，通常加入元素 Mn 来中和 Fe 的有害作用，Mn 与 Fe、Al 等形成多元化合物，改变了富铁相针片状的形貌，呈鱼骨状和汉字状[123]。本节在近共晶 Al-Si 合金中对富铁相进行研究，利用诱导作用改变传统富铁相的形貌。选取近共晶 Al-Si 合金为研究对象，进行了3组试验：①在加P变质处理的Al-12.6Si合金中加入1%的纯铁；②在未加P变质处理的Al-12.6Si合金中加入1%的纯铁，同时加入0.6%的Mn；③在加P变质处理的Al-12.6Si合金中加入1%的纯铁，同时加入0.6%的Mn。

图4-58为不同试验条件下所获得的富铁相形貌。在变质处理后的Al-12.6Si合金微观组织中有初晶Si相析出，加入Fe之后，在合金组织中形成大量针片状的富铁相，如图4-58(a)所示。在未进行变质处理的Al-12.6Si合金中加入Fe的同时加入一定量的Mn，可以看到富铁相的形貌由针片状转变为鱼骨状和汉字状，如图4-58(b)所示。向P变质处理后的Al-12.6Si合金中加入Fe的同时加入一定量的Mn，试验发现在Al-Si合金的基体上析出大量的四瓣花朵状的富铁相，如图4-58(c)和图4-58(d)所示。

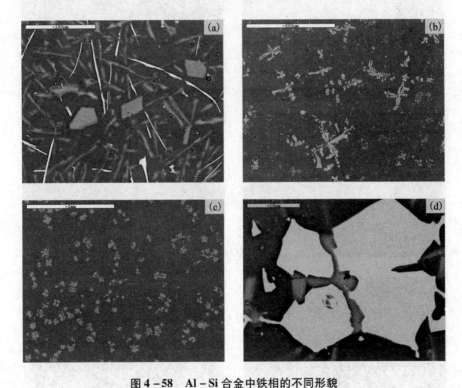

图4-58　Al-Si合金中铁相的不同形貌
(a)针片状 $FeAl_3$；(b)鱼骨状和汉字状 Al(FeMn)-Si 相；
(c)花瓣状 Al(FeMn)-Si 相；(d)放大的花瓣状 Al(FeMn)-Si 相

首先利用EPMA对富铁相进行EDX分析，结果表明。四瓣花朵状富铁相含有元素Al、Fe、Mn和Si，各元素的原子数分数分别为：Al：37.51%，Si：50.23%，Mn：2.8%，Fe：5.65%。利用EPMA对四瓣花朵状富铁相进行元素面扫描分析,如图 4-59 所示。由面分析可以看出,富铁相含有 Al、Si、Mn 和 Fe。另外,在富铁相的中间有一灰色物相,由元素分布能够看出该物相为初晶 Si 相。在初晶 Si 相中间有黑色相,由面分析可以看出包含元素 Al 和 P,故由此判断该黑色物相为初晶 Si 的非均质生核衬底 AlP。由先前的分析可以看出,四瓣花朵状富铁相与包含有 AlP 的初晶 Si 相结合在一起,初晶 Si 在富铁相的中心。

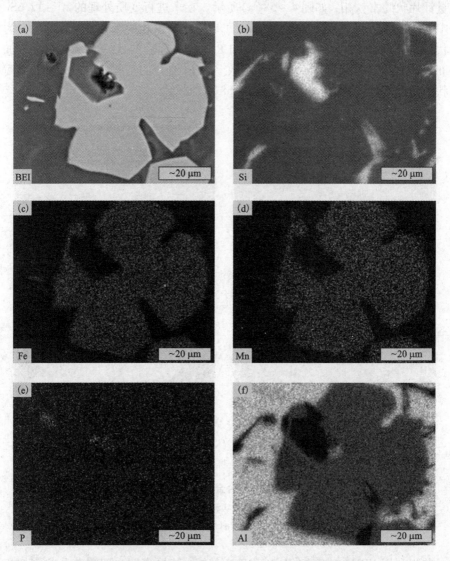

图 4-59 四瓣花朵状富铁相的 EPMA 元素面扫描分析
(a)BE 像;(b)~(f)分别为元素 Si、Fe、Mn、P 和 Al 的面扫描分析

为了进一步对四瓣花朵状富铁相的结构进行分析,对试样进行深腐蚀,先用NaOH腐蚀,然后用低浓度的草酸清洗,对深腐蚀后的试样进行组织观察,如图4-60所示。图4-60(a)显示的是典型的四瓣花朵状富铁相,中间为初晶Si相,在初晶Si的周围有四个富铁相,以初晶Si为中心,向四周分散,如同花朵中的花瓣一样。经过深腐蚀后富铁相的三维形貌如图4-60(b)所示。由SEM图像可以非常清楚地看到初晶Si在中心处,而富铁相依附硅相向外生长。为了进一步确认物相及其结构,利用TEM对合金组织进行分析,如图4-61所示。由TEM得到的形貌可以看到,在块状铁相的中间有另一物相,经过衍射分析可知,中间物相为Si相,其[211]晶带轴上的衍射斑点如图4-61(b)所示。富铁相的衍射斑点如图4-61(c)所示。衍射斑点密集,显然该富铁相的晶格常数比Si的要大。

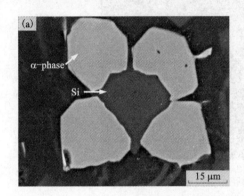

图4-60 四瓣花朵状富铁相
(a)BE像;(b)深腐蚀后的SEM图像

2. 四瓣花朵状富铁相的形成机制

前面试验在近共晶Al-Si合金中得到了四瓣花朵状富铁相,该富铁相的中心包含初晶Si相。下面对该形貌富铁相的形成进行分析。首先是形成条件,先进行三组试验,其中第一组,Al-12.6Si合金经过磷变质处理,故有初晶Si析出,但是铁相在不加Mn进行处理时,仍然呈针片状,初晶Si的析出对铁相并没有影响。第二组试验中Al-12.6Si合金没有磷变质处理,组织中没有初晶Si析出,呈现为近共晶的微观形貌。加入一定比例的Mn之后,富铁相形貌明显得到改善,由针片状转变为鱼骨状和汉字状,其中鱼骨状的尺寸较小,汉字状的尺寸较大。显然Mn的加入对改善铁相的形貌有很大的帮助,这与先前的文献研究结论是一致的[123]。在第三组的试验中Al-12.6Si合金经过磷变质处理,故在合金组织中有初晶Si析出,同时合金中加入了一定比例的Mn,合金中的富铁相形貌得到进一步改善,使之成为四瓣花朵状。故该富铁相的形成与变质处理以及加Mn处理

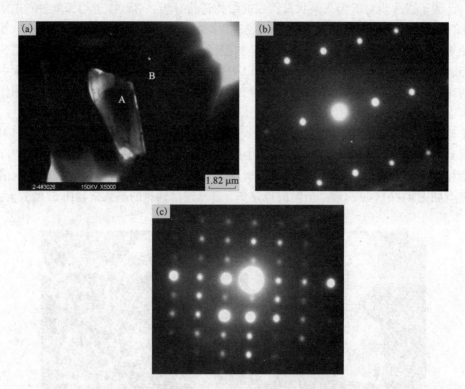

图 4-61 四瓣花朵状富铁相的 TEM 研究
(a)富铁相形貌；(b)区域 A—Si 相在[211]晶带轴上的衍射斑点；(c)区域 B—富铁相的衍射斑点

两因素均有关，是初晶 Si 析出和富铁相组分结构改变综合作用的结果。

富铁相的形成温度和形成过程与最终得到的形貌有很大关系。富铁相的形成过程只能间接观察，部分学者[124-126]通过激冷等手段观察铁相形貌，然后同凝固曲线作对应比较，对富铁相的凝固过程做出一定的描述。比较一致的看法是：在冷速较慢的近平衡态，在液相线温度和共晶温度之间开始析出富铁相。加磷进行变质处理时，初晶 Si 首先依附 AlP 析出，而初晶 Si 的析出诱导富铁相的析出，最后是共晶反应。故最终得到的组织总是硅相在富铁相的中间。

1960 年 Wagner(R. S. Wagner)[76]，Hamilton 和 Seidensticker[67]提出了一种理论(WHS – theory)，即面心立方锗晶体之所以形成六边形和多边形是因为晶体的孪生生长。他们还认为孪生生长所形成的凹槽可以作为表面生核的位置。Van de Waal(B. W. Van – de – Waal)[127]进一步发展了 WHS – theory，提出对于面心立方核心有四个等同的位置表面都可以作为生核的位置，表面生核的能力也是很强的。在本书的研究中初晶 Si 相本身是面心立方结构，而 Kral(M. V. Kral)[128]等利用 SEM、EDS 和 EBSD 等手段发现块状的 Al(FeMn) – Si 相也是面心立方结构[128]。面心立方的 Si 相也有四个适合表面生核的位置,而由于 Al(FeMn) – Si 相同样是面心立方结构,该相较容易在其表面上生核。因此形成的四瓣花朵状富铁相总是保持四个,且非常均匀地分布在初晶 Si 的周围。

在富铁相的研究中发现了另一诱导生核现象,即 AlP 促使 Si 相析出,而析出的 Si 相对形成四瓣花朵状富铁相起着非常关键的作用,即诱导四瓣花朵状富铁相的析出。

4.6 Al – P 中间合金对 Mg_2Si 相的细化处理

4.6.1 Al – Mg_2Si 合金中初晶 Mg_2Si 的细化处理

在普通铸造用 Al – Mg_2Si 合金中,初晶 Mg_2Si 相十分粗大,严重割裂了铝基体,在 Mg_2Si 相的尖端和棱角处引起应力集中,容易沿晶粒边界处或板状 Mg_2Si 本身开裂而形成裂纹源,影响了材料性能的进一步提高。对初晶 Mg_2Si 相进行细化处理已成为该合金应用中的关键。Al – P 中间合金能否适用于 Al – Mg_2Si 合金的细化处理?

图 4 – 62 为 Al – 20Mg_2Si 合金的微观组织及其初晶 Mg_2Si 的三维形貌。从图 4 – 62 可以看出,在 Al – 20Mg_2Si 合金中,存在大量粗大的枝晶状初晶 Mg_2Si,且分布不均匀,严重割裂铝基体,使合金变脆。在 850℃下,加入 3% Al – 3P 中间合金保温 30 min 后,初晶 Mg_2Si 的形态发生显著改变,如图 4 – 63 所示。其由粗大的枝晶状转变为细小的多边形形状,颗粒较为圆整,并且分布均匀,初晶 Mg_2Si 平均颗粒尺寸由 100 μm 细化至 20 μm 左右。

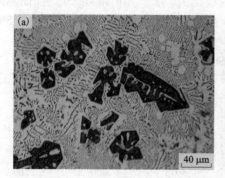 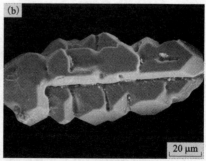

图 4 – 62

(a) Al – 20Mg_2Si 合金的微观组织;(b) 初晶 Mg_2Si 的三维形貌

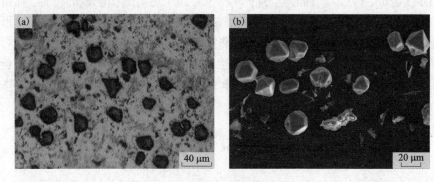

图 4-63
(a) 加入 3% Al-3P 后 Al-20Mg$_2$Si 的微观组织；(b) 细化后的 Mg$_2$Si 三维形貌

AlP 是闪锌矿型结构，晶格常数为：$a_{AlP}=0.545$ nm；Mg$_2$Si 为反萤石型结构，晶格常数为：$a_{Mg_2Si}=0.639$ nm。Mg$_2$Si 的晶体结构如图 4-64 所示。

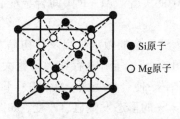

● Si原子
○ Mg原子

图 4-64 Mg$_2$Si 的晶体结构

如前所述，当界面两侧衬底与结晶相的原子间距相近或在一定范围内成比例时，其晶面间距也应相近或在一定范围内成比例，基于 AlP 和 Mg$_2$Si 的晶面间距，找到了几种可能的对应界面，如表 4-14 所示。其晶面间距失配度 δ 皆小于 5%。

表 4-14 AlP 和 Mg$_2$Si 晶粒可能对应的界面

序号	AlP		Mg$_2$Si		δ/%
	d/Å	(hkl)	d/Å	(hkl)	
1	3.1292	111	3.1955	200	2.07
2	1.9162	220	1.9269	311	0.56
3	1.5646	222	1.5977	400	2.07
4	1.3550	400	1.3045	422	3.87
5	1.2434	331	1.2299	330	1.1
6	1.1063	422	1.1297	440	2.07

以表 4-14 中第 2 组对应晶面为例,计算其原子排列的失配度。图 4-65 为 Mg_2Si 的(311)晶面和 AlP 的(220)晶面的典型原子排列,其中虚线代表的是 Mg_2Si 的(311)晶面上的 Si 原子,而阴影球代表的是 AlP 的(220)晶面上的 P 原子,其对应公式(4-10)的相关参数见表 4-15。

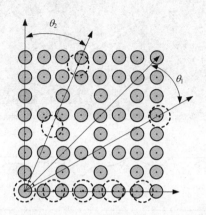

图 4-65 Mg_2Si 的(311)晶面和 AlP 的(220)晶面的界面原子对应关系

表 4-15 Mg_2Si 和 AlP 的界面原子排列对应公式(4-10)的相关参数

实例	$d_{[uvw]s}$	$d_{[uvw]n}$	θ, deg	$d_{[uvw]s} \cdot \cos\theta$
(220)AlP ‖ (311)Mg_2Si	8.13	9.04	0.00	8.13
	23.00	21.77	24.80	20.87
	10.84	10.10	28.32	9.54

将其代入公式(4-10),计算可得

$$\delta_{(220)AlP(311)Mg_2Si} = \frac{\frac{|8.13-9.04|}{9.04} + \frac{|20.87-21.77|}{21.77} + \frac{|9.54-10.10|}{10.10}}{3} \times 100\%$$

$$\approx 6.6\% \tag{4-15}$$

这表明 AlP 的(220)晶面和 Mg_2Si 的(311)晶面的界面具有较好的共格关系,故 AlP 是 Mg_2Si 良好的结晶衬底,Mg_2Si 容易依附其生核。对加入 3% Al-3P 中间合金后的 Al-20Mg_2Si 合金中的初晶 Mg_2Si 进行 EPMA 分析,如图 4-66 所示。在初晶 Mg_2Si 核心处存在一深灰色物相,通过元素线扫描分析结果发现,在该核心处元素 Al、P 存在明显的峰值,且两者峰位重合。由此可以确定,初晶 Mg_2Si 核心处物相即为 AlP 颗粒。

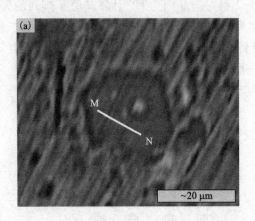
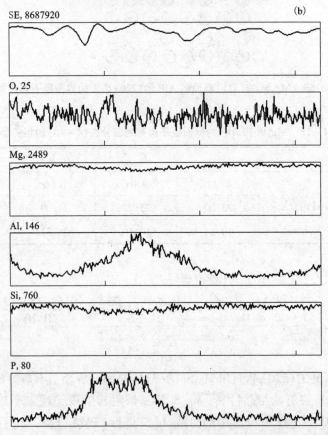

图 4-66 加入 3%Al-3P 中间合金后的 Al-20Mg$_2$Si 合金中初晶 Mg$_2$Si 的 EPMA 分析

(a)微观组织;(b)沿 MN 方向的元素线扫描分析

4.6.2　Mg–Al–Si 合金中初晶 Mg$_2$Si 的细化处理

随着汽车工业迅速发展,镁基合金作为最轻的金属结构材料引起了学者们的广泛关注。Si 作为一种重要的合金化元素,它的引入会在镁合金中形成一种高温强化相 Mg$_2$Si。目前,对 Mg$_2$Si 相的细化措施中最有应用价值的是加入生核剂或变质剂,如稀土[129]、氟钛酸钾、氟硼酸钾[130]、Bi[131]、Sr[132]、Sb[133]、Ca 和 P[134]等。然而其中一些方法存在内在缺陷,如氟硼酸钾的加入过程中会产生有害气体和飞溅,对熔体及环境有害;而 Bi 的加入量超过一定值会产生过变质现象,导致初晶 Mg$_2$Si 相再次变粗大。下面将简要介绍 Al–P 中间合金对 Mg–Al–Si 合金中 Mg$_2$Si 相的细化处理。

1. Al–3.5P 中间合金加入量对细化效果的影响

图 4–67 为加入不同量的 Al–3.5P 中间合金(0,0.5%,1.0%,1.5%,2.5%及4.5%)并且在740℃下保温30 min 后 Mg–4Al–2Si 合金的微观组织照片,研究 Al–3.5P 中间合金的加入量对 Mg$_2$Si 相的影响作用。从图 4–67(a)中可以清楚地看到,在未经细化和变质的 Mg–4Al–2Si 合金组织中存在大量粗大的枝晶状初晶 Mg$_2$Si(标记为 A)和汉字状共晶 Mg$_2$Si(标记为 B),且分布不均匀,这种形貌的 Mg$_2$Si 会严重割裂基体,使合金力学性能降低。图 4–67(b)~(d)分别为加入0.5%、1.0%和1.5% Al–3.5P 中间合金后的细化效果,随着加入量的增加,初晶 Mg$_2$Si 相的平均晶粒尺寸变得细小,由原来的 70 μm 降至 15 μm 以下,其形貌转变为块状或多边形状。同时共晶 Mg$_2$Si 相的形态发生明显改变,由原来粗大的汉字状变为细小的纤维状或短棒状。从图 4–67(e)及(f)中可以看到,向 Mg–4Al–2Si 合金中继续增加 Al–3.5P 中间合金量至 4.5%,并没有表现出过变质现象;且初晶 Mg$_2$Si 尺寸更加细小,均在 15 μm 以下,形态大小也更加均匀。这说明 Al–P 中间合金具有高效性,在较少加入量的情况下即可获得理想的细化效果。

2. 温度对 Al–3.5P 中间合金细化效果的影响

图 4–68 是在不同的温度(690℃,740℃和790℃)下加入 1.5% Al–3.5P 中间合金并保温 30 min 后 Mg–4Al–2Si 合金的微观组织照片,研究温度对 Mg$_2$Si 相的影响作用。由图 4–68(a)可见,即使在690℃对 Mg–4Al–2Si 进行细化处理时,Al–3.5P 中间合金的细化效果已经非常明显,初晶 Mg$_2$Si 形貌和大小均有显著变化,但大小不够均匀。这是由于温度较低时,Al–3.5P 中间合金不能完全有效地溶解扩散,导致细化不充分。当温度升至 740℃时,初晶 Mg$_2$Si 相得到良好的细化,大小均匀,约 15 μm 以下。由图 4–68(c)可知,当温度升至 790℃时,初晶 Mg$_2$Si 颗粒稍有粗化;这是由于温度过高时,磷的烧损会增加,同时熔体吸气较多,不利于 Al–3.5P 中间合金细化处理。因此,合金熔体处理温度

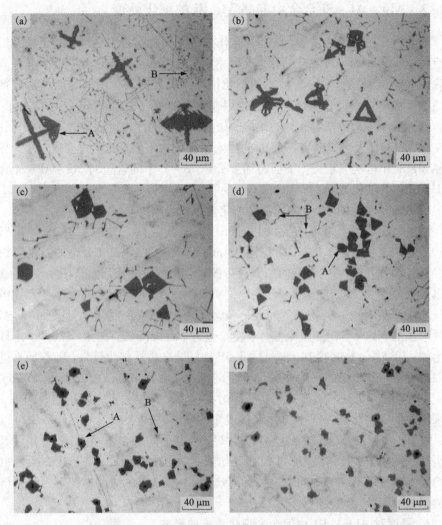

图 4-67　不同含量 Al-3.5P 中间合金对 Mg-4Al-2Si 合金微观组织的影响
(a)未细化；(b)加入 0.5% Al-3.5P；(c)加入 1.0% Al-3.5P；
(d)加入 1.5% Al-3.5P；(e)加入 2.5% Al-3.5P；(f)加入 4.5% Al-3.5P

是影响 P 细化效果的一个重要因素。

3. 保温时间对 Al-3.5P 中间合金细化效果中的影响

图 4-69 是在 740℃下向 Mg-4Al-2Si 合金加入 1.5% Al-3.5P 中间合金、分别保温不同时间(10 min, 30 min, 60 min 及 120 min)后初晶 Mg_2Si 粒子平均尺寸变化规律，研究保温时间对 Mg_2Si 相的影响作用。与未细化时粒子大小相比，保温 10 min 时已有明显的细化效果，初晶 Mg_2Si 平均尺寸减小到 20 μm 左右。在

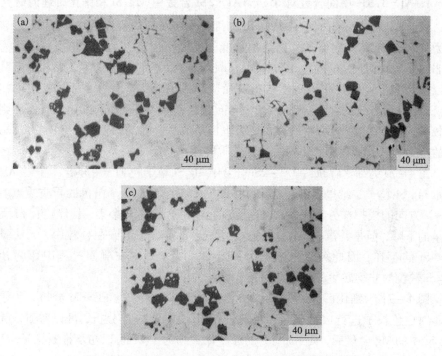

图 4-68　温度对 Al-3.5P 中间合金细化效果的影响
(a)690℃；(b)740℃；(c)790℃

同样条件下，将保温时间增加到 30 min，细化效果更为明显，初晶 Mg_2Si 大小均匀，尺寸减小至 15 μm 左右，且均匀分布在基体上。分析其原因，是由于 Al-3.5P 中间合金加入到熔体后，AlP 的扩散需要一定的时间，随着时间的延长，AlP 分布更加均匀，与熔体的接触更加充分，生核衬底数量增多。继续增加保温时间至 60 min，Mg_2Si 尺寸基本稳定，且没有出现衰退的现象，说明生成的生核衬底在熔体

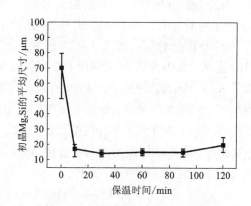

图 4-69　保温时间对 Mg-4Al-2Si 合金中 Mg_2Si 相平均尺寸的影响

中十分稳定，在较长的时间内仍能保持良好的细化效果。实际上，Al-3.5P 中间合金具有细化长效性，除了磷的烧损使细化效果有稍许衰退外，将保温时间延长到 2 h，其仍然表现出较强的细化能力。

4. Al-3.5P中间合金对Mg-4Al-2Si合金中Mg_2Si相细化机理的研究

目前,P对Al-Si合金中初晶Si的细化作用及变质机理研究较多,人们普遍认为AlP与Si具有相似的晶格结构和低的晶格错配度,因此AlP相可以作为Si的非均质生核衬底。同时,AlP与Mg_2Si也具有良好的晶格错配关系,因此其也可以作为Mg_2Si相的非均质生核衬底而应用到Al-Mg_2Si合金系中,使得初晶Mg_2Si相得到有效的细化。然而,P对Mg基合金中Mg_2Si相的细化变质作用则研究较少,且P在Mg合金中的存在行为也仍不清楚。因此,本节探究P在Mg熔体中的行为,揭示其对Mg_2Si相的细化变质机理。

图4-70为细化后Mg-4Al-2Si合金中Mg_2Si粒子的EPMA分析。图4-70(a)显示Mg_2Si粒子二维呈多角块状,且在粒子中心存在着一个白色的异质质点。沿M—N方向的线扫描分析表明:白色质点处存在P的明显聚集,且伴随有Si元素含量的下降,但是并没有Al的富集。由于此异质粒子镶嵌在颗粒中,无法排除Mg、Si的存在,因此可以推断其为一富P化合物,它在凝固过程中作为初晶Mg_2Si颗粒的非均质生核衬底而保留在颗粒的中心。

图4-71为细化后Mg-4Al-2Si合金中Mg_2Si粒子的FESEM分析。为了进一步对白色粒子进行成分确定,对其进行EDS能谱成分分析,可以看到,除去Mg_2Si中的Mg含量后,其Mg与P的原子比大约为3:2,可以初步推断是Mg_3P_2充当了Mg_2Si粒子的异质核心。

基于以上试验分析可知,Al-3.5P中间合金加入到Mg-4Al-2Si合金后发生了化学反应,生成了一种新的含P相。为了进一步验证Al-3.5P中间合金在Mg合金中的行为,向Al-3.5P中间合金中加入8% Mg及2% Si,并对其产物进行了XRD成分分析,如图4-72所示。图4-72(a)为Al-3.5P中间合金的XRD图谱,其中含有Al及AlP相;当加入Mg和Si后,由图4-72(b)可以看到,除了Al和Mg_2Si相外,AlP的峰消失,取而代之的是Mg_3P_2相。此结果恰好与图4-71的结果相吻合,证明了这种原位生成的Mg_3P_2相充当了Mg_2Si相的核心,使初晶Mg_2Si相得到了充分的细化。

由于Mg_3P_2的标准形成自由能比AlP的标准形成自由能低[135],因此,AlP相加入到熔体后,容易生成Mg_3P_2:

$$2AlP(s) + 3Mg(l) \rightarrow Mg_3P_2(s) + 2[Al] \qquad (4-16)$$

由于Al在Mg中有较高的溶解度,因此更有利于反应(4-16)向右进行。

向Mg-4Al-2Si合金中加入Al-3.5P中间合金后,原位生成的Mg_3P_2粒子非常细小,且均匀分布在熔体中,在温度及保温时间适宜的情况下其对Mg_2Si相起到良好的细化效果,并使Mg_2Si均匀分布在基体上,对合金起到一定的强化作用。

第4章 Al-P系中间合金及其应用 161

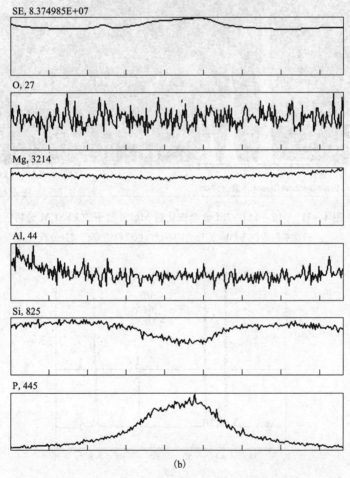

图4-70 Mg-4Al-2Si合金细化后Mg_2Si粒子的EPMA分析
(a)Mg_2Si粒子的BE像；(b)沿MN方向的线扫描分析图

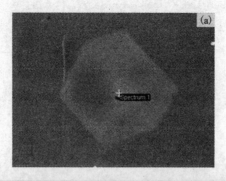
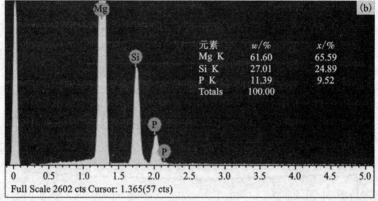

图4-71　Mg-4Al-2Si 合金细化后 Mg$_2$Si 粒子的 FESEM 分析
(a)微观组织；(b)Mg$_2$Si 粒子核心处白色颗粒的 EDS 成分分析

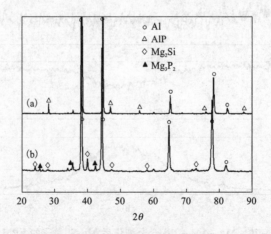

图4-72　合金的 XRD 分析
(a)Al-3.5P 中间合金；(b)加入 Mg 及 Si 后的 Al-3.5P 中间合金

参考文献

[1] 李言祥. 材料加工原理[M]. 北京:清华大学出版社,2005

[2] 《铸造有色金属及其熔炼》联合编写组. 铸造有色合金及其熔炼[M]. 北京:国防工业出版社,1980

[3] 张俊红,任智森,赵群,张英. 变质工艺影响过共晶 Al – Si 合金初晶 Si 细化的研究[J]. 轻合金,2006(10):62 – 65

[4] 赵爱民,毛卫民,甄子胜,姜春梅,钟雪友. 冷却速度对过共晶铝硅合金凝固组织和耐磨性能的影响[J]. 中国有色金属学报,2001,11(5):827 – 832

[5] 张蓉,黄太文,刘林. 过共晶 Al – Si 合金熔体中初生硅生长特性[J]. 中国有色金属学报,2004,14(2):262 – 266

[6] J. Guo, Y. Liu, P. X. Fan, H. X. Qu, T. Quan. The modification of electroless deposited Ni – P master alloy for hypereutectic Al – Si alloy[J]. Journal of Alloys and Compounds,2010,495(1):45 – 49

[7] Q. C. Jiang, C. L. Xu, M. Lu, H. Y. Wang. Effect of New Al – P – Ti – TiC – Y Modifier on Primary Silicon in Hypereutectic Al – Si Alloys[J]. Materials Letters,2005,59(6):624 – 628

[8] D. Y. Maeng, J. H. Lee, C. W. Won, S. S. Cho, B. S. Chun. The Effects of Processing Parameters on the Microstructure and Mechanical Properties of Modified B390 Alloy in Direct Squeeze Casting[J]. Journal of Materials Processing Technology,2000,105(1 – 2):196 – 203

[9] S. C. Yoon, S. J. Hong, S. I. Hong, H. S. Kim. Mechanical Properties of Equal Channel Angular Pressed Powder Extrudates of a Rapidly Solidified Hypereutectic Al – 20wt% Si Alloy[J]. Materials Science and Engineering A,2007,449 – 451:966 – 970

[10] N. Apaydin, R. W. Smith. Microstructural Characterization of Rapidly Solidified Al – Si Alloys[J]. Materials Science and Engineering,1988,98:149 – 152

[11] O. Uzun, T. Karaaslan, M. Gogebakan, M. Keskin. Handness and Microstructural Characteristics of Rapidly Solidified Al – 8 – 16wt. % Si Alloys[J]. Journal of Alloys and Compounds,2004,376(1 – 2):149 – 157

[12] K. Matsuura, M. Kudoh, H. Kinoshita, H. Takahashi. Precipitation of Si Particles in a Super – rapidly Solidified Al – Si Hypereutectic Alloy[J]. Materials Chemistry and Physics,2003,81(2 – 3):393 – 395

[13] H. K. Feng, S. R. Yu, Y. L. Li, L. Y. Gong. Effect of Ultrasonic Treatment on Microstructures of Hypereutectic Al – Si Alloy[J]. Journal of Materials Processing Technology,2008,208(1 – 3):330 – 335

[14] D. H. Lu, Y. H. Jiang, G. S. Guan, R. F. Zhou, Z. H. Li, R. Zhou. Refinement of Primary Si in Hypereutectic Al – Si alloy by Electromagnetic Stirring[J]. Journal of Materials Processing Technology,2007,189(1 – 3):13 – 18

[15] N. Abu – Dheir, M. Khraisheh, K. Saito, A. Male. Silicon Morphology Modification in the

Eutectic Al – Si Alloy Using Mechanical Mold Vibration[J]. Materials Science and Engineering A, 2005, 393(1 – 2): 109 – 117

[16] A. Addamiano. On the Preparation of the Phosphides of Aluminum, Gallium and Indium[J]. Journal of the American Chemical Society, 1960, 82(7): 1537 – 1540

[17] C. R. Ho, B. Cantor. Heterogeneous Nucleation of Solidification of Si in Al – Si and Al – Si – P Alloys[J]. Acta Metallurgica et Materialia, 1995, 43(8): 3231 – 3246

[18] B. Cantor. Impurity Effects on Heterogeneous Nucleation[J]. Materials Science and Engineering A, 1997, 226 – 228: 151 – 156

[19] 杨伏良, 甘卫平, 陈招科. 高硅铝合金几种常见制备方法及其细化机理[J]. 材料导报, 2005, 19(5): 42 – 45

[20] 王泽华, 毛协民, 张金龙, 欧阳志英. Sr – PM 复合变质过共晶铝硅合金[J]. 特种铸造及有色合金, 2005, 25(4): 241 – 243

[21] H. H. Zhang, H. L. Duan, G. J. Shao, L. P. Xu. Microstructure and Mechanical Properties of Hypereutectic Al – Si alloy Modified with Cu – P[J]. Rare Metals, 2008, 27(1): 59 – 63

[22] F. C. Robles Hernández, J. H. Sokolowski. Comparison among Chemical and Electromagnetic Stirring and Vibration Melt Treatments for Al – Si Hypereutectic Alloys[J]. Journal of Alloys and Compounds, 2006, 426(1 – 2): 205 – 212

[23] 赵永治, 高泽生. 过共晶 Al – Si 合金连续铸造中初晶 Si 细化的新方法[J]. 轻合金加工技术, 1995, 23(10): 5 – 8

[24] S. Wolfgang. A New Method for the Refinement of Primary Si of Hypereutectic Al – Si Alloys in Direct Chill and Ingot Casting[C]//In: S. K. Das (Ed.). TMS Light Metals. Warrendale PA: The Minerals, Metals & Materials Society, 1993, 815 – 820

[25] 王德满, 郑子樵, 石春生, 孙兆霞. 熔铸法生产的磷变质剂对过共晶铝 – 硅合金组织和性能的影响[J]. 轻合金加工技术, 1995, 23(9): 9 – 12

[26] 王德满, 赵海英, 孙兆霞, 鲍丽云. 一种新型过共晶 Al – Si 合金变质剂[J]. 轻金属, 1997(7): 50 – 53

[27] W. J. Kyffin, W. M. Rainforth, H. Jones. Effect of Treatment Variables on Size Refinement by Phosphide Inoculants of Primary Silicon in Hypereutectic Al – Si Alloys[J]. Materials Science and Technology, 2001, 17(8): 901 – 905

[28] W. J. Kyffin, W. M. Rainforth, H. Jones. The Formation of Aluminum Phosphide in Aluminum Melt Treated with an Al – Fe – P Inoculant Addition[J]. Zeitschrift für Metallkunde, 2001, 92(4): 396 – 398

[29] W. J. Kyffin, W. M. Rainforth, H. Jones. Effect of Phosphorus Additions on the Spacing between Primary Silicon Particles in a Bridgman Solidified Hypereutectic Al – Si Alloy[J]. Journal of Materials Science, 2001, 36(11): 2667 – 2672

[30] S. Z. Beer. The Solution of Aluminum Phosphide in Aluminum[J]. Journal of the Electrochemical Society, 1969, 116(2): 263 – 265

[31] H. Lescuyer, M. Allibert, G. Laslaz. Solubility and Precipitation of AlP in Al – Si Melts

Studied with a Temperature Controlled Filtration Technique[J]. Journal of Alloys and Compounds, 1998, 279(2): 237 - 244

[32] T. Yoshikawa, K. Morita. Removal of Phosphorus by the Solidification Refining with Si - Al Melts[J]. Science and Technology of Advanced Materials, 2003, 4(6): 531 -537

[33] 蔡惠民,陈金水,孙永芳,张学光. 混合稀土在 Al - Si 合金中的应用[J]. 特种铸造及有色合金, 2001, 13(6): 9 - 10

[34] 张忠华,张景祥,边秀房,刘相法,张宝荣,杨守仁,刘国栋. 新型高效 PM 磷变质剂[J]. 特种铸造及有色合金, 2000, 12(2): 13 - 15

[35] 安阁英. 铸件形成理论[M]. 北京: 机械工业出版社, 1990

[36] 许长林. 变质对过共晶铝硅合金中初生硅的影响及其作用机制[博士学位论文]. 吉林: 吉林大学, 2007

[37] 杨帆. 复合变质剂对 Al - 13.5Si - 3.0Cu - 1.5Ni 合金组织及性能影响的研究[硕士学位论文]. 天津: 河北工业大学, 2009

[38] H. Kattoh, A. Hashimoto, S. Kitaoka, M. Sayashi, M. Shioda. Critical Temperature for Grain Refining of Primary Si in Hypereutectic Al - Si Alloy with Phosphorus Addition[J]. Journal of Japan Institute of Light Metals, 2002, 52(1): 18 - 23

[39] 孙淑红. 复合变质处理制备(大)过共晶铝硅合金[硕士学位论文]. 云南: 昆明理工大学, 2004

[40] 贾志宏, 傅明喜. 金属材料液态成型工艺[M]. 北京: 化学工业出版社, 2008

[41] 罗启全. 铝合金熔炼与铸造[M]. 广东: 广东科技出版社, 2002

[42] A. J. McAlister. The Al - P (Aluminum - Phosphorus) System[J]. Bulletin of Alloy Phase Diagrams, 1985, 6(3): 222 - 224

[43] G. Kresse, J. Furthmüller. Efficiency of Ab - initio Total Energy Calculations for Metals and Semiconductors Using a Plane - wave Basis Set[J]. Computational Materials Science, 1996, 6 (1): 15 - 50

[44] G. Kresse, D. Joubert. From Ultrasoft Pseudopotentials to the Projector Augmented - wave Method[J]. Physical Review B, 1999, 59(3): 1758 - 1775

[45] J. P. Perdew, J. A. Chevary, S. H. Vosko, K. A. Jackson, M. R. Pederson, D. J. Singh, C. Fiolhais. Atoms, Molecules, Solids, and Surfaces: Applications of the Generalized Gradient Approximation for Exchange and Correlation [J]. Physical Review B, 1992, 46 (11): 6671 - 6687

[46] S. Nosé. A Unified Formation of the Constant Temperature Molecular Dynamics Methods[J]. Journal of Chemical Physics, 1984, 81(1): 511 - 519

[47] 秦敬玉, 边秀房, 王伟民, S. I. Sliusarenko. Al 和 Sn 液态结构的温度变化特性[J]. 物理学报, 1998, 47(3): 438 - 444

[48] K. S. Irani, K. A. Gingerich. Structural Transformation of Zirconium Phosphide[J]. Journal of Physics and Chemistry of Solids, 1963, 24(10): 1153 - 1158

[49] J. Y. Park, J. S. Lee, H. Y. Ra. Simultaneous Refinement of Primary and Eutectic Si in

Hypereutectic Al – Si Alloys[J]. Journal of Korean Foundryment's Society, 1995, 15(3): 262 – 265

[50] J. K. Sharma, D. C. Khan. Electronic Dielectric Constant of Ⅲ – Ⅴ Semiconductors[J]. Solid State Communications, 1979, 30(2): 111 – 113

[51] M. J. Cardwell. Vapour Phase Epitaxy of High Purity Ⅲ – Ⅴ Compounds[J]. Journal of Crystal Growth, 1984, 70(1 – 2): 97 – 102

[52] 余家新. Ⅲ – Ⅴ族化合物半导体输送性质的蒙特卡罗模拟[硕士学位论文]. 北京: 北京交通大学, 2007

[53] H. Meradji, S. Drablia, S. Ghemid, H. Belkhir, B. Bouhafs, A. Tadjer. First – principles Elastic Constants and Electronic Structure of BP, BAs and BSb[J]. Physical Status Solidi B, 2004, 241(13): 1 – 5

[54] A. Zaoui, S. Kacimi, A. Yakoubi, B. Abbar, B. Bouhafs. Optical Properties of BP, BAs, and BSb Compounds Under Hydrostatic Pressure[J]. Physica B: Condensed Matter, 2005, 367 (1 – 4): 195 – 204

[55] I. Vurgaftman, J. R. Meyer, L. R. Ram – Mohan. Band Parameters for Ⅲ – Ⅴ Compound Semiconductors and Their Alloys[J]. Journal of Applied Physics, 2001, 89(11): 5815 – 5875

[56] G. De Maria, K. A. Gingerich, L. Malaspina, V. Piacente. Dissociation Energy of the Gaseous AlP Molecule[J]. Journal of Chemical Physics, 1966, 44(6): 2531 – 2532

[57] Y. F. Tsay, A. J. Corey, S. S. Mitra. Band Structure and Optical Spectrum of AlP[J]. Physical Review B, 1975, 12(4): 1354 – 1357

[58] J. Wanagel, V. Arnold, A. L. Ruoff. Pressure Transition of AlP to a Conductive Phase[J]. Journal of Applied Physics, 1976, 47(7): 2821 – 2823

[59] R. G. Greene, H. Luo, A. L. Ruoff. High pressure study of AlP: Transformation to a Metallic NiAs Phase[J]. Journal of Applied Physics, 1994, 76(11): 7296 – 7299

[60] M. J. Herrera – Cabrera, P. Rodríguez – Hernández, A. Muñoz. Theoretical Study of the Elastic Properties of Ⅲ – P Compounds [J]. Physical Status Solidi B, 2001, 223 (2): 411 – 415

[61] 胡汉起. 金属凝固原理[M]. 第二版. 北京: 机械工业出版社, 2000

[62] K. A. Jackson. Liquid Metals and Solidification[M]. Ohio: ASM Cleveland. 1958, 174

[63] K. A. Jackson. Constitutional Supercooling Surface Roughening[J]. Journal of Crystal Growth, 2004, 264(4): 519 – 529

[64] M. B. Panish, M. Ilegems. Phase Equilibria in Ternary Ⅲ – Ⅴ Systems[J]. Progress in Solid State Chemistry, 1972, 7: 39 – 83

[65] E. Billig. Some Speculations on the Growth Mechanism of Dendrites[J]. Acta Metallurgica, 1957, 5(1): 54 – 55

[66] A. I. Bennett, R. L. Longini. Dendritic Growth of Germanium Crystals[J]. Physical Review, 1959, 116(1): 53 – 61

[67] D. R. Hamilton, R. G. Seidensticker. Propagation Mechanism of Germanium Dendrites[J].

Journal of Applied Physics, 1960, 31(7): 1165 - 1168

[68] K. Fujiwara, K. Maeda, N. Usami, K. Nakajima. Growth Mechanism of Si - faceted Dendrites [J]. Physical Review Letters, 2008, 101(5): 055503 - 1 - 055503 - 4

[69] M. S. Song, B. Huang, M. X. Zhang, J. G. Li. Formation and Growth Mechanism of ZrC Hexagonal Platelets Synthesized by Self - propagating Reaction[J]. Journal of Crystal Growth, 2008, 310(18): 4290 - 4294

[70] S. Terentiev. Molecular - dynamics Simulation of the Effect of Temperature of the Growth Environment on Diamond Habit[J]. Diamond and Related Materials, 1999, 8(8 - 9): 1444 - 1450

[71] D. T. J. Hurle. A Mechanism of Twin Formation during Czochralski and Encapsulated Vertical Bridgman Growth of Ⅲ - V Compound Semiconductors[J]. Journal of Crystal Growth, 1995, 147(3 - 4): 239 - 250

[72] H. J. Koh, T. Fukuda, M. H. Choi, I. S. Park. Twins in GaAs Crystals Grown by the Vertical Gradient Freeze Technique[J]. Crystal Research and Technology, 1995, 30(3): 397 - 403

[73] A. Steinemann, U. Zimmerli. Growth Peculiarities of Gallium Arsenide Single Crystals[J]. Solid State Electron, 1963, 6(6): 597 - 604

[74] A. Hellawell. The Growth and Structure of Eutectics with Silicon and Germanium[J]. Progress in Materials Science, 1970, 15(1): 3 - 78

[75] J. B. Mullin. Progress in the Melt Growth of Ⅲ - V Compounds[J]. Journal of Crystal Growth, 2004, 264(4): 578 - 592

[76] R. S. Wagner. On the Growth of Germanium Dendrites[J]. Acta Metallurgica, 1960, 8(1): 57 - 60

[77] W. Bardsley, J. S. Boulton, D. T. J. Hurle. Constitutional Supercooling during Crystal Growth from Stirred Metals: Ⅲ. The Morphology of the Germanium Cellular Structure[J]. Solid State Electronics, 1962, 5(6): 395 - 403

[78] S. Rundqvist, E. Larsson. The Crystal Structure of $Ni_{12}P_5$[J]. Acta Chemica Scandinavica, 1959, 13: 551 - 560

[79] K. Lu, J. T. Wang, W. D. Wei. Thermal Expansion and Specific Heat Capacity of Nanocrystalline Ni - P Alloy[J]. Scripta Metallurgica et Materialia, 1991, 25(3): 619 - 623

[80] D. L. Wang, Q. P. Kong, J. P. Shui. Creep of Nanocrystalline Ni - P Alloy[J]. Scripta Metallurgica et Materialia, 1994, 31(1): 47 - 51

[81] R. Sh. Razavi, M. Salehi, M. Monirvaghefi, G. R. Gordani. Laser Surface Treatment of Electroless Ni - P Coatings on A356 Alloy[J]. Journal of Materials Processing Technology, 2008, 195(1 - 3): 154 - 159

[82] Q. Zhao, Y. Liu. Comparisons of Corrosion Rates of Ni - P Based Composite Coatings in HCl and NaCl Solutions[J]. Corrosion Science, 2005, 47(11): 2807 - 2815

[83] G. Straffelini, D. Colombo, A. Molinari. Surface Durability of Electroless Ni - P Composite Deposits[J]. Wear, 1999, 236(1 - 2): 179 - 188

[84] J. Gopalakrishnan, S. Pandey, K. K. Rangan. Convenient Route for the Synthesis of Transition-metal Pnictides by Direct Reduction of Phosphate, Arsenate, and Antimonite Precursors[J]. Chemistry of Materials, 1997, 9(10): 2113-2116

[85] W. Li, B. Dhandapani, S. T. Oyama. Molybdenum Phosphide: A Novel Catalyst for Hydrodenitrogenation[J]. Chemistry Letters, 1998, 27(3): 207-208

[86] 程瑞华. 过渡金属磷化物的制备、表征和肼分解性能的研究[博士学位论文]. 辽宁: 中国科学院研究生院(大连化学物理研究所), 2006

[87] S. T. Oysma. Novel Catalysts for Advanced Hydroprocessing: Ttransition Metal Phosphides[J]. Journal of Catalysis, 2003, 216(1-2): 343-352

[88] 程瑞华, 张涛, 李林, 孙军, 舒玉瑛, 王晓东. 一种高分散担载型过渡金属磷化物催化剂的制备方法. 中国: 发明专利说明书, 专利号: 200610134020.3. 2008.04.30

[89] 李灿, 蒋宗轩, 王璐. 一种非担载型磷化镍催化剂的制备方法. 中国: 发明专利说明书, 专利号: 200710121981.5. 2009.03.25

[90] 李灿, 孙福侠, 郭军, 魏昭彬, 梁长海. 过渡金属磷化物的制备方法. 中国: 发明专利说明书, 专利号: 200410006721.X. 2005.08.31

[91] K. A. Gingerich. Stability and Vaporization Behaviour of Group IV-VI Transition Metal Monophosphides[J]. Nature, 1963, 200(4909): 877-877

[92] R. F. Jarvis, R. M. Jacubinas, R. B. Kaner. Self-propagating Metathesis Routes to Metastable Group 4 Phosphides[J]. Inorganic Chemistry, 2000, 39(15): 3243-3246

[93] Z. L. Wang. Transmission Electron Microscopy of Shape-controlled Nanocrystals and Their Assemblies[J]. The Journal of Physical Chemistry B, 2000, 104(6): 1153-1175

[94] S. M. Lee, S. N. Cho, J. Cheon. Anisotropic Shape Control of Colloidal Inorganic Nanocrystals [J]. Advanced Materials, 2003, 15(5): 441-444

[95] S. E. Offerman, N. H. Van Dijk, J. Sietsma, S. Grigull, E. M. Lauridsen, L. Margulies, H. F. Poulsen, M. Th. Rekveldt, S. Van Der Zwaag. Grain Nucleation and Growth during Phase Transformations[J]. Science, 2002, 298(5595): 1003-1005

[96] K. B. Hyde, A. F. Norman, P. B. Prangneli. The Effect of Cooling Rate on the Morphology of Primary Al_3Sc Intermetallic Particles in Al-Sc Alloys[J]. Acta Materialia, 2001, 49(8): 1327-1337

[97] R. Dekkers, B. Blanpain, P. Wollants. Crystal Growth in Liquid Steel during Secondary Metallurgy[J]. Metallurgical and Materials Transaction B, 2003, 34(2): 161-171

[98] S. Milenkovic, V. Dalbert, R. Marinkovic, A. W. Hassel. Selective Matrix Dissolution in an Al-Si Eutectic[J]. Corrosion Science, 2009, 51(7): 1490-1495

[99] J. L. Murray, A. J. McAlister. The Al-Si (Aluminum-Silicon) System[J]. Journal of Phase Equilibria, 1984, 5(1): 74-84

[100] K. F. Kobayashi, L. M. Hogan. The Crystal Growth of Silicon in Al-Si Alloys[J]. Journal of Materials Science, 1985, 20(6): 1961-1975

[101] C. L. Xu, H. Y. Wang, C. Liu, Q. C. Jiang. Growth of Octahedral Primary Silicon in Cast

Hypereutectic Al – Si Alloys[J]. Journal of Crystal Growth, 2006, 291(2): 540 – 547

[102] R. Y. Wang, W. H. Lu, L. M. Hogan. Growth Morphology of Primary Silicon in Cast Al – Si Alloys and the Mechanism of Concentric Growth[J]. Journal of Crystal Growth, 1999, 207 (1 – 2): 43 – 54

[103] P. H. Shingu, J. I. Takamura. Grain – size Refining of Primary Crystals in Hypereutectic Al – Si and Al – Ge Alloys[J]. Metallurgical and Materials Transactions B, 1970, 1(8): 2339 – 2340

[104] P. S. Mohanty, J. E. Gruzleski. Mechanism of Grain Refinement in Aluminium[J]. Acta Metallurgica et Materialia, 1995, 43(5): 2001 – 2012

[105] W. Kurz, D. J. Fisher. Fundamentals of Solidification[M]. 4th Edition. Switzerland: Trans. Tech. Publications, 1986

[106] J. M. Rigsbee, H. I. Aaronson. A Computer Modeling Study of Partially Coherent f. c. c.: b. c. c. boundaries[J]. Acta Metallurgica, 1979, 27(3): 351 – 363

[107] B. L. Bramfitt. The Effect of Carbide and Nitride Additions on the Heterogeneous Nucleation Behavior of Liquid Iron[J]. Metallurgical and Materials Transactions B, 1970, 1(7): 1987 – 1995

[108] G. H. Cao, Z. G. Liu, G. J. Shen, J. M. Liu. Interface and Precipitate Investigation of a TiB_2 Particles Reinforced NiAl In – situ Composite[J]. Intermetallics, 2001, 9(8): 691 – 695

[109] A. L. Greer, A. M. Bunn, A. Tronche, P. V. Evans, D. J. Bristow. Modelling of Inoculation of Metallic Melts: Application of Grain Refinement of Aluminium by Al – Ti – B[J]. Acta Materialia, 2000, 48(11): 2823 – 2835

[110] 姚奕, 毛协民, 欧阳志英, 鲁鑫, 魏霓, 杨虎, 杨荣杰. 高硅铝基耐磨材料中 Bi 对摩擦特性的影响[J]. 上海金属, 2007, 29(1): 38 – 42

[111] 鲁鑫, 曾一文, 欧阳志英, 魏霓, 毛协民. Bi 对 A390 过共晶高硅铝合金摩擦磨损特性的影响[J]. 摩擦学学报, 2007, 27(3): 284 – 288

[112] Yücel Birol. Cooling Slope Casting and Thixoforming of Hypereutectic A390 Alloy[J]. Journal of Materials Processing Technology, 2008, 207(1 – 3): 200 – 203

[113] E. Kaschnitz, R. Ebner. Thermal Diffusivity of the Aluminum Alloy Al – 17Si – 4Cu (A390) in the Solid and Liquid States[J]. International Journal of Thermophysics, 2007, 28(2): 711 – 722

[114] R. Sterner, C. Rainer. Aluminium Silicon Alloy with Phosphorus Content of 0.001 to 0.1%. USA, US Patent 1940922. 26 Dec. 1933

[115] W. Klement, R. H. Willens, P. Duwez. Non – crystalline Structure in Solidified Gold – silicon Alloys[J]. Nature, 1960, 187(4740): 869 – 870

[116] P. Duwez, R. H. Willwns, W. Klement. Continuous Series of Metastable Solid Solutions in Silver – copper Alloys[J]. Journal of Applied Physics, 1960, 31(6): 1136 – 1137

[117] 程天一, 章守华. 快速凝固技术与新型合金[M]. 北京: 宇航出版社, 1990

[118] 张荣生, 刘海洪. 快速凝固技术[M]. 北京: 冶金工业出版社, 1994

[119] H. Jones. Formation of Microstructure in Rapidly Solidified Materials and Its Effect on Properties[J]. Materials Science and Engineering A, 1991, 137: 77 - 85

[120] A. Majumdar, B. C. Muddle. Microstructure in Rapidly Solidified Al - Ti Alloys[J]. Materials Science and Engineering A, 1993, 169(1 - 2): 135 - 147

[121] R. Trivedi. Microstructure Characteristics of Rapidly Solidified Alloys[J]. Materials Science and Engineering A, 1994, 178(1 - 2): 129 - 135

[122] 龚启良. A390 铝合金之初晶矽细化[硕士学位论文]. 台湾: 大同大学, 2010

[123] 银健民, 张莲英. 铁元素对 ZL108 合金铸造性能的影响[J]. 热加工工艺, 1992(4): 22 - 23

[124] M. H. Mulazimoglu, B. Closset, J. E. Haley. Evaluation of the Metallurgical Effects of Strontium on Cast 6000 Series Aluminum Alloys[J]. Alumunum, 1992, 68(6): 489 - 493

[125] S. Murali, S. Muthukkaruppan, K. S. Raman. Stirring Cast and Extruded Al - 7Si - 0.3Mg Alloy Containing Iron and Beryllium[J]. Material Science and Technology, 1997, 13(4): 337 - 342

[126] D. A. Granger, R. R. Sawtell, M. M. Kersker. Effect of Beryllium on the Properties of A357 Casting[J]. AFS Transactions, 1984, 92: 579 - 586

[127] B. W. Van - de - Waal. Cross - twinning Model of Fcc Crystal Growth[J]. Journal of Crystal Growth, 1996, 158(1 - 2): 153 - 165

[128] M. V. Kral, H. R. McIntyre, M. J. Smillie. Identification of Intermetallic Phases in a Eutectic Al - Si Casting Alloy Using Electron Backscatter Diffraction Pattern Analysis[J]. Scripta Materialia, 2004, 51(3): 215 - 219

[129] Q. C. Jiang, H. Y. Wang, Y. Wang, B. X. Ma, J. G. Wang. Modification of Mg_2Si in Mg - Si Alloys With Yttrium[J]. Material Science and Engineering A, 2005, 392(1 - 2): 130 - 135

[130] H. Y. Wang, Q. C. Jiang, B. X. Ma, Y. Wang, .G. Wang, J. B. Li. Modification of Mg_2Si in Mg - Si Alloys with K_2TiF_6, KBF_4 and $KBF_4 + K_2TiF_6$[J]. Journal of Alloys and Compounds, 2005, 387(1 - 2): 105 - 108

[131] E. J. Guo, B. X. Ma, L. P. Wang. Modification of Mg_2Si Morphology in Mg - Si Alloys with Bi[J]. Journal of Materials Processing Technology, 2008, 206(1 - 3): 161 - 166

[132] M. B. Yang, F. S. Pan, J. Shen, L. Bai. Comparison of Sb and Sr on Modification and Refinement of Mg_2Si Phase in AZ61 - 0.7Si Magnesium Alloy[J]. Transaction Nonferrous Metals Society of China, 2009, 19(2): 287 - 292

[133] 孙丰泉, 王小东, 严有为. Sb 对原位 Mg_2Si/Mg 复合材料组织的影响[J]. 特种铸造及有色合金, 2005, 25(1): 18 - 20

[134] J. J. Kim, D. H. Kim, K. S. Shin, N. J. Kim. Modification of Mg_2Si Morphology in Squeeze Cast Mg - Al - Zn - Si Alloys by Ca or P Addition[J]. Scripta Materialia, 1999, 41(3): 333 - 334

[135] Q. C. Horn, R. W. Heckel, C. L. Nassaralla. Reactive Phosphide Inclusions in Commercial Ferrosilicon[J]. Metallurgical Materials Transactions B, 1998, 29(2): 325 - 329

第 5 章　Si–P 系中间合金及其应用

含磷中间合金主要应用于过共晶 Al–Si 合金的细化处理，其中 Al–P 系中间合金可最大限度地避免杂质元素的引入，该系中间合金中存在大量微米级的磷化物颗粒，无游离态的磷，所以将其加入铝熔体中不发生释放 P_2O_5 的剧烈化学反应，从而彻底解决了环境污染问题。

本章将介绍另一种同样可避免杂质污染且环保的新型中间合金细化剂，即 Si–P 系中间合金，该系中间合金已获得两项国家发明专利，专利号为 ZL200610042395.7 和 ZL200610069260.X。

5.1　Si–P 系中间合金的相组成与组织形貌

5.1.1　Si–P 二元中间合金的相组成与组织形貌

Si 和 P 元素能够形成 SiP 相，其含磷量高达 52%，该合金相的存在大幅度提高了 Si–P 合金的含磷量。

Si–5P 中间合金的典型微观组织如图 5–1(a)、图 5–1(b) 所示。图 5–1(c)、图 5–1(d) 所示为 Si、P 两种元素的面扫描分析。从图中可以看出，Si–5P 合金中的高磷相为网状的 SiP，且以 (SiP+Si) 共晶形式分布在初晶 Si 的周围。Si 相内也固溶有 1.5% 左右的 P。此外，P 还会与一些杂质元素形成富磷相。该合金的密度与 Al–Si 合金十分接近，加入 Al–Si 合金熔体中后其会均匀分布。

随着 Si–P 二元中间合金含磷量的增加，磷容易汽化，制备过程难以控制，因此 Si–P 二元中间合金含磷量不宜过高。为了提高 Si–P 系中间合金的含磷量，通常向其加入 Cu、Mn 或 Zr 等系列元素中的一种或几种，以改善磷在硅熔体中的溶解度，从而制备出高磷系列中间合金。当加入不同的溶磷元素时，Si–P 系中间合金呈现不同的高磷相，组织也表现出较大的差异。下面将介绍几种 Si–P 系多元中间合金的相组成及组织形貌。

5.1.2　Si–Cu–P 中间合金的相组成与组织形貌

对于 Cu–P 二元合金来说，富磷相为 Cu_3P 化合物，P 与 Cu 的原子比为 1∶3，质量比约为 1∶6。故在通常的熔炼条件下，Cu–P 合金极限含磷量为 14%，想进一步提高其含磷量非常困难。而 Si–Cu–P 系中间合金的成功制备则实现了这一

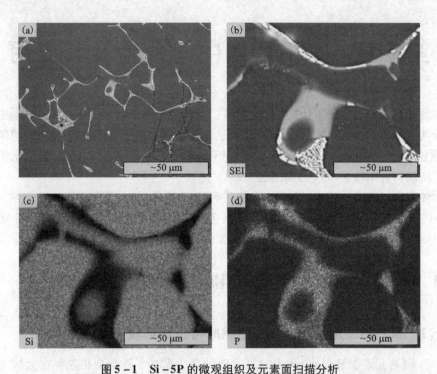

图 5-1　Si-5P 的微观组织及元素面扫描分析
(a)低倍组织；(b)高倍 SE 像；(c)、(d)分别为 Si、P 元素面扫描分析

目的。

　　Si-Cu-P 中间合金的典型微观组织如图 5-2 所示。Si-35Cu-28P 合金主要由 Cu_3Si(白色相)和 $Cu(PSi)_3$(灰色相)组成。Cu 作为溶磷元素与 Si、P 化合形成 $Cu(PSi)_3$，该化合物中 P 与 Si 的原子比为 1∶1，P 与 Cu 的原子比为 3∶1。与 Cu_3P 二元富磷化合物相比，该化合物中 Cu 所占比例降低，而 P 所占比例大幅度

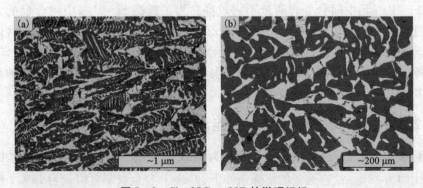

图 5-2　Si-35Cu-28P 的微观组织

提高。在该化合物中 P 的质量分数约为 38.7%，因此 $Cu(PSi)_3$ 富磷化合物的形成大大提高了铜合金中的含磷量，从而相应降低了 Cu 的质量分数。Si-Cu-P 中间合金的发明解决了传统 Cu-P 中间合金含磷量低、价格高、密度大和易偏析的缺点。根据需要可制备出不同规格的 Si-Cu-P 系中间合金，如 Si-78Cu-10P、Si-67Cu-15P 和 Si-36Cu-31P 等。Si-Cu-P 合金中 Cu、P、Si 元素面扫描分析如图 5-3 所示。

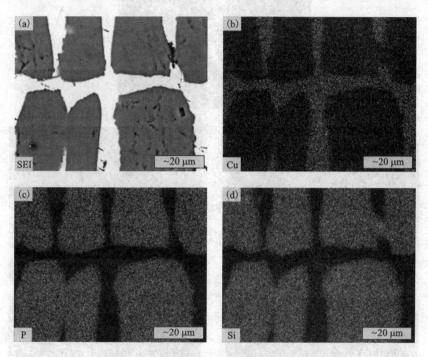

图 5-3　Si-35Cu-28P 元素面扫描分析

(a)SE 像；(b)~(d)分别为 Cu、P、Si 元素面扫描分析

5.1.3　Si-Mn-P 中间合金的相组成与组织形成规律

若采用 Mn 作为固磷和溶磷元素，可制备出不同成分配比的 Si-Mn-P 中间合金。

当 Si-Mn-P 合金成分配比一定时，可以发现其组织非常独特。图 5-4 所示为 Si-15Mn-9P 的微观组织及各元素面扫描分析。从中可以明显看出，除了初晶 Si 以外，存在两种形貌与基体不同的共晶组织(分别标记为 A 和 B)。利用能谱分析测得每个相的化学计量比，推断共晶组织 A 是由两种相组成，即黑色相 Si 与白色相 MnP。共晶组织 B 中的深色相主要含有 Si、Mn 元素，该相中 Si 与 Mn 的原子比接近于 1.72，它属于一种高锰硅化合物($MnSi_{1.75-x}$)，其中的 x 值为 0~

0.1。所有高锰硅化合物的晶胞是相同的,只是改变了 Si 原子的平移对称性[1,2]。共晶组织 B 中的浅色相主要含有 Mn、P 元素,由于在一个三元合金系统中,相的总数不超过 4[3],因此根据原子比它被认定为 MnP。

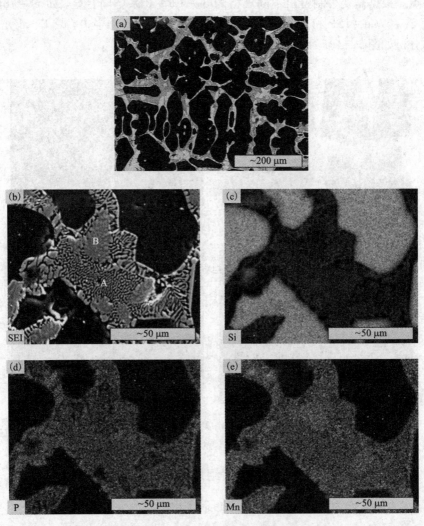

图 5-4　Si-15Mn-9P 的微观组织及元素面扫描分析
(a)低倍微观组织;(b)SEI 像;(c)~(e)分别为 Si、P、Mn 元素面扫描分析

两种共晶组织除了成分上的差异外,形貌也有很大差异。共晶组织 A(Si + MnP)的形貌比 B($MnSi_{1.75-x}$ + MnP)的更为复杂。图 5-5 显示了共晶组织 A 的不同形貌。共晶组织 A 的形貌多种多样,有层片状、迷宫状,有的还呈现岛带状、球状。然而,不同的共晶团具有不同形貌可能是由于生长方向不同所致,例如换

个方向考虑,共晶团 C 中的岛带状结构可能呈现为共晶团 D 中的迷宫状。在同一个共晶团内,可以看出初晶相被层片状共晶组织包围,然后层片状组织呈现震荡现象,最终演变为迷宫状结构。层片状、迷宫状以及岛带状结构均属于共生生长结构。共生生长仅在一定的共晶温度和层片间距下具有稳定性,如果枝晶间距和共晶温度超出一定的范围,则非共生生长得以发展[4]。比如,呈现于 Si 相覆盖于 MnP 相上的岛带状结构即是一种非共生生长,如图 5-5(b)所示。岛带状结构曾在定向凝固二元 Fe-Ni 包晶合金的凝固组织中发现,该合金涉及从岛带状结构衍生出共生生长结构[5]。然而共生生长中的层片状结构也具有一定的不稳定性,这取决于最初的枝晶间距及其所占的体积分数,表现为震荡不稳定性,最终发展为迷宫状形貌[6]。

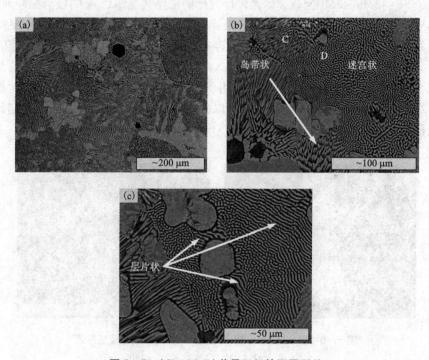

图 5-5 (Si+MnP)共晶组织的不同形貌

共晶组织 A 形貌的多样性主要是由于三元合金中二元共晶的复杂性。在三元合金中,从一种液相同时析出两种固相的二元共晶并不像二元合金的共晶反应是在恒定的温度和成分下进行。相反,它是在成分与温度都在变化的情况下进行的。这可以通过恒压条件下的相率来解释[7]。

$$f = N - \varphi + 1 \tag{5-1}$$

式中:N 为独立组分数;φ 为相的数目;f 为自由度数。

自由度的数目反映了可在一定范围内独立变动而不破坏多相平衡的强度因素（温度、压力、组成）的数目。这里指的是三元合金中的二元共晶反应，独立组分数 N 和相数目 φ 的值均为3，因此计算得出自由度 f 值为1，这意味着温度因素可以改变。由于第三元素的影响，从液相中同时析出两种固相的共晶反应可以在一个温度区间内进行。共晶成分则随着共晶温度的变化而变化。由共晶温度的变化而引起的共晶成分发生变化则使得共晶反应时两相晶体生长的环境变得更为复杂，共晶组织依赖于临界枝晶间距和生长环境所具有的不稳定性导致了其形貌的多样性[6]。

图5-6(a)显示了Si-15Mn-9P合金的微观组织。可以看出初晶Si首先被共晶组织A包围，共晶组织A中又分布着共晶组织B。根据共晶组织A的成分，配制了Si-43Mn-26P合金。尽管该合金严格按照共晶组织A的成分配制而来，但仍然出现了少许的初晶相和共晶组织B。众所周知，共晶合金的组织不是严格依照共晶成分生长的，由于凝固过程中存在不平衡现象，共晶点会发生一定的移动[8]。Si-43Mn-26P的微观组织如图5-6(b)所示，可以看出除了大量的共晶组织A之外，有少量的初晶相和共晶组织B。Si-43Mn-26P合金的初生相为MnP，初生相被共晶组织A包围。还可以看出Si-43Mn-26P合金中共晶组织B的数量明显少于Si-15Mn-9P合金。

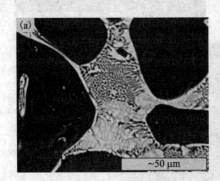
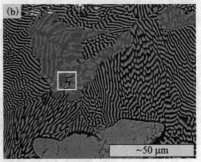

图5-6　Si-15Mn-9P 和 Si-43Mn-26P 的微观组织
(a) Si-15Mn-9P；(b) Si-43Mn-26P

根据两种共晶组织中相的成分可以判断，二者皆不是由包共晶反应得来。分布于共晶组织A中的共晶组织B看上去是由两相组成的，然而依次发生两个从一液相中生成两固相的二元共晶反应不符合相区相邻原则。根据相区相邻原则[9]

$$R'_1 = R_1 + \psi_c \quad (5-2)$$

$$R_1 = N + 1 - \psi \quad (5-3)$$

式中：R'_1 为相邻两相区的几何边界的维度；R_1 为相邻两相区相边界的维度；ψ_c 为

相邻两相区相同相的数目；N 为独立组分数；ψ 为相邻两相区相的总数目。

假如共晶组织 B 像共晶组织 A 一样属于二元共晶，即在凝固过程中的相邻两相区为 $(L+Si+MnP)/(L+MnSi_{1.75-x}+MnP)$，那么这里 ψ 与 ψ_c 的值分别为 4 和 2。则 R_1 和 R_1' 可以计算得其值分别为 0 和 2，这个数值意味着相邻相区 $(L+Si+MnP)/(L+MnSi_{1.75-x}+MnP)$ 的边界是一个四相 $(L, Si, MnP, MnSi_{1.75-x})$ 共存的水平面，然而这与四相共存水平面"下方"的相区 $(L+MnSi_{1.75-x}+MnP)$ 中仍然存在液相是矛盾的。因此可以得出结论：分布于共晶组织 A 中的共晶组织 B 并不是由二元共晶反应得来的。

在 Si-Mn-P 合金系中，3 个成分点 $MnSi_{1.75-x}$、Si 与 MnP 之间的连线把 Si-Mn-P 的成分三角形分割成 3 个部分，如图 5-7 所示。因此为了简化整个三元合金系统，可以单独地研究每个相区部分。这里我们关注的重点为 Si-Mn-P 合金的成分点所处的相区 $MnSi_{1.75-x}$-Si-MnP 内。从 Mn-Si 相图上，可以看出当 Si 的原子数分数为 63.4% 时能够获得 $(MnSi_{1.75-x}+Si)$ 的二元共晶组织[10]。然而共晶点非常接近于 $MnSi_{1.75-x}$ 一端，这意味着在这种共晶组织中 Si 的量非常少。所以在 $MnSi_{1.75-x}$-Si-MnP 三元系统中，三元共晶点远离 Si 组元成分点，表明在三元共晶中 Si 的含量也很少。那么在共晶组织 B 的形成过程中，少量的 Si 可以在共晶组织 A 中的 Si 相上依附生长，因此出现了 Si 相与 MnP 和 $MnSi_{1.75-x}$ 分离的现象。此外，Si 原子数的变化可以导致 $MnSi_{1.75-x}$ 中 x 值的变化，而不改变具有相似晶格的高锰硅化合物的晶体结构。在共晶组织 B 中，仅可以看到零星片段的 Si 相，如 5-6(b)图中方框中标记所示。故根据以上讨论，可以得知：看上去有两相组成的共晶组织 B 实际上是由四相平衡转变得来的，即通过反应：$L_2 \rightarrow (MnSi_{1.75-x}+Si+MnP)_E$ 转变而来，下标 E 代表共晶相。

然而从图 5-6 看出，共晶组织 B 中的 $(MnSi_{1.75-x}+MnP)$ 也呈现为离异而不是共生生长的形貌。这是由于 Si-15Mn-9P 和 Si-43Mn-26P 成分偏离三元共晶点造成的。Si-15Mn-9P 与 Si-43Mn-26P 的成分点均标于 Si-Mn-P 成分三角形上，如图 5-7 中圆点和方点所示。既然偏离三元共晶成分，那么当到达三元共晶温度时，接近于三元共晶成分的液相已经很少。

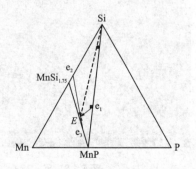

图 5-7 Si-Mn-P 合金的成分三角形图

当三元共晶相析出时，Si 相依附于共晶组织 A 析出，MnP 相作为领先相，另一相 $MnSi_{1.75-x}$ 则被离异到枝晶间。因此，便倾向于形成离异共晶组织。根据以上分析可以得出结论：共晶组织 B 是由 Si 相与 MnP、$MnSi_{1.75-x}$ 相分离开，而 MnP 和

MnSi$_{1.75-x}$ 又呈现离异的一种共晶组织。四相平衡反应 L$_2$ → (MnSi$_{1.75-x}$ + Si + MnP)$_E$ 是在一个恒定的共晶成分与温度下进行的,这也解释了共晶组织 B 形貌变化较少的原因。而且 Si – 15Mn – 9P 和 Si – 43Mn – 26P 合金在组织上呈现出不同的初晶相,主要是由于二者的初始成分位于不同的初生相相区造成的。

根据制备的 Si – Mn – P 合金的相组成及凝固组织,可以看出当初始成分位于 MnSi$_{1.75-x}$ – Si – MnP 成分三角形内时,仅有 Si、MnP 和 MnSi$_{1.75-x}$ 相出现。当合金成分位于 MnSi$_{1.75-x}$ – Si – MnP 成分三角形内并且以 Si 作为初生相时,Si – Mn – P 合金的凝固路径可以预测如下:

$$L \to L_1 + Si_p \to L_2 + Si_p + (Si + MnP)_E \to$$
$$Si_p + (Si + MnP)_E + (MnSi_{1.75-x} + Si + MnP)_E (下标 P 代表初生相)$$

在该合金组织中,(Si + MnP)$_E$ 与(MnSi$_{1.75-x}$ + Si + MnP)$_E$ 均表现为两相共晶组织,这是由(MnSi$_{1.75-x}$ + Si + MnP)$_E$ 本身的特殊性造成的。

5.1.4 Si – Zr – Mn – P 中间合金的相组成与组织形貌

Zr 常常作为一种微量元素添加到铝合金中,从而实现晶粒的细化。为实现同时细化初晶 Si 与 α – Al 固溶体,制备了一种含 Zr 元素的 Si – P 中间合金。图 5 – 8 所示为 Si – 25Zr – Mn – 10P 合金的微观组织。该合金的组织中白色相为富磷相(ZrP),如图 5 – 9 点分析所示。由于合金中存在 Mn 元素,能谱分析不可避免地探测到该化合物中含有少量 Mn 元素。Si – 25Zr – Mn – 10P 组织的典型特征为在灰色相 MnSi$_{1.75-x}$ 上分布有枝晶状或块状的白色相 ZrP,另外还有少量的黑色 Si 相,在 Si 相的周围仅分布有微量的共晶相。

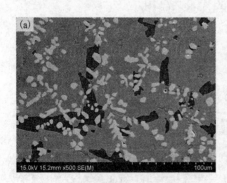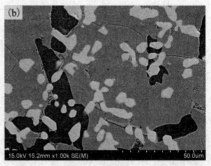

图 5 – 8　Si – 25Zr – Mn – 10P 合金的微观组织

Zr 元素在元素周期表中位于第五周期、第 IVB 族,Mn 元素在元素周期表中位于第四周期、第 VIIB 族。那么 Zr 相对于 Mn 元素来说具有更强的金属性与还原性,因此在遇到呈非金属性的 P 元素时,Zr 更倾向与 P 结合形成化合物。在

Si–25Zr–Mn–10P 的成分比例下，形成原子比为 1∶1 的 ZrP 相。P 把 Zr 元素消耗掉后还有剩余，这部分剩余的 P 则与 Mn 元素结合形成分布于共晶相中的化合物。此外，剩余的 Mn 元素则与 Si 结合形成 $MnSi_{1.75-x}$，表现为整个合金组织的基体相。

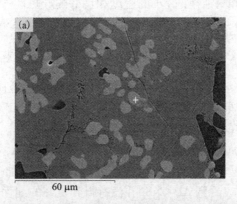

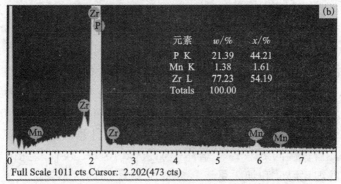

图 5–9　Si–25Zr–Mn–10P 合金中的富磷相
(a) 富磷相形貌；(b) EDS 能谱图及其相点成分分析

综合本节提及的 Si–P 中间合金以及 Si–Cu–P、Si–Mn–P 和 Si–Zr–Mn–P 等系列多元合金，可推知，过渡族元素的存在影响了富磷相的形成，如 Cu 元素的引入使得 Si–Cu–P 中出现 $Cu(PSi)_3$ 富磷相。当过渡族元素的金属性较强时，P 元素倾向于与其优先形成富磷相，如 ZrP、MnP 等。当多种过渡族元素同时存在时，P 优先与金属性较强的元素形成富磷相，如 Zr 和 Mn 元素同时存在的情况下，优先形成稳定的 ZrP。然而如果合金成分中过渡族元素较少或者 P 元素含量较高，P 可以与 Si 元素化合形成高含磷量的 SiP 等富磷相。

5.2　Si–Mn–P中间合金对过共晶Al–Si合金的细化处理

目前活塞生产行业主要采用共晶和过共晶Al–Si多元合金，主要基于其具有低膨胀性、高耐磨性和耐蚀性，较小的密度和良好的导热性等优点。因此，本节将对上节提到的Si–Mn–P中间合金对过共晶Al–24Si合金的影响进行细化研究。

5.2.1　Si–Mn–P中间合金细化Al–24Si添加工艺

Si–P系中间合金熔点较高，难以熔化，如何使其在熔体中能够快速熔化从而达到理想的细化效果是关键问题。为简便起见，下面使用SiP10代替细化所用的Si–15Mn–10P中间合金。

图5–10所示为中间合金在不同的加入方式下对Al–24Si的细化效果。图5–10(b)为按照正常添加工艺即直接向Al–24Si中添加一定量SiP10后所得合金的微观组织。可以看到Al–24Si并没有得到良好的细化，试验过程中也发现在坩埚底部仍存在大量的块状SiP10，其并没有溶解于合金熔体中。这说明按正常的添加工艺难以将SiP10有效地加入高硅Al–Si合金熔体中。针对这一问题，首先从添加工艺上进行了分析和改进。综合各种可能的添加方法，除直接向Al–24Si中添加细化剂外，还有细化剂和Si同时加入铝熔体中以及首先向铝熔体中引入细化剂、再按照相应比例加入Si两种方法。细化条件定为：细化温度810℃、中间合金的加入量为0.3%、保温时间为70 min。从图5–10可以看出，未细化Al–24Si的初晶Si极其粗大且形状不规则，并且共晶Si呈现长针状分布于铝基体中。当直接向Al–24Si熔体中加入SiP10时，仅仅起到微弱的细化效果。在通常的细化温度和加入量下，初晶Si尺寸远远达不到细化要求，这说明SiP10在高硅Al–Si合金熔体中的难溶性，使其没有发挥有效细化作用。把SiP10和Si同时加入Al中时，细化效果较为显著，初晶Si尺寸明显减小，形状也变得较为规则。提前加入SiP10中间合金，保温30 min后再加入Si时的细化效果达到最佳，可以使SiP10中间合金的细化作用得到充分发挥。

不同的加入方式可以得到完全不同的细化效果，这是由Si–Mn–P中间合金本身具有的难溶性特点决定的。当将Si–Mn–P合金加入熔体中时，初晶Si相首先溶解并扩散至Al–Si熔体中，为含磷相与熔体提供了更多的接触面，从而含磷相能够与Al反应生成AlP。在不同的加入方式下，Si–Mn–P加入的熔体具有不同的Si浓度。当Si–Mn–P直接加入到Al–24Si熔体中时，由于熔体中高浓度Si的存在使得Si–Mn–P合金中的Si难以快速扩散到熔体中。根据扩散定律

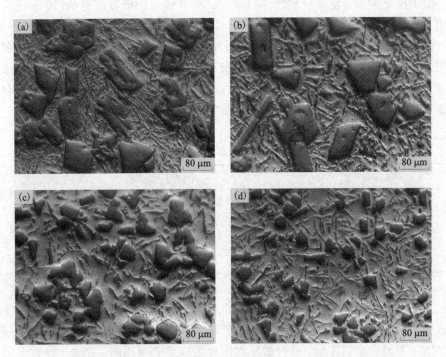

图 5−10 SiP10 中间合金在不同的加入方式下对 Al−24Si 的细化效果

(温度 810℃,加入量 0.3%)

(a)未细化 Al−24Si；(b)直接向 Al−24Si 中加入 SiP10；
(c)SiP10 与 Si 同时加入铝熔体中；(d)SiP10 先加入铝熔体中保温 30 min 后再加 Si

$$J = -D\frac{dc}{dx} \tag{5-4}$$

式中：D 为扩散系数；$\dfrac{dc}{dx}$ 为浓度梯度。

溶解的 Si 不能及时扩散到熔体中去,溶解速度下降。含磷相被未溶解的 Si 包围,不能及时生成 AlP,因此细化效果极其微弱。

当 Si−Mn−P 合金先于 Si 加入到铝熔体中时,该中间合金与铝熔体之间具有较大的 Si 浓度梯度,这促进了 Si 原子的溶解与扩散。因此进一步促进了含磷相与 Al 之间的反应,形成更多的 AlP 颗粒,细化效果达到最佳。当 Si−Mn−P 与 Si 同时加入到铝熔体中时,具体情况介于上述的两种状态之间,因此细化效果也介于上述两种情况之间。

5.2.2 Si−Mn−P 中间合金对 Al−24Si 细化参数的确定

第 4 章曾利用正交试验法衡量细化参数对 Al−Si−P 中间合金细化效果的影

响,由于正交试验方法的合理性和科学性,本节也采用该方法对 SiP10 中间合金的细化处理参数进行优化。

因素水平的确定和因素水平表的设计分别如表 5-1 和表 5-2 所示。需要说明的是,因素保温时间的水平是由两部分组成,这是由于 Si-P 系中间合金细化高硅 Al-Si 合金时采用特殊的添加方法,保温时间的前一部分是 SiP10 中间合金在铝熔体中单独存在的时间,后一部分是加入 Si 后的保温时间。

表 5-1 因素水平的确定

水平	因素		
	A 熔体温度/℃	B 保温时间/min	C 加入量/%
1	780	30+30	0.20
2	810	30+50	0.35
3	840	30+70	0.50

正交表的设计依据有两点:①每一个纵列,各种数码出现的次数相同;②正交表中,任意两列,每一行组成一个数字对,有多少行就有多少个这样的数字对,这些数字对是完全有序的,各种数字对出现的次数必须相同。据此,设计出因素水平表。

表 5-2 因素水平表的设计

试验号	因素			试验结果（初晶 Si 的尺寸/μm）
	A 熔体温度/℃	B 保温时间/min（单一 SiP10 的保温时间 + SiP10 与 Si 的接触时间）	C 加入量/%	
1	780	30+30	0.20	33
2	780	30+50	0.35	25
3	780	30+70	0.50	20
4	810	30+30	0.35	19
5	810	30+50	0.50	17.5
6	810	30+70	0.20	21.5
7	840	30+30	0.50	13
8	840	30+50	0.20	19.5
9	840	30+70	0.35	18.5

续表 5-2

试验号	因素			试验结果（初晶 Si 的尺寸/μm）
	A/℃	B/min（单一 SiP10 的保温时间 + SiP10 与 Si 的接触时间）	C/%	
K_1	78	65	74	—
K_2	58	62	62.5	
K_3	51	60	50.5	
$\overline{K_1}$	26	21.67	24.67	
$\overline{K_2}$	19.33	20.67	20.83	
$\overline{K_3}$	17	20	16.83	
R	9	1.67	7.84	—

试验结果也可以在表 5-2 中看出。表 5-2 的最后一列是参照图 5-11 的各组细化条件下测得初晶 Si 的尺寸大小。而表 5-2 的下半部分则是对正交试验的计算分析。K_1、K_2、K_3 分别为各因素相同水平下初晶 Si 尺寸的和，如 K_1 = 33 + 25 + 20 = 78，依此类推。$\overline{K_1}$、$\overline{K_2}$、$\overline{K_3}$ 则是各自相应的平均值。R 为极差，是 K_1、K_2、K_3 中的最大值与最小值的差，如因素（细化温度）的极差为 R = 26 - 17 = 9。某因素的极差越大，说明该因素对细化效果的影响也越大，所以由表 5-2 可以得出：最大影响因素为细化温度，其次是加入量，保温时间的影响作用最小。图 5-11 所示为正交表中每一行试验方案相应细化条件下对 Al-24Si 的细化效果的影响。从图 5-11 中可以看出温度低、加入量少的时候，初晶 Si 的形状不规则，高温加入量多的时候，细化效果比较均匀。忽略保温时间的影响，在同一个温度下，加入量越多，细化效果越好。在同样的加入量下，温度越高，细化效果越好。

对表 5-2 中的 9 个试验结果进行直接比较，可以发现试验方案 7 效果最佳，即在细化温度为 840℃、保温时间为（30 + 30）min、加入量为 0.5% 时初晶 Si 尺

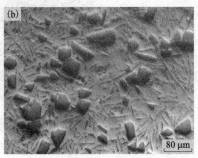

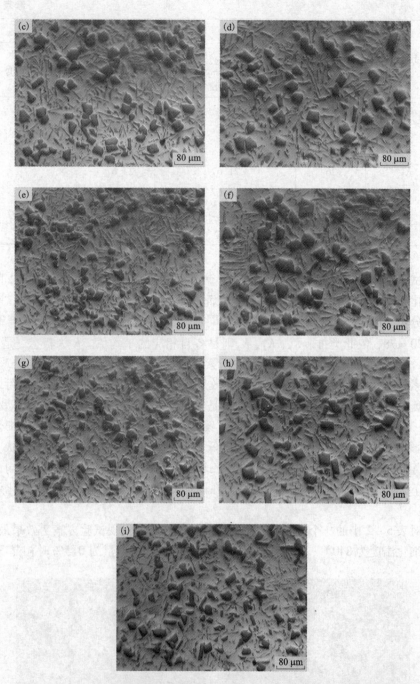

图 5-11 正交表中每一横行试验方案相应细化条件下对 Al-24Si 的细化效果

(a)~(i)分别对应于正交试验表 5-2 中的试验号 1~9

寸最小。然而正交表 L_9，实际有 $3^3=27$ 个试验方案，而对于 L_9 仅做了 9 次试验，最佳方案可能在做过的 9 次试验中，也可能不在，所以必须进行分析，得出最佳方案。用因素和水平值作为横坐标，指标的平均值作为纵坐标，画出水平与指标关系图，如图 5-12 所示。

由图 5-12 可以得出以下结论：温度对细化效果影响最大，加入量次之，保温时间影响程度最小；细化温度从 780℃升高到 810℃时，初晶 Si 的尺寸变化较明显，然而从 810℃提升到 840℃时，初晶 Si 的尺寸减小趋势变缓；在给定的条件下，温度越高、保温时间越长、加入量越多，Si-Mn-P 中间合金对 Al-24Si 的细化效果会越好。

但是结合工业生产成本及使用要求，初晶 Si 的尺寸在 20 μm 以下已经符合使用要求，提高加入量会增加成本，而且温度过高熔体吸气严重。综合以上分析，选择合理的细化工艺参数为：细化温度 810℃、加入量 0.35%。图 5-13 为温度为 810℃、加入量 0.35%、保温时间为 (30+50) min 条件下 SiP10 中间合金对 Al-24Si 的细化效果，初晶 Si 尺寸可以细化至 19 μm。

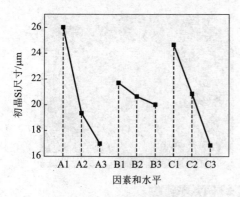

图 5-12 水平与指标关系图

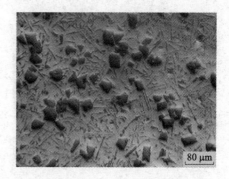

图 5-13 验证性试验 1

5.2.3　Si-Mn-P 中间合金细化 Al-24Si 的机理分析

当 Si-P 系中间合金直接加入到过共晶 Al-Si 熔体中时，其难以溶解，细化效果非常微弱。然而如果改变细化剂与 Si 加入铝熔体的顺序，即在 Al-Si 合金的配制过程中就加入中间合金细化剂，可得良好的细化效果。当 Si-Mn-P 中间合金加入到熔体中时，初晶 Si 相首先溶解，并扩散至铝熔体中，为含磷相与熔体提供了更多的接触面，从而含磷相能够更快地与 Al 发生反应生成 AlP。随着该中间合金在 Al 中存在时间的延长，Si-Mn-P 中间合金的溶解愈加充分，形成的 AlP 愈多。为了更清晰地了解 Si-Mn-P 中间合金在铝熔体中形成合金的组织，把该中间合金按照 10% 的比例在 810℃ 的温度下加入铝熔体中，30 min 后浇注试样，显微组织如图 5-14 所示。从中可以看出 Al 基体上分布有共晶 Si，并且其中的黑色质点为 AlP 颗粒。当将 Si-Mn-P 中间合金加入铝熔体中，能够形成许多 AlP 颗粒。

利用电子探针对在 810℃ 下加入 0.35% SiP10 细化后的 Al-24Si 中初晶 Si 进行元素面扫描分析，如

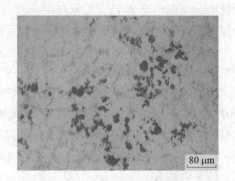

图 5-14　SiP10-1 加入到铝中所得合金的微观组织

图 5-15 所示。可见初晶 Si 的中心处有 Al 元素与 P 元素的存在。AlP 与 Si 具有相近的晶体结构和晶格常数[12]，因此 AlP 可以作为初晶 Si 结晶时的非均质生核衬底，使 Si 原子依附其上，独立地结晶成细小的初晶 Si 晶体。

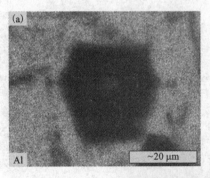
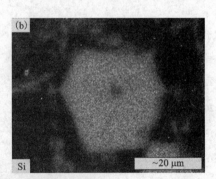

图 5-15　初晶 Si 的电子探针微区分析
(a)~(c)分别为 Al、Si、P 元素的面扫描

5.3 Si-P中间合金对超高硅 Al-Si 合金的细化处理

人们对 Al-Si 合金的凝固组织和细化机理进行了大量的研究,对 Al-Si 合金的液态结构特征也有一些认识,但是对超高硅 Al-Si 合金的细化问题和液态结构缺少研究。本节研究了超高硅 Al-Si 合金的液态结构,并利用 Si-P 中间合金对其进行细化处理,发现超高硅 Al-Si 合金的液态结构与其细化规律之间存在一定的关系,用差热分析研究了其在细化前后的热力学条件,并对熔体中的动力学反应机理进行了分析。

液态结构衍射结果显示所需要的细化温度与 Al-Si 合金熔体在升温过程中的结构演变有关,液态衍射试验中所测定的结构因子 $S(Q)$ 为

$$S(Q) = \frac{I(Q)}{nf^2(Q)} \tag{5-5}$$

式中:$I(Q)$ 为波矢函数 Q 处的散射强度;n 为散射中心数;$f(Q)$ 为散射强度的原子因子。其中

$$Q = \frac{4\pi}{\lambda}\sin\theta \tag{5-6}$$

式中:θ 为散射角;λ 为辐射波长。

结构因子 $S(Q)$ 第一峰的高低代表了熔体近程有序度的强弱,图 5-16 所示为 Al-50Si 合金液态结构因子。可以看出,Al-50Si 合金在低过热(60℃)的情况下,Al 与 Si 具有更强的近程有序特征,而且 Al 与 Si 的特征峰都比较明显,显示了在低过热的情况下,Si-Si 之间有较强的相互作用,此时浇注的合金初晶 Si 粗大。

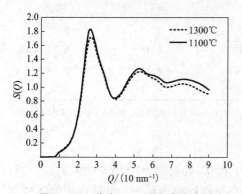

图 5-16 液态 Al-50Si 合金在 1300℃和 1100℃时的结构因子

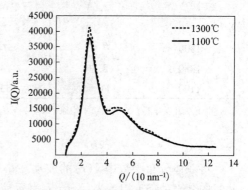

图 5-17 液态 Al-50Si 合金在 1300℃和 1100℃时的强度曲线

在强度曲线图 5-17 中,在 1300℃时第一峰的尖端出现液态 Si 的特征,这时 Si 具有较低的配位数,说明此时熔体趋向于微观均匀,即热均匀的状态。试验研

究表明：P 细化的临界温度必须在 Al-Si 合金熔体的均匀温度区间内，否则细化效果不理想。

图 5-18 和图 5-19 分别为 Al-50Si 合金的双体分布函数 $g(r)$ 与径向分布函数 RDF。根据得到的 X 射线试验结果，利用第一性原理计算方法，求出 Al-50Si 合金熔体的一些液态结构参数，包括相关半径 r_c、团簇平均原子个数 N_c、用对称法计算获得的配位数 N_s 和用最小值法计算获得的配位数 N_{min}，如表 5-3 所示。配位数 N 表征的是熔体结构的短程序，而相关半径的尺度要大很多，达到了中程序的尺寸，所以 r_c 的变化反映了熔体在中程序尺度上的结构变化。

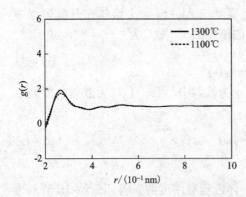 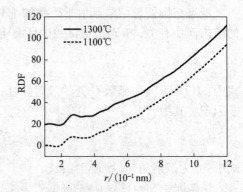

图 5-18 Al-50Si 合金熔体的双体分布函数　　图 5-19 Al-50Si 合金熔体的径向分布函数

表 5-3　Al-50Si 合金熔体在不同温度下的液态结构参数

$t/℃$	$r_c/\text{Å}$	N_c	N_s	N_{min}
1350	7.10	75	8.37	6.97
1300	7.05	74	8.45	6.72
1250	8.80	144	8.28	6.68
1100	11.55	333	8.77	7.30

注：r_c 为相关半径；N_c 为团簇平均原子个数；N_s 为用对称法计算的配位数；N_m 为用最小值法计算的配位数。

将双体分布函数中 $g(r)$ 的波动在小于 0.02 处视为原子相关性消失的位置，此时的 r 值对应于相关半径 r_c。r_c 表示液态结构的有序范围，可以代表原子团簇的尺寸，是原子团簇尺寸的下限。由表 5-3 得出 Al-50Si 熔体的 r_c 随温度的降低，其数值明显增加，说明此时团簇的尺寸增加，中程有序结构增强，不利于细化。比较 Al-50Si 合金熔体的团簇平均原子个数 N_c 在降温过程中的变化发现，N_c 随着温度的降低而增加的幅度很大，由此也可以得出 Al-50Si 熔体在 1100℃

下的团簇平均尺寸较1300℃下有明显的增加，根据团簇尺寸得知在低过热熔体中存在中程有序结构特征，而这直接导致了细化效果变差。通过对两种配位数 N_s 和 N_{min} 的研究发现：在降温过程中，配位数的总体趋势是增加的，但是增加的幅度不大，说明 Al-50Si 熔体中的原子配位数对温度的变化不敏感。

在一定冷却条件下，液态过热处理能影响初晶 Si 大小，其实质是过热在某种程度上改变了熔体结构，并影响到后续的凝固组织。有文献[13-15]研究表明：低温过共晶 Al-Si 熔体存在 Si 富集区，Si 在熔体中分布不均匀。在一定条件下温度变化能引起熔体结构的某些变化，固态组织的差异正是这种变化的反映。过共晶 Al-Si 合金由于 Si 原子间为强的共价键，在低温熔体中还存在 Si 的微观有序区。随着熔体温度升高，原子热运动增加，这种微观有序区逐渐分解，随着温度的升高而减弱，熔体的微观不均匀性减弱。

超高硅 Al-Si 合金熔体结构随温度的变化只有在一定条件下才影响凝固组织，温度升高引起的熔体结构变化在降温过程中还存在恢复的趋势，也就是在低温熔体中，Si 的微观有序区随着温度升高而分解；高温熔体在降温过程中，会产生 Si 的微观有序区。在低过热条件下，Al-Si 合金熔体具有微观不均匀结构特征，并且存在 Si-Si 型、Al-Al 型和 Al-Si 型的微观原子集团，微观非均匀的 Al-Si 过共晶合金熔体中存在 Si 原子集团，在接近析出点温度时，这些原子集团不会全部消失，熔体中预存在的 Si 原子集团对初晶 Si 的生核起促进作用。加 P 后的 Al-Si 合金熔体在低温和高温下的团簇大小示意图如图 5-20 所示，在低过热熔体中团簇尺寸较大，而在高过热熔体中团簇尺寸减小。

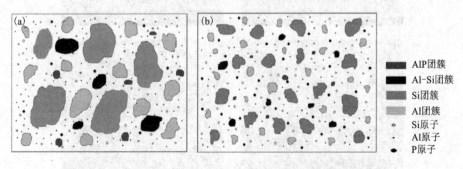

图 5-20 Al-Si-P 合金熔体在低温和高温下团簇的示意图
(a) 低温熔体；(b) 高温熔体

本节研究了 Si 含量在 30%~70% 之间的一系列 Al-Si 合金，采用 Si-22Mn-20P 中间合金向熔体中加入 P，在石墨黏土坩埚中熔化合金，在设定的温度下保温 10 min 后浇注。熔体温度在 827~1527℃ 之间变化，以确定临界细化温度，即达到良好细化效果所需的最低熔体温度。

5.3.1 临界细化工艺参数的确定

由于在本试验中所用的 SiP20 中间合金在添加过程中烧损很小，故在本书中用加 P 量而没有采用含 P 量作为参数。图 5 – 21 为 Al – 50Si 合金细化前后的微观组织。图 5 – 21(a) 为未细化 Al – 50Si 合金的微观组织，从图中可以看出初晶 Si 非常粗大。图 5 – 21(b) 为添加 0.4%P 在 1100℃ 细化的微观组织，可以看出尽管添加很多 P，细化效果却很差。图 5 – 21(c) 为添加 0.1%P 在 1300℃ 细化的微观组织，发现细化效果仍然很差。图 5 – 21(d) 为添加 0.2%P 在 1300℃ 细化的微观组织，可以看出达到良好的细化效果。从图 5 – 21(b) ~ 图 5 – 21(d) 可知，当细化温度较低或者加 P 量较少时，细化效果不明显。因此，只有当细化温度和加 P 量均超过某一个数值时，才能达到良好的细化效果，这个数值在本书中被定义为临界细化温度和临界加 P 量。

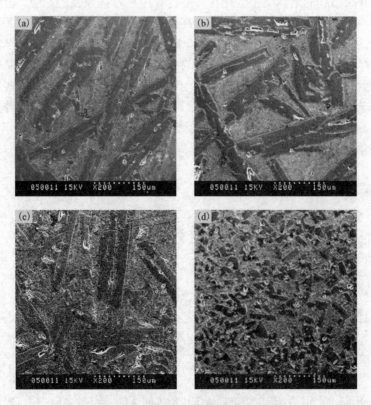

图 5 – 21　Al – 50Si 合金的显微组织

(a) 未细化 Al – 50Si 合金；(b) 添加 0.4%P 在 1100℃ 细化；
(c) 添加 0.1%P 在 1300℃ 细化；(d) 添加 0.2%P 在 1300℃ 细化

为了研究加 P 量与细化后初晶 Si 尺寸之间的关系，在 Al-50Si 合金熔体温度为定值 1300℃的条件下，向 Al-50Si 合金熔体中加入 0.05%~3% 不等量的 P，取恒定视场 600 μm×800 μm 中初晶 Si 数目的倒数作为细化后初晶 Si 尺寸的相对大小值。如图 5-22 所示。随着加 P 量的增多，初晶 Si 的尺寸急剧减小，随后变化趋于平缓，当继续向熔体中加入 P 超过 0.6% 后，所得初晶 Si 的尺寸又会缓慢增加，因此存在一个

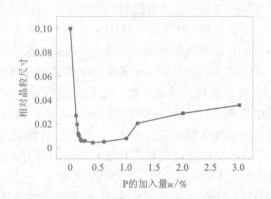

图 5-22　在 1300℃下 Al-50Si 合金中初晶 Si 的相对晶粒尺寸与加 P 量的关系

（采用在视场 600 μm×800 μm 下初晶 Si 数目的倒数来表示初晶 Si 的相对晶粒大小）

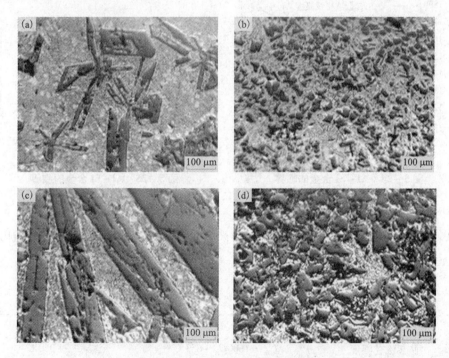

图 5-23　不同 Si 含量的 Al-Si 合金的显微组织

(a) 未细化 Al-30Si 合金；(b) Al-30Si 合金添加 0.05% P 在 860℃细化；
(c) 未细化 Al-70Si 合金；(d) Al-70Si 合金添加 0.95% P 在 1500℃细化

最佳的加 P 量，与前面提到的临界加 P 量相对应。

试验发现，对于超高硅 Al-Si 合金，在几乎整个 Si 含量的范围内都存在一个临界加 P 量和临界细化温度条件，当达到这个临界条件时就可以有效地细化初晶 Si。Al-30Si 和 Al-70Si 合金细化前后的显微组织如图 5-23 所示。未经细化的初晶 Si 呈现粗大的板片状，尺寸为 2~6 mm，严重影响合金的力学性能，细化后的初晶 Si 尺寸大小为 30~50 μm。对 Si 含量为 30%~70% 的超高硅 Al-Si 合金所需要的细化温度进行了研究，得出临界细化温度与含 Si 量的关系如图 5-24 所示。在本文中把细化温度和液相线的差值定义为过热度 ΔT_{min}（$\Delta T_{min} = T_{min} - T_L$），从图 5-24 中可以看出，当 Si 含量小于 50% 时，细化所需的过热度 ΔT_{min} 较小（小于 100℃），当 Si 含量达到 50% 时，细化所需的过热度 ΔT_{min} 突然增加，接近 260℃，而 Si 含量在 50%~70% 范围内，细化所需的过热度 ΔT_{min} 基本为恒定值 260℃。由一系列试验数据得到合金含 Si 量与所需的加 P 量之间的关系如图 5-25 所示。可以看出，当 Si 含量达到 50% 时，细化所需的加 P 量也有突然增加的现象。

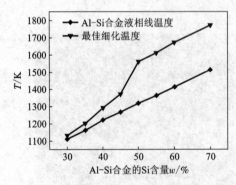

图 5-24　Al-Si 合金的临界
细化温度与含 Si 量的关系

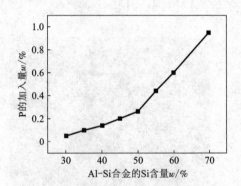

图 5-25　Al-Si 合金的临界
加 P 量与 Si 含量的关系

由试验数据可得达到良好细化效果的临界细化温度及临界加 P 量与熔体 Si 含量之间的经验公式，见表 5-4。

表 5-4　临界细化温度及临界加 P 量与熔体 Si 含量的关系

Si 含量 $w/\%$	30%~45% Si	50%~70% Si
临界细化温度	$T_{min} = 1600 C_{Si} + 653$℃	$T_{min} = T_{liq} + 260$℃
P 的加入量	$C_P = C_{Si} - 0.25$	$C_P = 3.3 C_{Si} - 1.38$

注：T_{min} 为临界细化温度；C_P 为临界加 P 量；C_{Si} 为 Si 含量的质量百分比；T_{liq} 为 Al-Si 合金液相线温度。

5.3.2 超高硅 Al-Si 合金细化的热力学与动力学分析

Al-50Si 细化前的升温和降温过程 DSC 分析曲线如图 5-26(a)、图 5-26(b) 所示。细化后的升温和降温过程 DSC 分析曲线如图 5-26(c)、图 5-26(d) 所示。可以看出，在合金熔体凝固过程中，未添加细化剂时，初晶 Si 的析出温度为 1029.7℃；加入 0.2%P 后，析出温度为 1080.3℃。加 P 后初晶 Si 的析出温度升高，生核过冷度降低，这主要是由于 P 与熔体中的 Al 反应生成 AlP，AlP 作为初晶 Si 的结晶衬底，降低了生核所需要的过冷度，有利于初晶 Si 的细化。

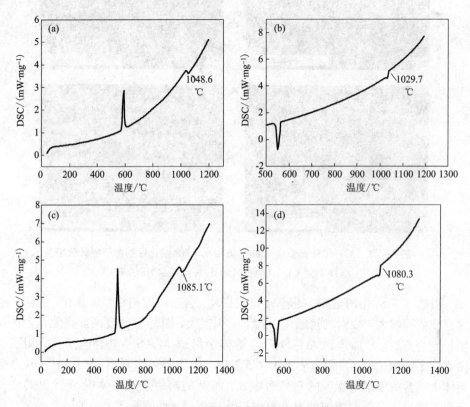

图 5-26　Al-50Si 合金的 DSC 分析曲线
(a)未细化的升温曲线；(b)未细化的降温曲线；
(c)加 0.2%P 细化的升温曲线；(d)加 0.2%P 细化的降温曲线

前已述及，P 在 Al-Si 合金中是以 AlP 形式分布，但在高温的 Al-Si-P 熔体中，P 的存在形式分为化合态(AlP)和溶解态，而后者对初晶 Si 的长大起到抑制作用。图 5-27 显示了 Al-50Si 合金添加 0.2%P 在 1300℃下浇注后各元素的 EPMA 面扫描分析。可以看出，有些 AlP 分布在初晶 Si 的内部，这些 AlP 对初晶

Si 的生核有利,但是有些 AlP 在初晶 Si 的外部,对生核没有作用。初步认为,所需要的最少加 P 量与 P 在 Al-Si 合金中的的溶解度存在一定关系,这个溶解度随着温度的升高而升高,AlP 的不同形貌与 AlP 在熔体中的溶解和析出行为有关。在细化过程中,P 在熔体中的溶解和析出行为对改变 AlP 的形貌起主要作用。

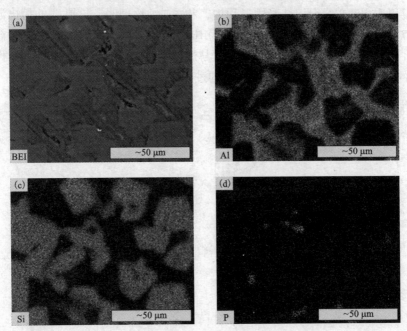

图 5-27　Al-50Si 合金在 1300℃添加 0.2%P 细化后的电子探针分析
(a)BE 像;(b)~(d)分别为 Al、Si、P 元素的面分布

根据 Al-Si 相图可知,随着 Si 量的提高,合金的液相线温度升高,因而其凝固温度范围增大,凝固时间延长,导致 Si 相粗大,同时 Si 浓度的提高使其生核及生长更为容易。P 加入到 Al-Si 合金熔体中形成 Al-Si-P 合金熔体,相图如图 5-28 所示,对其富铝角放大为图 5-29。由图中可以看出,P 在 Al-Si 合金熔体中的溶解度随着温度的升高而增大,而 P 的溶解度随熔体中 Si 含量的增加变化不明显。高温时溶解的 P 在降温过程中析出,形成弥散分布的 AlP 颗粒,从而改变了 AlP 的形貌。

有研究指出:由于 Si 原子间为强共价键,在一般的熔炼温度下,过共晶 Al-Si 合金熔体中存在 Si 的富集区,因此,Si 相粗大的问题难以避免。Kumar(R. Kumar)等人[16]对含 P 的过共晶 Al-Si 合金熔体结构进行了研究,认为 P 增强了熔体中 Si-Si 之间的结合。过共晶 Al-Si 合金液态区域存在热效应[17],合金熔体在低过热时是微观不均匀的,因为 Si-Si 之间有很强的结合能,存在 Si 的富集区即 Si-Si 原子集团,这些原子集团的产生和分解会伴随热效应现象。桂满昌[17]认为低温时 P 加剧了过共晶 Al-Si 合金熔体的微观不均匀性,增强了熔体中 Si 的聚集,但不影响高温均匀熔体的微观结构状态。

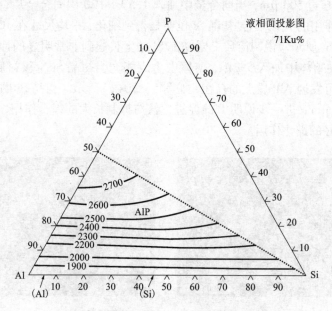

图 5-28 Al-Si-P 三元合金相图[18]

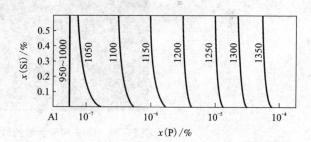

图 5-29 Al-Si-P 三元合金相图的富铝角[18, 19]

Easton(Mark Easton)和 StJohn(David StJohn)[20]在研究细化机理时考虑两个范畴:生核范畴与溶质抑制长大范畴。生核范畴模型主要是指非均质生核;溶质范畴模型主要是指溶质元素对晶粒细化的影响,包括溶质理论和自由生长理论。细化过程要受到传热和传质两个方面的影响,溶质元素对生长速度的影响可以用生长限制因子 Q 来衡量[21],其定义为

$$Q = m_L(k-1)C_0 \tag{5-7}$$

式中:m_L 为液相线的斜率;k 为溶质分配系数;C_0 为液相中的溶质浓度。

生长限制因子 Q 越大,固液界面前沿向液相推进的速度就越小。对于多种溶质共存的情况,可以用生长限制因子之和来衡量所有溶质的影响。

P 元素在超高硅 Al-Si 合金中对初晶 Si 同时具有促进生核和抑制生长的作用。在 Al-Si 合金中,由于 Al 元素的存在,很难将这两种作用分开,从而不能观

察到溶质 P 元素对初晶 Si 生长的抑制作用。但是在 Cu-Si 合金中，可以看到 P 元素对初晶 Si 生长的抑制作用。如图 5-30(a) 所示，Cu-30Si 合金未细化时，初晶 Si 尺寸超过 500 μm，当向合金中加入 1.5% SiP20 中间合金后，尽管合金中没有起生核作用的 AlP，但是初晶 Si 也明显得到细化，平均尺寸在 100 μm 以下，如图 5-30(b) 所示。说明溶质 P 对初晶 Si 的生长起到非常明显的抑制作用。在此基础上，向熔体中加入 5% Al，熔体中生成能充当初晶 Si 生核衬底的 AlP 相，在其核心处可发现 AlP 质点的存在，如图 5-30(c) 所示。初晶 Si 的平均尺寸下降为 30~50 μm。进一步说明 P 的促进生核与抑制长大的综合作用，可以对初晶 Si 起到非常好的细化作用。

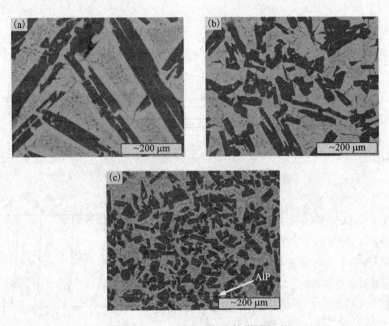

图 5-30　Cu-30Si 合金的微观组织
(a) 未细化的组织；(b) 加入 1.5% SiP20；(c) 在 (b) 的基础上加入 5% Al

5.4　硅相生核界面性质的第一性原理研究

传统的晶格错配度理论不能揭示生核后界面之间的结合情况。在最近 20 年内，模拟手段取得了很大的进步。1998 年诺贝尔化学奖授予 Kohn(Walter Kohn) 和 Pople(John A. Pople)，以表彰他们在密度泛函理论方面作出创造性的工作。随着计算机技术的发展，越来越多的人正在使用基于密度泛函理论的第一性原理软件来从事高性能的计算研究。一些从事复合材料的科研工作者用它来研究界面问题，而用它来研究细化过程中生核界面行为的还很少，尚未见到用第一性原理来研究 AlP/Si 界面的结合情况。第一性原理在其他相近领域的成功运用也预示了它对研究细化过程中的生核界面有很大帮助。

在计算过程中采用的主要参数为：Al、P、Si 原子的价电子分别为 $3s^23p^1$、$3s^23p^3$、$3s^23p^2$。AlP 的空间群为 F-43 m，初始晶格常数为 $a=5.5012Å$；Si 的空间群为 Fd-3 m，初始晶格常数为 $a=4.5431$ nm；在界面计算中，采用不同的布里渊区 K 点网格划分[22]，在结构优化过程中，采用 Broyden – Fletcher – Goldfarb – Shanno(BFGS)算法[23]自动调整原子位置使体系总能量达到最小。界面计算时采用 Ultra – fine，以确保足够高的精度，采用 Perdew(J. P. Perdew)等提出的广义梯度近似(GGA – PBE)来处理体系的交换关联能[24]，用 Mulliken 电荷分布对转移的电荷进行分析[25]。

5.4.1　AlP/Si 界面的研究

界面结合能(W_{ad})是预测界面之间力学性能的主要参数，可以用来表示界面之间原子结合的强弱，它在数值上等于把一个界面分离成 2 个自由表面需要的可逆功(忽略塑性变形和扩散)[26-30]。

$$W_{ad} = (E_1^{tot} + E_2^{tot} - E^{tot12})/(2A) \quad (5-8)$$

式中：E_1^{tot} 为单一块体弛豫后的能量；E^{tot12} 为界面体系弛豫后的能量；A 为界面的面积。

AlP 与 Si 具有相似的晶格特征，晶格常数也很接近，因此，取它们晶格常数的平均值来构建界面，这样不会对计算造成大的影响。为了确定在能量方面更为有利的界面，本节研究了 8 种可能的界面体系，如图 5-31(a)~图 5-31(d)为 4 种可能的 AlP(100)/Si(100)界面，图 5-31(e)~图 5-31(f)为 2 种可能的 AlP(110)/Si(110)界面，图 5-31(g)~图 5-31(h)为 2 种可能的 AlP(111)/Si(111)界面。这 8 种界面体系经过充分弛豫，利用式(5-8)计算体系的能量值，将得到的界面能(W_{ad})和界面间距列于表 5-5。8 种界面均放出热量，界面结合能最大的是界面(b)，为 P-Si 之间交错结合。在 Si 或 AlP 晶体中，Si-Si 键长和 Al-P 键长非常接近，大约为 2.40Å。8 种界面间距的范围为 1.37~2.52Å，(b)和(c)界面的平衡间距较小，同时界面结合能也较大，说明这种界面比较稳定。总之，同一晶面结合时，P-Si 界面结合比 Al-Si 结合强，当 Al 或 P 原子不是直接位于 Si 原子的上方，而是位于 Si 原子之间的时候，界面间距较小，同时界面结合能也较大，这种界面更易于形成。

由于缺少试验方面的 AlP/Si 界面结合能的数据，无法直接确认计算结果的准确性，但是这里计算的结果与其他试验数据在数量级上保持一致[31]。虽然计算是在 0 K 的情况下进行的，但是在 0 K 以上的变化趋势和键合特性已经被人们所证实，所以得到的结果仍有一定的可信度。

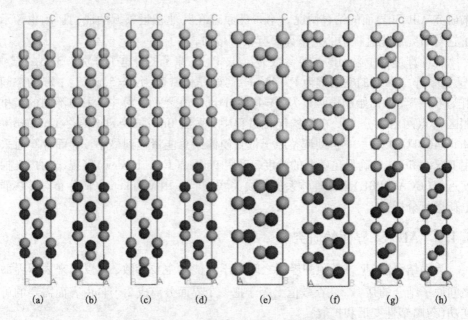

图 5-31 AlP 和 Si 之间不同的界面结合方式

(a)~(d)为 AlP(100)/Si(100)结合;(e)~(f)为 AlP(110)/Si(110)结合;
(g)~(h)为 AlP(111)/Si(111)结合(○—Si; ○—Al; ●—P)

表 5-5 AlP/Si 界面的结合能(W_{ad})和界面间距(d_0)

类型	(a)	(b)	(c)	(d)	(e)	(f)	(g)	(h)
$W_{ad}/(J \cdot m^{-2})$	2.41	3.47	3.23	2.14	1.61	2.25	2.19	2.24
$d_0/\text{Å}$	2.44	1.37	1.64	2.14	2.40	1.98	2.52	2.31

本章节除了研究 AlP/Si 界面结合能之外,还对界面结合的其他物理特性进行了研究。比较这 8 种界面的电荷密度分布和差分电荷密度,如图 5-32 所示,可以发现,AlP/Si 界面之间的键为共价键,而且 P-Si 之间的键强于 Al-Si 之间的键。这 8 种界面的 P-DOS(density of states)如图 5-33 所示。所有的 DOS 图形均不同于 AlP 或 Si 体性质的 DOS 峰,有些在费米能级附近还出现尖峰,峰值越强说明活性越高,这些差别主要来自界面附近的原子类别。AlP 存在极性表面和非极性表面,而这对 AlP/Si 的界面影响很大,图 5-33(b)、图 5-33(d)和图 5-33(h)界面属于 Si-P 结合类型;图 5-33(a)、图 5-33(c)和图 5-33(g)属于 Si-Al 结合类型;图 5-33(e)、图 5-33(f)则二者兼而有之。经过比较发现,费米面附近情况分为两类:一类是费米面 DOS 很小,对应非极性 AlP 表面和 Si 组合界面类型。其他 DOS 在费米面 DOS 数值都比较高,有的还存在小峰,属于极性 AlP 表面

和 Si 界面类型。极性类型中 Al-Si 结合的 DOS 费米面附近主要是 Al 原子的贡献。对于 Si-P 类型，费米面附近主要是 P 原子的贡献。

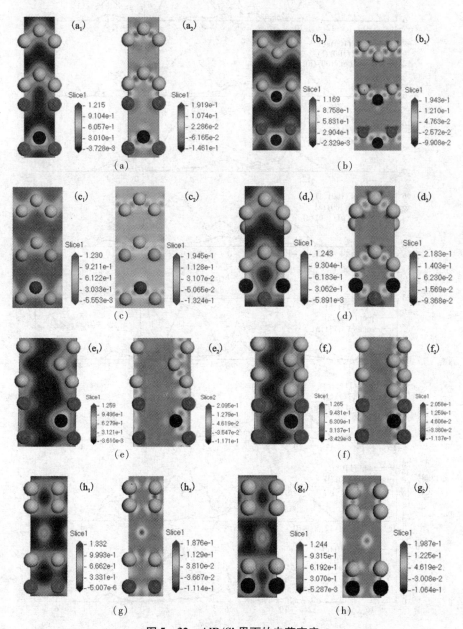

图 5-32　AlP/Si 界面的电荷密度

(a_1, b_1, c_1, d_1, e_1, f_1, g_1, h_1)和差分电荷密度(a_2, b_2, c_2, d_2, e_2, f_2, g_2, h_2)

(a)~(h)顺序同于图 5-31，　—Si；　—Al；　—P

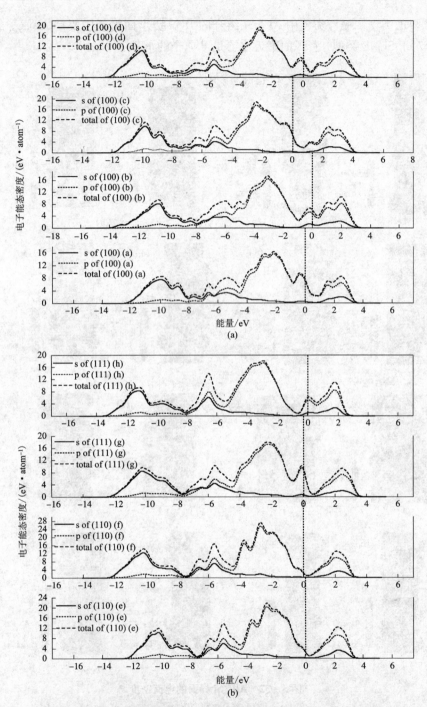

图 5-33 8 种 AlP/Si 界面的 DOS

(a)(100)界面的 DOS;(b)(110)界面与(111)界面的 DOS(虚线代表费米能级)

尽管 DOS 分析可以解释键合特性，但是确定离子键的强弱或电荷转移的多少还需要用到 Mulliken 电荷分布[25]，8 种界面的电荷转移与界面结合键的键长如表 5-6 所示。界面 Al-Si 键的键长在 2.44~2.52Å 范围内，界面 Si-P 键的键长在 2.14~2.36Å 范围内。在 P-Si 结合的时候，尽管它们之间的电荷转移不多，但是彼此之间的结合力很强。

表 5-7 列出了 8 种界面在充分弛豫后每种原子带电量的情况，所有的界面都显示了一定的离子性质，发现 Si 原子在 Si-Al 结合时将得到电子，而在 Si-P 结合时将失去电子。在各种界面结合中，起主导作用的为 Si-Al 共价键或 Si-P 共价键。经过弛豫后，Si 原子发生了一定的横向移动，其不停留在原来 Al 或 P 原子的上方，而是倾向于停留在 Al 与 P 原子的中间，从而形成锯齿形的结合。

表 5-6 AlP/Si 界面的 Mulliken 电荷分析和键长

体系	类型	(a)	(b)	(c)	(d)	(e)	(f)	(g)	(h)
Al-Si	电荷转移	0.83	—	1.29	—	0.60	0.76	0.60	—
	键长/Å	2.44	—	2.51	—	2.46	2.47	2.52	—
Si-P	电荷转移	—	0.95	—	0.88	0.51	0.59	—	0.50
	键长/Å	—	2.34	—	2.14	2.36	2.32	—	2.31

表 5-7 AlP/Si 界面的同一种类原子所带的总电量

类型	(a)	(b)	(c)	(d)	(e)	(f)	(g)	(h)
Al	4.09	3.95	4.12	4.05	4.96	5.65	4.24	4.17
P	-3.94	-4.11	-3.93	-4.16	-4.89	-5.57	-4.12	-4.22
Si	-0.14	0.13	-0.21	0.13	0.11	-0.07	-0.09	0.04

5.4.2 Si 原子在 AlP 表面吸附行为的第一性原理研究

由于现有的生核理论均不能很好地解释生核初期的行为，有学者提出，生核初期是一种界面吸附行为。Kim(W. T. Kim)和 Cantor(B. Cantor)[32, 33]的研究表明：当接触角小于 10°时，球冠模型不再适用。他们提出应该用一种吸附理论来描述非均质生核行为，非均质生核衬底对所要凝固的原子具有一种吸附行为，界面处有一层或几层原子的厚度，并预测在界面处可能有不同于生核衬底和结晶相的过渡相存在[34]。

用第一性原理研究 AlP 表面吸附 Si 原子的问题，可以揭示单个 Si 原子与 AlP 表面的结合行为，这对研究生核初期过程非常重要。本节计算采用 0.5ML Si 原子在不同的 AlP 表面上自由吸附，经过充分弛豫后，研究其吸附能、吸附位置、结合键类型、键长、态密度、电子密度以及差分电荷密度。本节应用的计算吸附能的公式为：

$$E_{ad} = [E_{sur} + NE_{Si} - E_{Si/AlP}]/N \qquad (5-9)$$

式中：E_{ad} 为 Si 在 AlP 表面的吸附能；E_{sur} 为所吸附的 AlP 表面的能量；E_{Si} 为单个 Si 原子的能量；$E_{Si/AlP}$ 为吸附后经过弛豫的总能量；N 为 Si 原子的数目。

Si 原子在不同 AlP 表面的吸附情况如图 5-34 所示。图 5-34(a)~图 5-34(d) 为 Si 原子在 7 层 AlP(111) 面上的吸附构型，图 5-34(e)~图 5-34(f) 为 Si 原子在 3 层 AlP(100) 面上的吸附构型，图 5-34(g)~图 5-34(h) 为 Si 原子在 3.5 层 AlP(110) 面上的吸附构型。

经过充分弛豫后的电荷密度和差分电荷密度如图 5-35 所示。发现 Si-P 之间存在较强的极性共价键，电荷密度明显偏向 P 的一侧。由于 Si-P 之间的作用削弱了原来 P-Al 之间的结合，如图 5-35(a)、图 5-35(d)、图 5-35(e) 所示。Si 和 Al 之间形成较弱的极性共价键，电子密度偏向 Si 原子的一侧，如图 5-35(b)、图 5-35(c)、图 5-35(f)、图 5-35(g)、图 5-35(h) 所示。

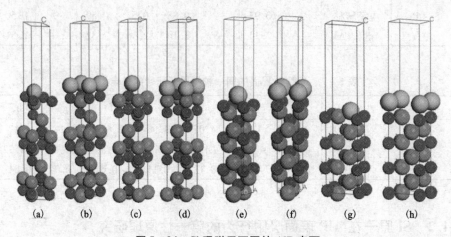

图 5-34 Si 吸附于不同的 AlP 表面

(a)~(d) 为 7 层 AlP(111) 面；(e)、(f) 为 3 层 AlP(100) 面；(g)、(h) 为 3.5 层 AlP(110) 面

图 5-36 中列出了 8 种构型经过弛豫后总的态密度、Si 原子的态密度和单独的 AlP 表面的态密度。受 AlP 表面和 Si 原子的共同影响，图 5-36(a)~(d) 总的态密度在费米能级处有一个尖峰，而图 5-36(e)、图 5-36(f)、图 5-36(g) 总的态密度在费米能级处不存在尖锐的峰值，图 5-36(h) 总的态密度在费米能级处非常小。这 8 种构型经过弛豫后的成键情况如图 5-37 所示，由图中可以看

出,Si-P 结合方式有时以双键结合,有时以三键结合,Si-Al 结合均是单键连接。结合表 5-8 中电荷转移、键长与吸附能的结果,得出当 Si 与 P 成键时,吸附能均较强,吸附能最强为图 5-37(e),此时 Si 与 P 单独成三键结合。Si 与 Al 原子成键的时候吸附能较弱,如图 5-37(b)、图 5-37(c)、图 5-37(h)所示。

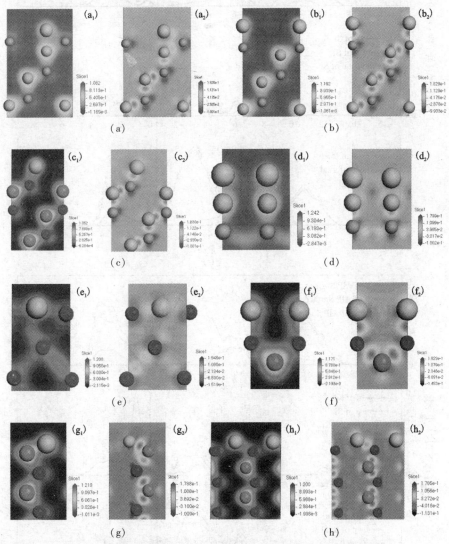

图 5-35 Si 吸附于 AlP 表面的电荷密度和差分电荷密度

[(a_1, b_1, c_1, d_1, e_1, f_1, g_1, h_1)为电荷密度;

(a_2, b_2, c_2, d_2, e_2, f_2, g_2, h_2)为差分电荷密度

(a) ~ (h)顺序同于图 5-34, ●—Si; ●—Al; ●—P]

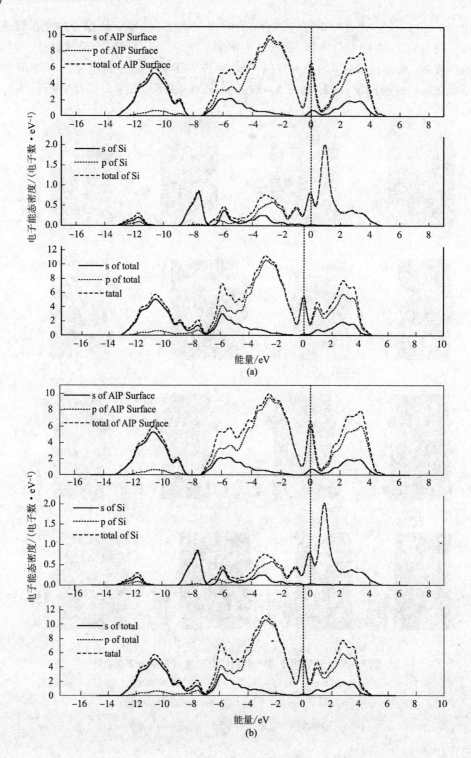

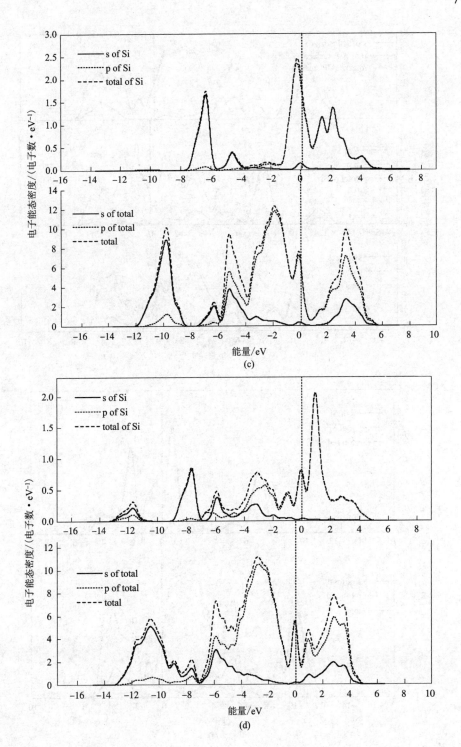

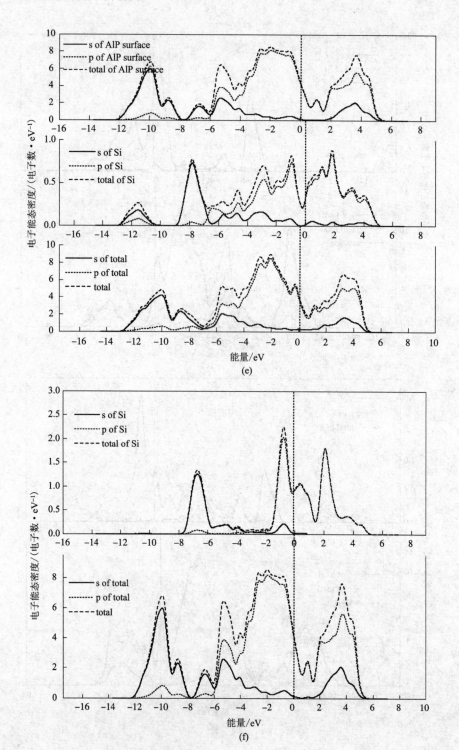

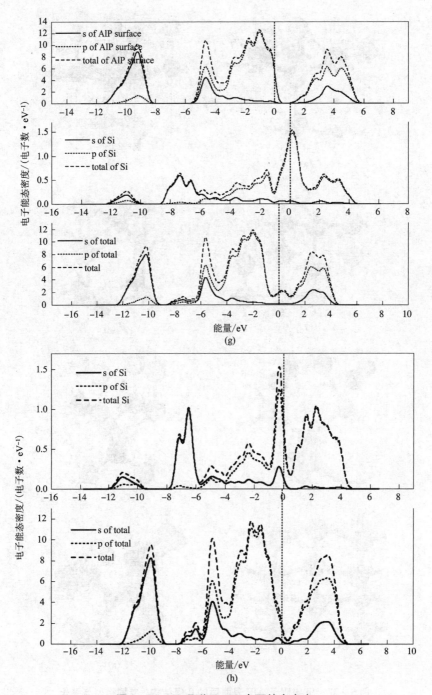

图 5-36　Si 吸附于 AlP 表面的态密度

[(a)~(h)的顺序同于图 5-34(点画线代表费米能级)]

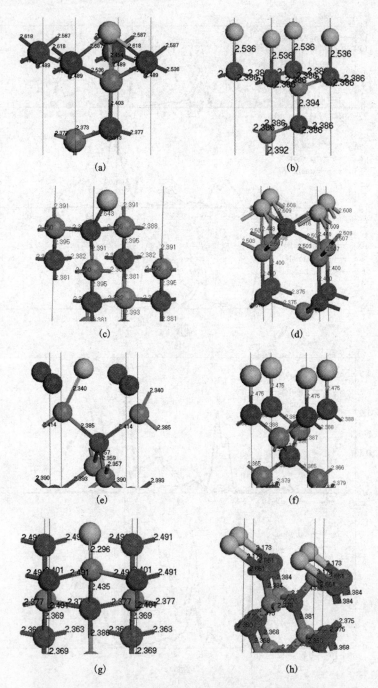

图 5-37 Si 吸附于 AlP 表面后的几何结构、成键类型与键长

(○—Si；○—Al；●—P)

表5-8 8种Si吸附于AlP表面的电荷转移、键长和吸附能

顺序	类型 AlP	电荷转移 Al-Si(e)	键长 Al-Si/Å	电荷转移 Si-P(e)	键长 Si-P/Å	ΔE /eV
(a)	(111)	1.27	2.62	-0.24	2.45	4.45
(b)	(111)	0.49	2.54	—	—	3.83
(c)	(111)	0.54	2.54	—	—	3.85
(d)	(111)	1.28	2.61	-0.24	2.45	4.46
(e)	(100)	1.69	2.68	0.02	2.34	5.25
(f)	(100)	0.68	2.48	—	—	4.17
(g)	(110)	0.75	2.75	0.38	2.30	4.07
(h)	(110)	0.46	2.75	0.58	2.56	3.88

下面分别对(a)~(h)8种情况逐一做出说明：

构型(a)：Si位于被Al原子包围的P原子上方，与两个Al原子和一个P原子同时成键，与两个Al原子的单键键长分别为2.618Å和2.587Å。与P原子成三键，键长为2.454Å。Si与P拥有较多的共用电子，呈现较强的共价键，同时削弱了原来P和Al之间的结合。Si与P原子所成的三键是通过三对共用电子对结合而形成的共价键，是一个Si原子的M电子层p轨道上的一个电子云与一个P原子的M电子层p轨道上的一个电子云以"头碰头"方式重叠，另两个电子云与P原子M电子层p轨道上的两个电子云以"肩并肩"方式重叠，即含一个σ键，两个π键。

构型(b)：以Al终止的AlP(111)表面，每个Al上都放置一个Si进行吸附时，由于Si原子之间的相互作用，实质它们不再做横向运动，而是在Al的上方。Si-Al之间是单键连接，键长均为2.536Å，此时的吸附能较小。

构型(c)：Si在被P包围的Al原子的上方吸附时，Si原子被吸附到Al和P原子之间。Si与Al原子成单键连接，键长为2.543Å。

构型(d)：当每个P原子上都有Si吸附时，由于P原子之间的相互作用，Si直接吸附于P原子的正上方，成三键连接，键长为2.448Å。

构型(e)：在Si原子吸附之前，表面Al原子与P原子成键，但是Si原子一旦开始吸附，便自动吸附到Al的中间去靠近P原子，而且Si与P之间成三键结构，导致了表层Al原子与次表层P原子之间键的破裂，即Si原子挤掉了原来与P结合的Al原子。由于Si原子吸附于AlP的表面，对2、3、4层的原子都有较大的影响，第2、3、4层的Al-P键键长由原来自由表面的2.387Å、2.378Å、2.381Å变为2.385Å、2.359Å、2.393Å。

构型(f)：Si与Al之间成单键连接，键长为2.475Å，Si在Al原子的正上方，仅对第1、2层之间的结合影响较大，键长由原来自由表面弛豫时的2.409Å变为Si吸附后的2.388Å。

构型(g)：Si原子被吸附到凹陷P原子的上方位置，Si原子与P原子成双键结

构,键长为 2.296Å。此时 Si 与 P 通过 2 对共用电子对结合而形成共价键,是一个 Si 原子的 M 电子层 p 轨道上的一个电子云与一个 P 原子的 M 电子层 p 轨道上的一个电子云以"头碰头"方式重叠,Si 原子的另外一个电子云与 P 原子 M 电子层 p 轨道上的另外一个电子云以"肩并肩"方式重叠,即含一个 σ 键,一个 π 键。

构型(h):Si 与 Al 成单键连接,同时由于受到 P 原子的作用而偏向 P 的一方。

参考文献

[1] S. Teichert, S. Schwendlera, D. K. Sarkara, A. Mogilatenkoa, M. Falkea. Growth of $MnSi_{1.7}$ on Si(001) by MBE[J]. Journal of Crystal Growth, 2001, 227 – 228: 882 – 887

[2] Y. Miyazaki, D. Igarashi, K. Hayashi, T. Kajitani. Modulated Crystal Structure of Chimney – ladder Higher Manganese Silicides $MnSi_\gamma$ (γ – 1.74)[J]. Physical Review B, 2008, 78(21): 214104 – 1 – 214104 – 8

[3] 石德柯. 材料科学基础[M]. 第二版. 北京: 机械工业出版社, 2003

[4] A. Karma, M. Plapp. New Insights into the Morphological Stability of Eutectic and Peritectic Coupled Growth[J]. JOM, 2004, 56(4): 28 – 32

[5] T. S. Lo, S. Dobler, M. Plapp, A. Karma, W. Kurz. Two – phase Microstructure Selection in Peritectic Solidification: from Island Banding to Coupled Growth[J]. Acta Materialia, 2003, 51(3): 599 – 611

[6] A. Parisi, M. Plapp. Stability of Lamellar Eutectic Growth[J]. Acta Materialia, 2008, 56(6): 1348 – 1357

[7] 程兰征. 物理化学[M]. 第二版. 上海: 上海科学技术出版社, 2005

[8] Z. Chvoj, J. Sestak, E. Fendrych. Nonequilibrium Phase Diagrams in the $PbCl_2$ – AgCl Eutectic System[J]. Journal of Thermal Analysis and Calorimetry, 1995, 43(2): 439 – 448

[9] 赵慕愚. 相图的边界理论和应用[M]. 北京: 科学出版社, 2004

[10] A. B. Gokhale, R. Abbaschian. The Mn – Si (Manganese – Silicon) System[J]. Journal of Phase Equilibria, 1990, 11(5): 468 – 479

[11] Pierre Villars, Alan Prince, H. Okamoto. Handbook of Ternary Alloy Phase Diagrams[M]. New York: ASM International, 1995

[12] C. R. Ho, B. Cantor. Heterogeneous Nucleation of Solidification of Si in Al – Si and Al – Si – P Alloys[J]. Acta Metallurgica et Materialia, 1995, 43(8): 3231 – 3246

[13] 桂满昌, 贾均, 李庆春. 液态过热对高硅 Al – Si 合金组织和性能的影响[J]. 航空材料学报, 1996, 16(1): 26 – 31

[14] M. Singh, R. J. Kumar. Structure of Liquid Aluminium – Silicon Alloys[J]. Journal of materials science, 1973, 8(3): 317 – 323

[15] 桂满昌, 李庆春, 贾均. 液态过热对亚共晶 Al – Si 合金凝固组织与凝固过程的影响[J]. 特种铸造及有色合金, 1995, (1): 5 – 8

[16] R. Kumar, R. K. Mahanti. Structures of Liquid Al – Si Alloys Modified with P and S[J]. Aluminium, 1977, 53(6): 361 – 365

[17] 桂满昌，宋广生，贾均，李庆春. Al-18%Si过共晶合金熔体结构特征及磷的影响[J]. 金属学报, 1995, 31(4): 177-182

[18] G. M. Kuznetsov, V. A. Rotenberg. Construction of the Liquid Faces Surface of the System Al-Si-P[J]. Inorganic Materials, 1971, (7): 831-834

[19] Y. B. Sun. Microstructure Control and Investigation of Nucleation and Growth Mechanism of Silicon Crystal Grown from the Hypereutectic Al-Si melt[Ph. D dissertation]. USA Wisconsin: Wisconsin-Madison University, 1989

[20] M. Easton, D. StJohn. Grain Refinement of Aluminum Alloys: Part I. The Nucleant and Solute Paradigms-A Review of the Literature[J]. Metallurgical and Materials Transactions A, 1999, 30(6): 1613-1623

[21] A. L. Greer, A. M. Bunn, A. Tronche. Modelling of Inoculation of Metallic Melts: Application to Grain Refinement of Aluminium by Al-Ti-B[J]. Acta Materialia, 2000, 48(11): 2823-2835

[22] H. J. Monkhorst, J. D. Pack. Special Points for Brillouin-zone Integrations[J]. Physical Review B, 1976, 13(12): 5188-5192

[23] B. G. Pfrommer, M. Cote, S. G. Louie. Relaxation of Crystals with the Quasi-Newton Method[J]. Journal of Computations Physics, 1997, 131(1): 133-140

[24] J. P. Perdew, K. Burke, M. Ernzerhof. Generalized Gradient Approximation Made Simple[J]. Physical Review Letters, 1996, 77(18): 3865-3868

[25] M. D. Segall, R. Shah, C. J. Pickard. Population Analysis of Plane-Wave Electronic Structure Calculations of Bulk Materials[J]. Physical Review B, 1996, 54(23): 16317-16320

[26] A. Banerjea, J. R. Smith. Origins of the Universal Binding-energy Relation[J]. Physical Review B, 1988, 37(12): 6632-6645

[27] D. J. Siegel. First-principles Study of Metal-ceramic Interfaces[Ph. D dissertation]. USA Ohio: B. S. case Western Reserve University, 1995

[28] D. J. Siegel, L. G. Hector Jr, J. B. Adams. Adhesion, Stability, and Bonding at Metal/Metal-carbide Interfaces: Al/WC[J]. Surface Science, 2002, 498(3): 321-336

[29] M. D. Kriese, N. R. Moody, W. W. Gerberich. Effects of Annealing and Interlayers on the Adhesion Energy of Copper Thin Films to SiO_2/Si Substrates[J]. Acta Materialia, 1998, 46(18): 6623-6630

[30] D. M. Lipkin, D. R. Clarke, A. G. Evans. Effect of Interfacial Carbon on Adhesion and Toughness of Gold-sapphire Interfaces[J]. Acta Materialia, 1998, 46(13): 4835-4850

[31] D. J. Siegel, L. G. Hector Jr, J. B. Adams. Ab Initio Study of Al-ceramic Interfacial Adhesion[J]. Physical Review B, 2003, 67(9): 092105-1-092105-4

[32] W. T. Kim, B. Cantor. An Absorption Model of the Heterogeneous Nucleation of Solidification[J]. Acta Metallurgica et Materialia, 1994, 42(9): 3115-3127

[33] B. Cantor. Heterogeneous Nucleation and Absorption[J]. Philosophical Transactions of the Royal Society of London, Series A, 2003, 361(1804): 409-417

[34] A. L. Greer. Grain Refinement of Alloys by Inoculation of Melts[J]. Philosophical Transactions of the Royal Society London, Series A, 2003, 361(1804): 479-495

图书在版编目(CIP)数据

铝合金组织细化用中间合金/刘相法,边秀房著.
—长沙:中南大学出版社,2012
ISBN 978-7-5487-0450-8

Ⅰ.铝… Ⅱ.①刘…②边… Ⅲ.铝合金—精细加工—中间合金 Ⅳ.①TG146.2②TF8

中国版本图书馆 CIP 数据核字(2011)第 265750 号

铝合金组织细化用中间合金
刘相法　边秀房　著

□责任编辑	刘颖维
□责任印制	周　颖
□出版发行	中南大学出版社
	社址:长沙市麓山南路　　邮编:410083
	发行科电话:0731-88876770　　传真:0731-88710482
□印　　装	长沙超峰印刷有限公司
□开　　本	720×1000 B5　□印张 14.25　□字数 268 千字
□版　　次	2012 年 11 月第 1 版　□2012 年 11 月第 1 次印刷
□书　　号	ISBN 978-7-5487-0450-8
□定　　价	68.00 元

图书出现印装问题,请与出版社调换